计算机类本科规划教材

Visual Basic 2015 实践教程

陈惠娥　胡安明　主　编

刘瑞新　主　审

電子工業出版社·

Publishing House of Electronics Industry

北京·BEIJING

内 容 简 介

本书以 Visual Studio 2015 版的开发环境为主线，采用实例探析、拓展训练相结合，由浅入深地介绍了 VB.NET 开发环境和编程方法。本书的主要内容包括 Visual Basic 2015 编程概述；Visual Basic 2015 的语言基础；数组；过程的应用；结构化程序设计语句（语法规则、数据类型、变量、控制结构等）；程序调试和异常处理；Windows 窗体与控件；Windows 高级界面设计；面向对象的程序设计；图形与多媒体控件程序；综合数据库编程。

每章均有典型的实例探析和拓展训练，以提供教师演示和学生进阶练习。本书可以在 Windows 10 操作系统、Visual Studio 2015 和 SQL Server 2010 环境下讲解，也完全可以运行在 Visual Studio 2010 和 SQL Server 2005 环境下。本书理论框架严实、概念清晰、重点突出、实例典型，贴近实际，符合教师教学和学生编程学习，是一本非常适合课堂教学，用 Visual Basic 2015 语言开发的程序设计应用教材。

本书可作为高等学校计算机类相关专业教材，同样适合作为高职高专院校计算机类相关专业的教材，也可作为软件编程开发人员的技术参考书。

图书在版编目（CIP）数据

Visual Basic2015 实践教程/陈惠娥，胡安明主编. 一北京：电子工业出版社，2017.9

ISBN 978-7-121-32159-7

Ⅰ. ①V… Ⅱ. ①陈… ②胡… Ⅲ. ①BASIC 语言－程序设计－高等学校－教材 Ⅳ. ①TP312.8

中国版本图书馆 CIP 数据核字（2017）第 165539 号

策划编辑：冉　哲
责任编辑：底　波
印　　刷：三河市良远印务有限公司
装　　订：三河市良远印务有限公司
出版发行：电子工业出版社
　　　　　北京市海淀区万寿路 173 信箱　邮编　100036
开　　本：787×1 092　1/16　印张：21.25　字数：590 千字
版　　次：2017 年 9 月第 1 版
印　　次：2017 年 9 月第 1 次印刷
定　　价：45.00 元

凡所购买电子工业出版社图书有缺损问题，请向购买书店调换。若书店售缺，请与本社发行部联系，联系及邮购电话：（010）88254888，88258888。

质量投诉请发邮件至 zlts@phei.com.cn，盗版侵权举报请发邮件至 dbqq@phei.com.cn。

本书咨询方式：ran@phei.com.cn。

前　　言

本书以专业人才培养为目标，突出操作实践性，全面系统地介绍了 VB.NET 2015 高级编程技术的方法与技能。全书共有 11 章：第 1 章讲解 Visual Basic 2015 编程概述，让初学者了解 VB.NET 的开发概况；第 2 章讲解 Visual Basic 2015 的语言基础，集成化与可视化编程环境，对象、属性、事件及方法的基本概念；第 3 章以典型实例讲解数组的应用；第 4 章通过领柚子问题、招考成绩统计器、客户通讯录、抽奖箱等案例学习过程的应用；第 5 章通过双 11 优惠方案、球类用品采购方案、身体质量指数测试、话费计算程序等案例学习结构化程序设计基础（包含语法规则、数据类型、变量、控制结构等）；第 6 章讲解程序调试和异常处理；第 7 章通过服饰选购统计程序、计时器的实现、丰田系列车配置选择、赛车程序的实现、途牛旅游调查、模拟彩票等实例学习 Windows 窗体与控件；第 8 章通过社区管理系统多界面的实现、浏览器的实现、图像编辑器、高级记事本应用、文件编辑器等典型实例讲解 Windows 高级界面设计的知识；第 9 章通过判定三角形、猜一猜数字来学习面向对象的程序设计；第 10 章通过 MP3 媒体播放器、颜色渐变器的实现、绘图板的设计等实例学习图形与多媒体程序设置；第 11 章通过 VB.NET 开发学生选课管理系统、超市管理系统等实战项目讲解综合数据库编程新技术、新知识的应用。本书的任务是让读者积累用 VB.NET 2015 进行应用程序实际开发的经验，提升读者项目开发的能力。

在编写思路上，基于"理论提炼、实例驱动、拓展训练"的教学理念，对本书各部分编排层次清晰，难度深度适中，通过剖析实例来介绍各章节核心知识，使读者加深对基础知识的掌握，通过拓展训练模块强化训练，使读者可以掌握基于 Windows 操作系统的应用程序的开发方法，并为进一步学习其他面向对象的程序设计语言（如 VC++、C#、JSP、ASP.NET 等）夯实基础。

本书的主要特点如下。

1．平台升级，技术新颖

把开发平台升级到 Visual Studio 2015，使用的语言升级到 VB.NET 2015。改变过于陈旧、冗余、老套的数据库编程方法，发挥.NET 数据库控件编程与网络编程的优势，增加新知识、新技术应用。

2．典型实例，贴近实际

针对学生的学习特点，各章节理论分析通俗易懂、叙述精练、逻辑分明、图文结合，并通过实例探析模块丰富学习内容，实例贴近生活实际，使学生可以熟练掌握，学以致用并进行编程技巧迁移。

3．经验结合，拓展训练

结合教学新理念与多位教师的丰富教学经验，通过拓展训练模块提高编程效率与技巧，引用最新的.NET 数据访问技术，结合 VB.NET 开发选课管理系统、VB.NET 开发超市管理系统详细剖析 VB.NET 中综合数据库高级编程的技术。

为了方便教师授课及读者的学习，本书提供了电子教案、源代码等，登录华信教育资源网（www.hxedu.com.cn）注册后免费下载。

本书由工作在一线教学岗位的高校教师编写，具有多年的高校计算机教学经验，了解学生的学习特点以及学习可能遇到的问题，书中突显了重点和难点，针对编程部分还增加了代码解释。本书可作为高等学校计算机类相关专业教材，同样适合作为高职高专院校计算机类相关专业的教材，也可作为软件编程开发人员的技术参考书。教学参考学时为 60~72 学时。

本书第 1、2、10、11 章由陈惠娥编写，第 3、4、7、8 章由胡安明编写，第 5、6、9 章由陈亚辉编写。信息与传媒学院计科组教授参与指导了各章的拓展训练部分，在此表示感谢。本书的编写得到了电子工业出版社的大力支持，全书由刘瑞新教授认真指导修改并定稿，冉哲编辑在实例探析的写作思路上给予了宝贵的建议，在此表示诚挚的谢意。由于作者水平所限，本书难免存在疏漏和不足之处，敬请广大读者批评指正。

编　者

目　　录

第 1 章　Visual Basic 2015 编程概述

本章要点
- VB.NET 语言及其发展简介。
- 面向对象编程基础。
- Microsoft .NET 框架。
- VB.NET 集成开发环境。

1.1　理论知识

本章主要介绍 Visual Basic.NET 语言及其发展简介、面向对象编程基础、Microsoft.NET 框架，并通过实例应用阐述 Visual Basic.NET 集成开发环境。Visual Basic.NET（以后本书简称 VB.NET）。

1.1.1　VB.NET 语言及其发展简介

2000 年，微软公司推出了 VB.NET 语言，随后相继推出 Visual Basic 2005/2008/2010/2015 等版本的开发平台。

1. VB.NET 语言简介

1964 年，美国计算机科学家 G. Keenly 和 Thomas E. Kurtz 在 Fortran 语言的基础上创造了 Basic 语言，定位于"适用于初学者的多功能符号指令代码"，最初是一种解释型语言，后来发展为兼具解释和编译两种方式。

在 BASIC 语言基础上，顺应面向对象与可视化编程的需求，并随着 Windows 操作平台的盛行，PC 的操作方式逐步由图形用户界面（GUI）取代命令方式。微软公司运用强大的技术优势，在 1991 年推出 Visual Basic 语言，使得 Basic 向可视化编程方向转型，第一代 Visual Basic1.0 产品的诞生，使用 GUI 可视化界面，支持所见即所得，支持事件驱动编程机制。在接下的 4 年时间里，微软公司经过对每一次产品的改善，相继推出了 Visual Basic 2.0/3.0/ 4.0 三个版本。

1997 年，微软公司又推出了 Visual Basic 5.0。从这一版本开始 Visual Basic 可运行在 Windows 95/98/2000 或 Windows NT 操作系统下，该版本是一个 32 位应用程序的开发工具。1998 年，微软公司又推出了 Visual Basic 6.0，增加了使用部件编程的概念，这实际上是对面向对象编程思想的扩展。

2000 年，微软公司将 Visual Basic 整合到 Microsoft.NET 框架中，形成 VB.NET 语言。VB.NET 是基于微软.NET Framework 之上的面向对象的中间解释性语言，可以看作 Visual Basic 在.Net Framework 平台上的升级版本，增强了对面向对象的支持，继承了 Visual Basic 的可视化设计和事件驱动的编程机制，具有丰富的数据类型和完备的帮助功能，支持强大的数据库访问和网络功能。

2002 年首次发布 Visual Basic/Visual Studio.NET 2002。在 Visual Basic/Visual Studio.NET 2003（增加移位运算符、循环变量声明等功能），在 Visual Basic/Visual Studio .NET 2005（实现 My 类型和帮助程序类型对应用程序、计算机、文件系统、网络的访问），在 Visual Basic/Visual Studio.NET

2008（实现语言集成查询 LINQ、XML 文本、本地类型推断、对象初始值设定项、匿名类型、扩展方法、本地 var 类型推断、lambda 表达式、if 运算符、分部方法、可以为 null 的值类型），Visual Basic、Visual Studio.NET 2010（自动实现的属性、集合初始值设定项、隐式行继续符、动态、泛型协变/逆变、全局命名空间访问），Visual Basic/Visual Studio.NET 2012（实现 Async/await、迭代器、调用方信息特性）。

近年来，Visual Basic/Visual Studio.NET 2013（实现.NET Compiler Platform（"Roslyn"）的技术预览），Visual Basic/Visual Studio.NET 2015（字符串内插、允许多行字符串、可以声明部分模块和接口、XML 文档注释改进、从不同接口声明和使用不明确的方法等功能）。

VB.NET 推出后，经过功能的扩容，相继推出 Visual Basic 2005/2008/2010/2013/2015/2017 等版本。为了叙述方便，Visual Basic 以后简称 VB。

2．VB.NET 的特点

VB.NET 有许多特点，主要特点如下。

（1）全面支持面向对象可视化的编程

对象、封装、多态、继承是面向对象语言的 4 个基本属性，VB.NET 2010 可视化编程工具的出现，能够从这四大方面支持并实现面向对象的程序设计，把程序设计人员从烦琐、复杂的界面设计以及代码指令中解脱出来。

（2）标准事件驱动程序机制

所谓的"事件驱动"程序机制主要是指 Windows 应用程序没有实质意义上的主程序，程序的执行依赖"事件"来驱动一个个子程序（VB.NET 中把"子程序"称为"过程"）来运行的。事件驱动程序的基本结构实质是由一个事件收集器、一个事件发送器和一个事件处理器组成的。事件收集器主要负责收集事件，事件一般由用户（如鼠标、键盘事件等）以及软件（如操作系统、应用程序本身等）产生。事件发送器负责将接收的事件分发到目标对象（窗体、控件）中。事件处理器根据不同的事件，产生不同的"事件消息"，响应工作进而执行不同的事件过程（子程序），程序设计人员只需为每一个事件编写出一个个事件过程即可。

（3）支持 Web 应用程序的网络开发功能

Web 服务是微软提出的基于互联网的开发模型，Visual Basic 2015 提供了开发 Web 服务的功能。基于.NET 框架，开发者应用 VB.NET 语言可以快速地可视化开发网络应用程序、网络服务、Windows 应用程序与服务器端组件。

（4）支持 ADO.NET 的数据库访问技术

较之于 VB 6.0 使用的数据访问技术 ADO，而在 Visual Basic 2015 中使用的数据访问技术为 ADO.NET（从.NET 开始均使用 ADO.NET）。在 ADO.NET 中使用 Dataset（数据集）对象代替了 ADO 的 Record set（记录集）对象，从而提高了数据访问的灵活性。另外，ADO.NET 还可以使用 XML 在应用程序间、Web 网页之间进行数据交换。

1.1.2 Visual Studio 2015 集成开发环境的使用

1．创建 Visual Basic 2015 项目

执行"文件"→"新建项目"菜单命令，在弹出的"新建项目"对话框中，选择"Visual Basic"项目类型，在模板中选择"Windows 窗体应用程序"。默认项目名称为"WindowsApplication1"，单击"确定"按钮，将创建一个名为"WindowsApplication1"的应用程序项目，如图 1-1 所示。

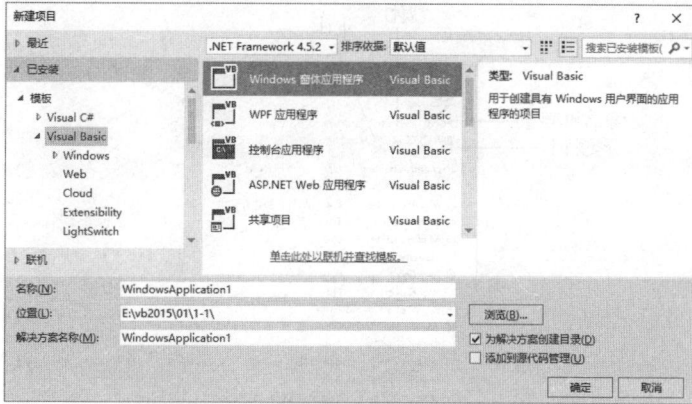

图 1-1 "新建项目"对话框

2．生成 Visual Basic 2015 项目的开发环境界面

VS 2015 的开发环境界面除了拥有标准 Windows 环境的标题栏、菜单栏、工具栏外，还有工具箱、解决方案资源管理器、属性窗口、错误列表等功能，如图 1-2 所示。

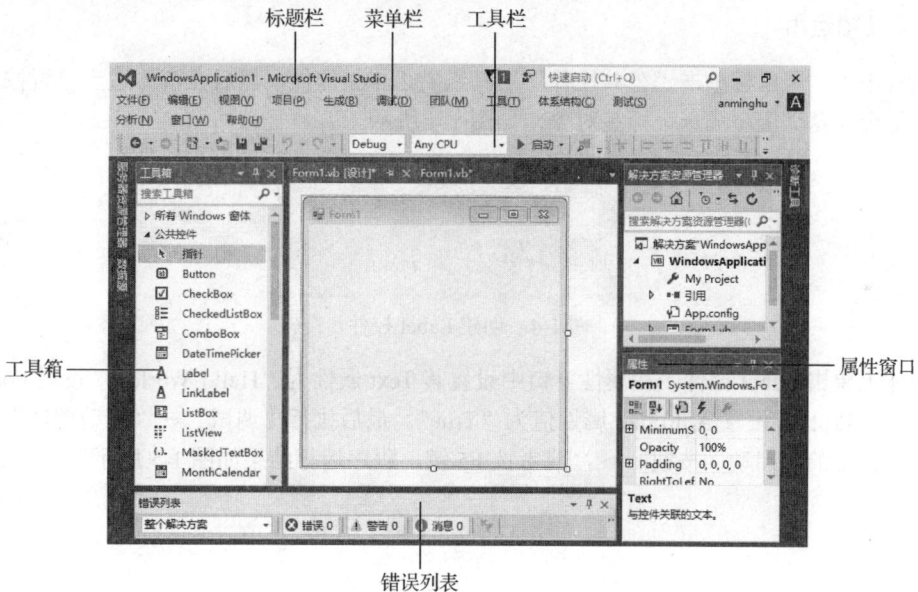

图 1-2 开发环境界面

3．属性窗口

属性是指对象的特征，如大小、文本或颜色等数据。在 Visual Basic 2015 设计模式中，显示选中对象或文件的所有属性，通过属性窗口可以在设计时确定属性，属性窗口的显示可以按分类也可以按字母顺序显示。

属性窗口由对象列表框、属性列表框、属性含义说明、属性显示排列方式 4 部分组成，通过属性窗口，用户可以设置对象的各种属性。

单击窗体，在属性窗口中选中"Text"属性，在其后输入属性值"第一个 Visual Basic 2015 程序"，如图 1-3 所示。

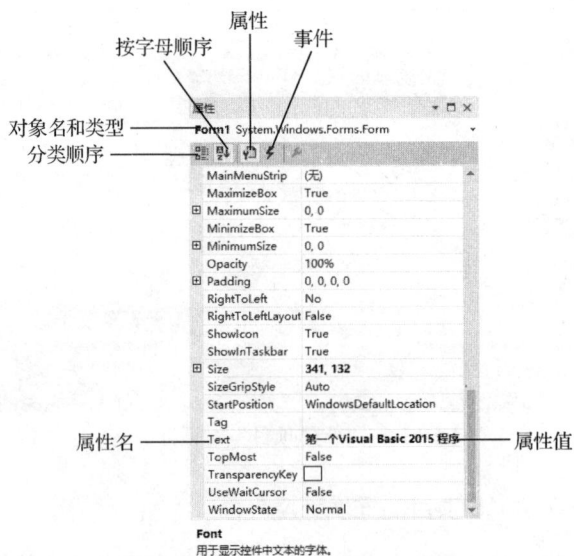

图 1-3 属性窗口

4．工具箱运用

在工具箱中，用鼠标单击"公共控件"工具组的 Label 控件，然后在窗体适当位置按下鼠标并拖动，将会在窗体上生成一个标签对象，如图 1-4 所示。

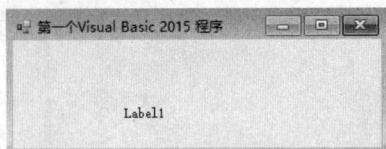

图 1-4 创建 Label 控件

在窗体上单击 Label 控件，在属性窗口中设置其 Text 属性为"Hello World"，设置 Font 属性值为"宋体，12pt"。设置 AutoSize 属性值为"True"。最后执行"调试"→"启动调试"命令，或者按工具栏上的"启动"按钮 ▶ 启动 ▼，或者按 F5 键，程序运行结果如图 1-5 所示。

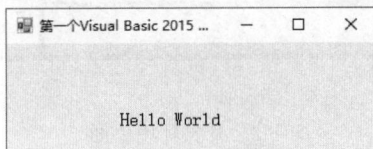

图 1-5 程序运行结果

工具箱为用户提供标准控件，如命令按钮（Button）、标签（Label）、文本框（TextBox）、组合框（ComboBox）等，如图 1-6 所示。也可以右击工具箱，从快捷菜单中选择"选择项"，如图 1-7 所示。打开"选择工具箱项"对话框，向工具箱中添加.NET Framework 组件或其他 Windows 应用程序中不常用的控件或删除控件，如图 1-8 所示。

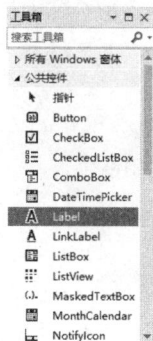

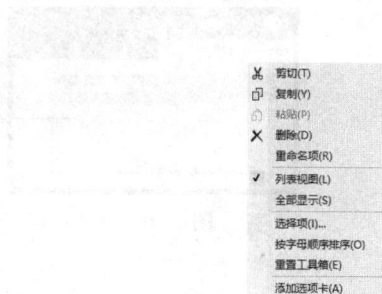

图 1-6　工具箱　　　　　　　　　　　图 1-7　工具箱右键快捷菜单

图 1-8　"选择工具箱项"对话框

5．解决方案资源管理器

解决方案资源管理器显示 VB.NET 程序所有相关的文件和引用，使用"查看代码"、"视图设计器"和"查看文件"几个不同窗口间切换，如图 1-9 所示。

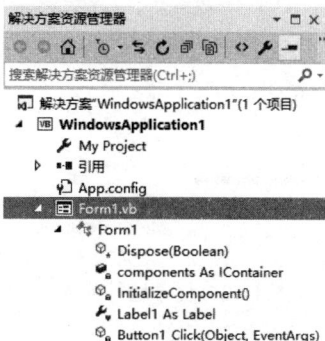

图 1-9　解决方案资源管理器

6．设计窗口

设计窗口是进行程序界面设计与布局的主要窗口，可以将各种控件添加在上面，并分配合适的位置，如图 1-10 所示。

设计窗口选项卡

图 1-10　设计窗口

7．代码窗口

代码窗口是进行代码设计的主窗口。可以通过双击窗体进入代码窗口，代码窗口左边的组合框可以显示当前处理的对象，右边的组合框显示变量或函数，如图 1-11 所示。

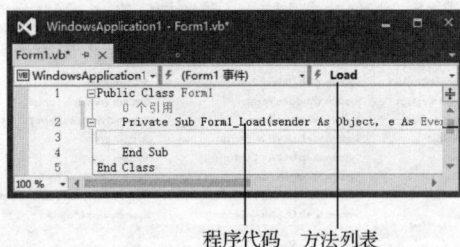

程序代码　方法列表

图 1-11　代码窗口

1.2　实例探析

以下通过 3 个实例探析 Windows 应用程序及控制台应用程序的应用。

1.2.1　【实例 1】创建第一个 Windows 程序

1．实验目的

编写一个 Visual Basic 2015 Windows 程序，程序运行时显示一句欢迎词"欢迎您进入 Visual Basic 2015 编程世界"，如图 1-12 所示。

知识点：Label 控件的属性。

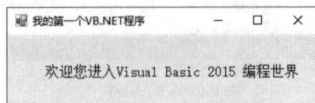

图 1-12　程序运行界面

2．实验内容

在文本框 Label1 中，输入"欢迎您进入 Visual Basic 2015 编程世界"，执行。

3．界面设计

启动 VS 2015，创建工程，在 Form1 窗体上添加一个 Label 控件，窗体和控件的属性设置及其作用见表 1-1。

表 1-1　属性设置及其作用

对 象 名	属 性 名	属 性 值	说　明
Form1	Text	我的第一个 VB.NET 程序	显示文本
Label1	Text	欢迎您进入 Visual Basic 2015 编程世界	显示文本
	Font	宋体，12pt	
	ForeColor	WindowText	
	AutoSize	True	

1.2.2　【实例 2】创建第一个控制台程序

1．实验目的

创建一个 Visual Basic 2015 控制台程序，该程序的功能是显示一行欢迎词："欢迎您进入 Visual basic 2015 编程世界！"，如图 1-13 所示。

知识点：Module1 的方法与事件。

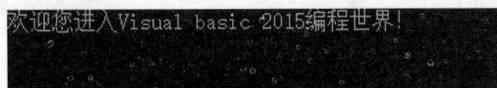

图 1-13　程序运行界面

2．实验内容

在编程框 Module1.vb 中输入代码，在执行界面显示文本。

3．界面设计

启动 VS 2015，创建控制台应用程序工程，输入代码。

4．程序代码

程序代码如下。

```
Module Module1
    Sub Main()
        Console.WriteLine("欢迎您进入 Visual basic 2015 编程世界！")
        Console.Read()
    End Sub
End Module
```

1.2.3　【实例 3】求-6 的绝对值

1．实验目的

VB 中数学函数的应用。数学函数包含在 Math 类中，使用时应在函数名之前加上 "Math"，如 Math.abs(-6)。也可以先将 Math 命名框架引入到程序中，然后直接调用函数即可。引入命名空间在类模块、窗体模块或标准模块的在声明部分使用 Imports 语句，如导入 Math 命名空间，可使用如下语句：Imports System.Math。如图 1-14 所示。

知识点：数学函数在 VB 中的应用。

图 1-14　程序运行前

2．实验内容

在编程框 Module1.vb 中输入代码，在执行界面显示文本。

3．程序代码

程序代码如下。

```
Imports System.Math
Module Module1
    Sub Main()
        Dim x = -6, y As Integer
        Console.Write("求-6 的绝对值为:")
        y = abs(x)
        Console.WriteLine(y)
        Console.Read()
    End Sub
End Module
```

1.3　拓展训练

以下通过拓展训练，提升并加强对 Windows 应用程序以及控制台应用程序的应用。

1.3.1　【任务 1】实现两数的四则运算

1．实验目的

创建一个控制台应用程序，实现两数的四则运算，如图 1-15 所示。

知识点：Module1，WriteLine 与 Write 等方法与事件。

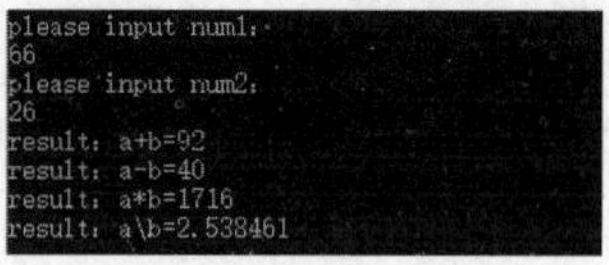

```
please input num1:
66
please input num2:
26
result: a+b=92
result: a-b=40
result: a*b=1716
result: a\b=2.538461
```

图 1-15　程序运行界面

2．实验内容

通过键盘输入两个实数，然后实现两数的四则运算。

3．界面设计

启动 VS 2015，创建控制台应用程序工程，输入代码。

4．程序代码

程序代码如下。

```
Module Module1
```

```
    Sub Main()
        Dim a As Single, b As Single, c1, c2, c3, c4 As Single
        Console.WriteLine("please input num1:")
        a = Console.ReadLine()
        Console.WriteLine("please input num2:")
        b = Console.ReadLine()
        Console.Write("result:a+b=")
        c1 = a + b
        Console.WriteLine(c1)
        Console.Write("result:a-b=")
        c2 = a - b
        Console.WriteLine(c2)
        Console.Write("result:a*b=")
        c3 = a * b
        Console.WriteLine(c3)
        Console.Write("result:a\b=")
        c4 = a / b
        Console.WriteLine(c4)
        Console.Read()      '等待输入，让屏幕停留
    End Sub
End Module
```

1.3.2 【任务 2】输出图案应用程序

1．实验目的

创建一个控制台应用程序，实现输出图案应用程序，如图 1-16 所示。

知识点：Module1，WriteLine()方法与事件。

图 1-16　程序运行界面

2．实验内容

实现输出图案应用程序。

3．界面设计

启动 VS 2015，创建控制台应用程序工程，输入代码。

4．程序代码

程序代码如下。

```
Module Module1
    Sub Main()
        Console.WriteLine("     *")
        Console.WriteLine("    * *")
        Console.WriteLine(" * * * ")
```

```vb
        Console.WriteLine("* * * * ")
        Console.WriteLine(" * * * ")
        Console.WriteLine("  * *")
        Console.WriteLine("   *")
        Console.Read()                          '等待输入，让屏幕停留
    End Sub
End Module
```

1.3.3 【任务 3】默写诗句应用程序

1. 实验目的

创建一个控制台应用程序，实现默写诗句应用程序，如图 1-17 所示。

知识点：Write()与 WriteLine()，Read()与 ReadLine()等方法与事件。

图 1-17　程序运行界面

2. 实验内容

应用 Write()与 WriteLine()，Read()与 ReadLine()等知识实现默写诗句应用程序。

WriteLine()方法实现从标准输出流输出指定的内容，并换行，而 Write()方法并没有实现换行；
ReadLine()方法实现从标准输入流读取一个字符，并作为函数的返回值，ReadLine()方法从标准输入流读取一行内容，并作为函数的返回值。

3. 界面设计

启动 VS 2015，创建控制台应用程序工程，输入代码。

4. 程序代码

程序代码如下。

```vb
Module Module1
    Dim s1, s2, s3, s4 As String
    Console.WriteLine("默写诗句:")
    Console.WriteLine()
    s1 = Console.ReadLine()
    s2 = Console.ReadLine()
    s3 = Console.ReadLine()
    s4 = Console.ReadLine()
    Console.WriteLine()
    Console.WriteLine("输出诗句:")
    Console. Write(s1)
    Console. Write(s2)
    Console. Write(s3)
    Console. Write(s4)
```

```
    Console. Read()    '等待输入，让屏幕停留
End Subtend Module
```

1.3.4 【任务 4】btnShow_Click()和 btnExit_Click()的应用

1．实验目的

创建一个窗体，实现按钮方法的应用。程序设计界面和程序运行界面如图 1-18 所示。

知识点：Button，Label 控件的属性、方法。

（a）程序设计界面   （b）程序运行界面

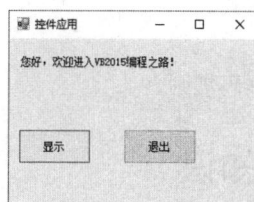

图 1-18   btnShow_Click()和 btnExit_Click()的应用

2．实验内容

向窗体添加两个按钮控件，1 个标签 Label 控件，编程实现：单击"显示"按钮，显示"您好，欢迎进入 VB2015 编程之路！"；单击"退出"按钮，退出整个应用程序。

3．界面设计

启动 VS 2015，创建工程，按照图 1-18 所示向窗体中添加控件，控件属性设置见表 1-2。

表 1-2   属性及其属性值设置

对 象 名	属 性 名	属 性 值	说 明
Form1	Text	控件应用	显示窗口标题
Label2	Text	您好，欢迎进入 VB2015 程序之路！	显示文本
Button1	Text	显示	显示内容
Button2	Text	退出	退出程序

4．程序代码

程序代码如下。

```
Public Class Form1
    Private Sub Button1_Click(sender As Object, e As EventArgs) Handles Button1.Click
        Label1.Text = "您好，欢迎进入 VB2015 编程之路！"
    End Sub
    Private Sub Button2_Click(sender As Object, e As EventArgs) Handles Button2.Click
        Application.Exit()    '或者用 End
    End Sub
End Class
```

第 2 章　Visual Basic 2015 的语言基础

本章要点

- 变量、常量与数据类型。
- 运算符和表达式。
- 常用函数。
- 程序结构和编码规则。

2.1　理论知识

正如语言是人们之间交流的语言，开发应用程序，也必须掌握一种计算机编程语言。本章主要介绍 Visual Basic 2015 的语言基础，变量、常量与基本数据类型的应用。

2.1.1　变量、常量与数据类型

1. 变量概述

变量是在程序运行中其存储的值可以改变的量，其命名规则（见名知意），必须以字母开头，由字母、数字或下画线组成，长度小于或等于 255 个字符，不能使用 VB.NET 中的关键字，如 Case、End、If、Then 等。

VB.NET 不区分变量名的大小写，如 ABC、abc 表示同一个标识符。一般变量名首字母用大写，其余用小写字母表示，常量全部用大写字母表示。

2. 变量显式声明

显式声明变量的一般格式为：

　　　　Declare 变量名　**[As** 类型]**[**=初始值**]**

说明：语句中 Declare 可以是 Dim、Public、Protected、Friend、Protected Friend、Private、Shared 或 Static。如果省略 As 部分，则创建的变量为 Object 类型。

一条 Dim 语句可同时定义多个变量。类型相同可用一个 As 指定（逗号分隔），这时不能给变量赋初值。例如：

　　　　Dim a, b, c As Integer, x, y As Single, k

则：k 为 Object 类型。

3. 变量隐式声明

在 Visual Basic 2015 中把类型说明符放在变量名的尾部，可以标识不同的变量类型。其中"%"表示整型（Integer），"&"表示长整型（Long），"!"表示单精度型（Single），"#"表示双精度型（Double），"@"表示十进制数型（Decimal），"$"表示字符串型（String）。例如：

　　　　Total%　　　Height!　　　Width#　　　　Name$

Boolean、Byte、Char、Date、Object 和 Short 等数据类型没有类型说明符。

注意，在默认情况下，VB.NET 编译器强制使用显式变量声明，直接用类型说明符不能声明变量。

4．Option Explicit 语句

一般格式为：

Option Explicit { On | Off }

Option Explicit 语句在模块层使用，用来确定该模块中所有变量的声明方式。如果在类模块中所有程序代码的最前面加语句 Option Explicit Off，可以对变量不声明而直接使用，在默认状态下，系统要求对使用的变量都显式声明，当使用没有声明的变量时，该变量名下有绿色曲线（表示语法错）。

在下面的例子中，用 Option Explicit 语句强制所有变量的显式声明，如果试图使用未声明的变量，则在编译时会出错。

```
Option Explicit On      '强制变量声明
Dim A1 as Integer       '声明变量
A2 = 10                 '未声明的变量，出错
A1 = 10                 '声明的变量，不出错
```

说明：强制变量声明的方法。

● 在程序通用声明段设置 Option Explicit 语句。

● 自动设置变量强制声明。

设置方法为：对新建一个工程，选择"工具"→"选项"命令，再在"编辑器"标签中选中"要求变量声明"复选框，于是在程序的通用声明段会自动出现 Option Explicit 语句。

2.1.2 常量

常量是在程序运行中其值不变的量，VB.NET 中有两种常量：一种是直接常量，其常数值直接反映类型；另一种是符号常量，用户声明，便于程序阅读或修改。其一般格式如下：

Const 符号常量名 [As 类型] = 表达式

例如：

```
Const PI=3.14
Const K As Integer=90
```

2.1.3 基本数据类型

计算机操作的对象是数据，数据是程序的必要组成部分，也是程序处理的对象。VB.NET 提供了系统定义的数据类型，并允许用户根据需要定义自己的数据类型。VB.NET 提供的基本数据类型主要有字符串型数据和数值型数据，此外还提供了字节、对象、日期、布尔等其他类型数据类型。基本数据类型见表 2-1。

表 2-1　Visual Basic 2015 的基本数据类型

数 据 类 型	类型说明符	字 节 数	类型后缀	范　　围
字节型	Byte	1	（无）	0～255
整型	Integer	2	%	−32768～32767
长整型	Long	4	&	−2147483648～2147483647
单精度浮点数	Single	4	!	3.40E+38

数 据 类 型	类型说明符	字 节 数	类 型 后 缀	范　围
双精度浮点数	Double	8	#	1.79D+308
货币型	Currency	8	@	−9.22E+14～9.22E+14
逻辑型	Boolean	2	（无）	True 或 False
字符串型	String	每字符 1	$	0 到 65535 个字符
日期型	Date	8	（无）	公元 1 年 1 月 1 日到公元 999 年 12 月 31 日
对象型	Object	4	（无）	任何对象的引用

相比其他的面向对象的编程语言，VB.NET 中也具有丰富的运算符，通过组变量、常量、函数、运算符、操作数组合成表达式，实现程序编制中所需的大量操作。

运算符是表示实现某种运算的符号，VB.NET 中的常见运算符可分算术运算符、字符串运算符、关系运算符和逻辑运算符四类。

1. 算术运算符

算术运算符及其表达式，见表 2-2。

表 2-2　算术运算符及其表达式

运　算　符	名　称	优 先 级	实　例	结果说明
^	指数	1（最高）	Y=2^5	32
*	乘法	3	Y=2*8	16
Mod	取模	3	Y=9/2	4.5
\	整除	4	Y=13\2	6
Mod	取模	5	Y=7 Mod 2	1
+	加法	6	Y=3+8	11
−	减法	6	Y=1−7	−6

2. 字符串运算符

& 两旁的操作数可任意，转换成字符型后再连接。

+ 两旁的操作数应均为字符型；若为数值型则进行算术加运算；若一个为数字字符，另一个为数值，则自动将数字字符转换为数值后进行算术加；若一个为非数字字符型，另一个为数值型，则出错。例如：

操作	结果	操作	结果
"mn" & 123	"mn123 "	"mn" + 12	出错
"66" & 22	" 6622 "	"66" + 22	88
"10" & True	"10True"	"10" + True	9

注意：在变量后使用运算符&时，变量与&间应加一个空格。

3. 关系运算符

关系运算符是双目运算符，作用是对两个操作数进行大小比较，若关系成立，则返回 True，否则返回 False。操作数可以是数值型、字符型。关系运算符及其表达式见表 2-3。

表 2-3　关系运算符及其表达式

运　算　符	名　　称	实　　例	结　　果
=	等于	"AB"="AD"	False
>	大于	"AB">"AD"	False
>=	大于等于	"AB">="AD"	False
<	小于	"AB"<"AD"	True
<=	小于等于	"AB"<="AD"	False
<>	不等于	"AB"<>"AD"	True

4．逻辑运算符

逻辑运算符除 Not 是单目运算符外，其余都是双目运算符，作用是将操作数进行逻辑运算，结果是逻辑值 True 或 False。逻辑运算符及其表达式见表 2-4。

表 2-4　逻辑运算符及其表达式

运　算　符	名　　称	优　先　级	实　　例	结　　果
Not	取反	1	Not F	T
And	与	2	T And F	F
			T And T	T
Or	或	3	T Or F	T
			F Or F	F
Xor	异或	3	T Xor F	T
			T Xor T	F

说明：

（1）表达式的书写规则。

运算符不能相邻，如 m + -n 是错误的。

乘号不能省略，如 x 乘以 y 应写成：x*y。

括号必须成对出现（均使用圆括号）。

表达式从左到右在同一基准上书写，无高低、大小。

（2）不同数据类型的数值参与运算，其结果的数据类型向精度高的数据类型转化。

Integer<Long<Single<Double<Currency

（3）运算符的优先级。

算术运算符>=字符运算符>关系运算符>逻辑运算

2.1.4　常用函数

1．数学函数

.NET 中的数学函数包含在 Math 类，使用前在模块的开头用语句 Imports。

System.Math 导入硬盘安装（运行 Setup.exe）。常用数学函数见表 2-5。

表 2-5　常用数学函数

函 数 名 称	函数功能及参数	示　例	结　果
Abs	返回绝对值	Abs(-6)	6
Sin	返回 Double 型正弦值	Sin(3.14)	0
Cos	返回 Double 型余弦值	Cos(3.14)	1
Exp	返回 Double 类型的以 e 为底数的指数幂值	Exp(6.0)	403.428793492735
Log	返回 Double 型对数值	Log(6.0)	1.79175946922805
Round	返回 Double 类型的最靠近指定数值的数	Round(5.2)	5
Sign	返回 Integer 型数值,判断参数的符号	Sign(0)	0
Sqrt	返回 Double 型开方值	Sqrt(9)	3
Tan	返回 Double 型正切值	Tan(3.14)	0

2. 类型转换函数

常用的类型转换函数见表 2-6。

表 2-6　类型转换函数

函 数 名	说　明	实　例	结　果
Asc(M)	字符串中第一个字符转换成 ASCII 码值	Asc("ABC")	65
CDate(M)	转换成日期型	CDate("2017/01/01")	2017-01-01
Chr(M)	ASCII 码值转换成字符	Chr$(66)	"B"
Hex(M)	十进制数转换成十六进制数	Hex(100)	64
LCase(M)	大写字母转为小写字母	LCase("KFC")	"kfc"
OCt(M)	十进制数转换成八进制数	OCt(100)	"144"
CStr(M)	数值转换为字符串	CStr(66.22)	"66.22"
UCase(M)	小写字母转为大写字母	UCase("kfc")	"KFC"
Val(M)	数字字符串转换为数值	Val("100AB")	"100"

除此之外,VB.NET 中还有其他类型转换函数,例如,CInt、CBool、CSng、CStr 等,详细例子查阅帮助功能。

3. 字符串函数

VB.NET 中字符串长度是以字(习惯称字符)为单位,由于 VB.NET 采用 Unicode(国际标准化组织 ISO 字符标准)来存储和操作字符串,每个西文字符和每个汉字都作为一个字,占两个字节。VB.NET 中字符串处理有两种方式:一种是保留和更新了 VB6.0 版本提供的函数;另一种是用 System.String 类的成员(函数)。字符串函数见表 2-7。

表 2-7　字符串函数

函 数 名	说　明	实　例	结　果
InStr([n],s1,s2)	从 n 开始,在 s1 中找 s2	InStr(2,"EFOKOKEFG","EF")	7
Left(s, n)	取字符串左边 n 个字符	Left("OPQWE",3)	"OPQ"
Len(s)	字符串长度	Len("AB CD")	5
Space(n)	产生 n 个空格的字符串	Space(3)	"　　　"
LTrim(s)	去掉字符串左边空格	Trim("　OK　")	"OK　"

函 数 名	说 明	实 例	结 果
RTrim(cs)	去掉字符串右边空格	Trim(" OK ")	" OK"
Trim(c)	去掉字符串两边空格	Trim(" OK ")	"OK"
Mid(c,start,n)	从 c 的 start 位置开始取 n 个字符子串	Mid("Visual",2,3)	"isu"

4．输入/输出函数

在 VB.NET 中，提供了两个预定义的对话框，即输入对话框和输出对话框，可以分别通过两个函数 InputBox、MsgBox 来实现。

（1）InputBox 函数用于输入数据。

InputBox 函数的一般格式为：

InputBox(prompt[, title] [, default] [, xpos] [, ypos] [, helpfile, context])

参数说明：

prompt：作为输入框中提示信息出现的字符串。如果要显示多行信息，可以在各行之间用回车符 Chr(13)，换行符 Chr(10)，或者回车换行符的组合 Chr(13)&Chr(10)来分隔。

title：作为输入框标题栏中的字符串。

default：作为输入框中默认的字符串。

xpos：输入框的左边与屏幕左边的水平距离。

ypos：输入框的上边与屏幕上边的距离。

helpfile：为输入框提供上下文相关的帮助。若有 helpfile，则必须有 context。

context：帮助文件中某帮助主题的上下文编号。若有 context，则必须有 helpfile。

InputBox 函数的返回值默认为字符串类型，如果要把返回值转换成其他类型，需要事先声明返回值的类型。

（2）MsgBox 函数用于输出数据。

在 Windows 程序中，使用对话框可以向用户显示提示信息，并根据用户的反馈信息来决定程序的后续操作。MsgBox 函数的格式如下。

MsgBox(prompt[, buttons] [, title] [, helpfile, context])

另外，MsgBox 函数也可用语句形式来表示。其语法格式为：

MsgBox prompt[, buttons] [, title] [, helpfile, context]

MsgBox 函数的返回值为整数，MsgBox 语句与 MsgBox 函数的语法类似，各参数的含义和功能也都相同。两者的区别主要在于：MsgBox 语句没有返回值，而 MsgBox 函数有返回值。因此，如果只是需要输入信息，而不需要根据用户反馈来决定程序的后续操作，则可直接用 MsgBox 语句来处理。

2.1.5 程序结构和编码规则

1．编码规则

（1）VB.NET 代码不区分字母的大小写。

关键字，首字母自动转换成大写，其余字母转换成小写。对于用户自定义的变量、过程名，以第一次定义的为准，以后输入的自动向首次定义的形式转换。

（2）语句书写自由。

一行上可书写多条语句（用冒号分隔），一行最多 255 个字符，单行语句可分若干行书写，在本行后加入续行符（空格和下画线）。

2．VB 中的注释语句

VB 用单引号和 Rem 定义符作为注释语句。注释语句不但用于程序的注解，以增加源程序的可读性，而且经常用于程序的调试。

2.2 实例探析

2.2.1 【实例 1】InputBox 函数的应用

1．实验目的

编写一个程序，用 InputBox 输入学生的姓名、年龄、体重等数据，并分别显示在 TextBox1~3 控件中。程序运行显示如图 2-1 所示。

知识点：InputBox 的使用。

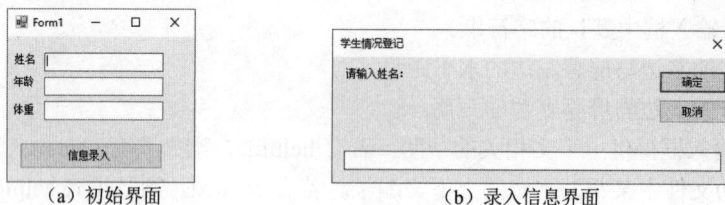

（a）初始界面　　　　　　　　　　　　　（b）录入信息界面

图 2-1　InputBox 函数的应用

2．实验内容

通过 InputBox 实现信息的录入。

3．界面设计

启动 VS 2015，创建工程，创建窗体，在其中添加 3 个 Label 控件，3 个 TextBox 控件，1 个 Button 控件。属性设置及其作用见表 2-8。

表 2-8　属性设置及其作用

对 象 名	属 性 名	属 性 值	说 明
Label1~3	Text	姓名、年龄、体重	显示文本
TextBox1~3	Text		显示文本
Button1	Text	信息录入	显示文本

4．程序代码

1）操作步骤

验证 InputBox 函数应用的前提条件：可以添加按钮单击事件过程进行调用。操作步骤如下。

（1）首先定义字符串变量 stuName 用于接收 InputBox 框输入的用户名，定义整型变量 stuAge 用于接收 InputBox 框输入的年龄，定义单精度变量 stuWeight 用于接收 InputBox 框输入体重。

（2）通过添加 3 个文本框分别显示 stuName、stuAge、stuWeight 这 3 个变量的值。

2）编写代码

```
Option Explicit Off
Public Class Form1
    Private Sub Button1_Click(sender As Object, e As EventArgs) Handles Button1.Click
        Dim stuName As String
        Dim stuAge As Integer
        Dim stuWeight As Single
            msgtitle$ = "学生情况登记"      '$用在变量后面代表隐式声明字符串变量
        msg1$ = "请输入姓名："
        msg2$ = "请输入年龄："
        msg3$ = "请输入体重："
        stuName = InputBox(msg1$, msgtitle)
        stuAge = Val(InputBox(msg2$, msgtitle, 20))
        stuWeight = Val(InputBox(msg3$, msgtitle))
        TextBox1.Text = stuName
        TextBox2.Text = stuAge
        TextBox3.Text = stuWeight
    End Sub
End Class
```

2.2.2 【实例2】利息计算器

1. 实验目的

设银行的定期存款利率为：一年期 2.32%，二年期 3.02%，三年期 3.69%，五年期 4.18%（不计复利）。程序运行显示如图 2-2 所示。

知识点：Select Case 的使用。

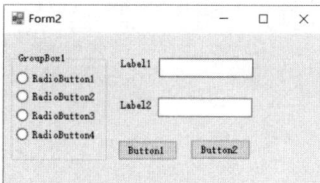

| （a）程序设计界面 | （b）程序运行界面 |

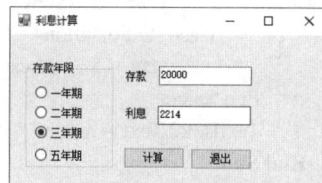

图 2-2 利息计算器

2. 实验内容

计算存款利息。

3. 界面设计

启动 VS 2015，创建工程，创建窗体，在其中添加 2 个 Label 控件，1 个 GroupBox 控件、4 个 RadioButton 控件，2 个 TextBox 控件以及 2 个按钮控件。设置控件、属性设置及其作用见表 2-9。

表 2-9 属性设置及其作用

对 象 名	属 性 名	属 性 值	说 明
Label1~2	Text	存款、利息	显示文本
GroupBox1	Text	存款年限	显示文本

对 象 名	属 性 名	属 性 值	说 明
RadioButton1~4	Text	一年期、二年期、三年期、五年期	显示文本
TextBox1~2	Text		显示文本
Button1~2	Text	计算、退出	显示文本

4．程序代码

1）操作步骤

利息计算器实现的前提条件：需要确定每年的利率，并通过一个多重选择语句 Select Case…End Select 进行匹配选择。操作步骤如下。

（1）首先定义单精度变量 money（表示存款金额）与 interest（表示存款对应的利率）。整型变量 year（表示存款年限）。

（2）通过公式计算利息：利息=存款金额*利率*年限。

2）编写代码

```
'通过计算利息，并通过文本框 2 显示利息
Public Class Form1
    Private Sub Button1_Click(sender As Object, e As EventArgs) Handles Button1.Click
        Dim money As Single, interest As Single, year As Integer
        money = Val(TextBox1.Text)
        Select Case True
            Case RadioButton1.Checked
                year = 1 : interest = 0.0232
            Case RadioButton2.Checked
                year = 2 : interest = 0.0302
            Case RadioButton3.Checked
                year = 3 : interest = 0.0369
            Case RadioButton4.Checked
                year = 5 : interest = 0.0418
        End Select
        TextBox2.Text = money * interest * year
    End Sub
    Private Sub Button2_Click(sender As Object, e As EventArgs) Handles Button2.Click
        End
    End Sub
End Class
```

2.2.3　【实例3】取整取余算术运算的应用

1．实验目的

制作了一个可以实现运算的平台，在被除数、除数右侧空白输入 2 位有效数，单击按钮即可实现。程序运行显示如图 2-3 所示。

知识点：算术运算符、算术表达式。

2．实验内容

在文本框 TextBox1 和 TextBox2 中，分别输入两个数值。单击"计算"按钮，文本框 TextBox3~5

会自动显示数值结果；单击"清除"按钮，所有文本框会自动全部清除数值；单击"退出"按钮，窗体会自动退出调试。

（a）程序设计界面　　　　　　　　　　　（b）程序运行界面

图 2-3　取整取余算术运算的应用

3. 界面设计

属性设置及其作用见表 2-10。

表 2-10　属性设置及其作用

对　象　名	属　性　名	属　性　值	说　　明
Label1~5	Text1~5	被除数、除数、除（/）、取整、取余（mod）	显示文本
TextBox1~2	Text1~2	被除数、除数	显示输入的数值
TextBox3~5	Text3~5	除（/）、整除、取余（mod）	显示输出数值
Button1	Text	计算	计算两个数值
Button2	Text	清除	清除所有文本框数值
Button3	Text	退出	退出调试窗体

4. 程序代码

1）操作步骤

取整取余算术运算实现的前提条件：需要输入被除数与除数的数值，通过计算取整，取余。操作步骤如下。

（1）运用 Val 函数将数值字符串转换为数值。

（2）根据算术运算符进行计算结果。

（3）通过"清除"按钮，让文本框置为空值。

2）编写代码

```
Public Class Form1
    '通过计算，显示算术运算的结果
    Private Sub Button1_Click(…) Handles Button1.Click
        TextBox3.Text = Val(TextBox1.Text) / Val(TextBox2.Text)
        TextBox4.Text = Val(TextBox1.Text) \ Val(TextBox2.Text)
        TextBox5.Text = Val(TextBox1.Text) Mod Val(TextBox2.Text)
    End Sub
    '清空文本框内容
    Private Sub Button2_Click(…) Handles Button2.Click
        TextBox1.Text = ""
        TextBox2.Text = ""
        TextBox3.Text = ""
        TextBox4.Text = ""
```

```
            TextBox5.Text = ""
        End Sub
        Private Sub Button3_Click(…) Handles Button3.Click
            End
        End Sub
    End Class
```

2.2.4 【实例4】实现百位数的分离

1．实验目的

制作一个可以实现分离数字的平台，在空白输入一个三位数，单击按钮即可实现。程序运行显示如图2-4所示。

知识点：算术运算符、算术表达式。

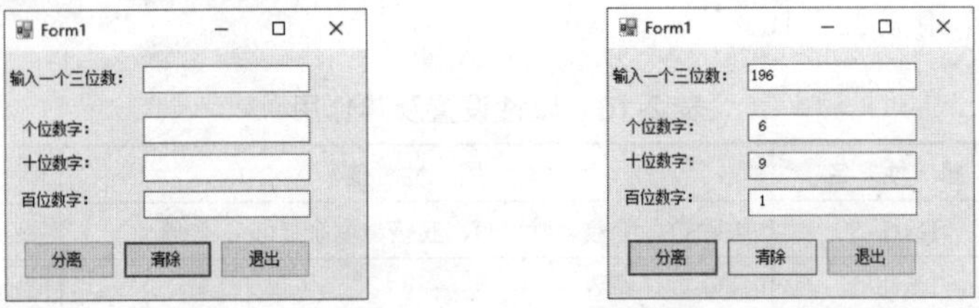

（a）程序设计界面 　　　　　　　　　　　　（b）程序运行界面

图2-4　实现百位数的分离

2．实验内容

在文本框TextBox1中，输入一个三位数的数值。单击"分离"按钮，文本框TextBox2~3会自动显示对应的数值；单击"清除"按钮，所有文本框会自动全部清除数值；单击"退出"按钮，窗体会自动退出调试。

3．界面设计

属性设置及其作用见表2-11。

表2-11　属性设置及其作用

对 象 名	属 性 名	属 性 值	说 明
Label1~4	Text1~4	输入一个三位数、个位数字、十位数字、百位数字	显示文本
TextBox1	Text1	输入一个三位数	显示输入的一个三位数数值
TextBox2~4	Text2~4	个位数字、十位数字、百位数字	显示输出数值
Button1	Text	分离	分离该三位数数值
Button2	Text	清除	清除所有文本框数值
Button3	Text	退出	退出调试窗体

4．程序代码

1）操作步骤

百位数分离实现的前提条件：需要输入被除数与除数的数值，通过计算取整，取余。操作步骤如下。

（1）定义整型变量 a，用于接收 TextBox1 的值，同时运用 Val 函数将数值字符串转换为数值。

（2）根据算术运算符进行计算，并通过 Str 函数转化为字符串输出结果。

（3）通过"清除"按钮，让文本框置为空值。

2）编写代码

```
Public Class Form1
    Private Sub Button1_Click(…) Handles Button1.Click
        Dim a As Integer
        a = Val(TextBox1.Text)
        TextBox4.Text = Str(a \ 100)
        TextBox3.Text = Str((a Mod 100) \ 10)
        TextBox2.Text = Str(a Mod 10)
    End Sub
    Private Sub Button2_Click(…) Handles Button2.Click
        TextBox1.Text = ""
        TextBox2.Text = ""
        TextBox3.Text = ""
        TextBox4.Text = ""
    End Sub
    Private Sub Button3_Click(…) Handles Button3.Click
        End
    End Sub
End Class
```

2.2.5 【实例 5】判断星座的程序

1．实验目的

实现一个用于计算星座的应用程序，程序运行显示如图 2-5 所示。

知识点：表达式。

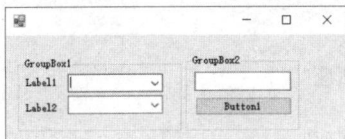

（a）程序设计界面　　　　　　　　（b）程序运行界面

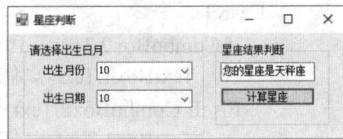

图 2-5　判断星座的程序

2．实验内容

通过用户输入的出生月份与日期来计算用户的星座。星座是按阳历（公历）日期划分的，参考以下的月份范围确定星座。

白羊座：3 月 21 日～4 月 20 日　　　　天秤座：9 月 23 日～10 月 22 日

金牛座：4 月 21 日～5 月 20 日　　　　天蝎座：10 月 23 日～11 月 21 日

双子座：5 月 21 日～6 月 21 日　　　　射手座：11 月 22 日～12 月 21 日

巨蟹座：6 月 22 日～7 月 22 日　　　　摩羯座：12 月 22 日～1 月 19 日

狮子座：7 月 23 日～8 月 22 日　　　　水瓶座：1 月 20 日～2 月 18 日

处女座：8 月 23 日～9 月 22 日　　　　双鱼座：2 月 19 日～3 月 20 日

3．界面设计

启动 VS 2015，创建工程，创建窗体，在其中添加 1 个 Button 控件、2 个 Label 控件、2 个 ComboBox 控件、1 个 TextBox 控件。窗体和控件对象属性设置及其作用见表 2-12。

表 2-12　窗体和控件对象属性设置及其作用

对　象　名	属　性　名	属　性　值	说　　明
Button1	Text	计算星座	程序运行
Label1,2	Text	月份、日期	提供数据选择
ComboBox1,2	Items	1~12、1~31	让用户选择数据
TextBox1	Text	无	无
GroupBox1,2	Text	请选择出生月日	星座结果判断

4．程序代码

1）操作步骤

星座判断的前提条件：需要通过 ComboBox 控件获取月份和日期的值。操作步骤如下。

（1）ComboBox1 的 Items 值初始化为 1~12，代表有 12 个月可供选择。ComboBox2 的 Items 值初始化为 1~31，代表月中有 31 天可供选择。

（2）星座的判断是根据所选的月份和日期的范围确定的，可以应用一个选择结构语句 Select Case…End Select 对 ComboBox1 获取的月份值进行判断。由于每个月份对应有 2 个星座，可通过 If 的嵌套语句来确定 ComboBox2 的值（即日期的范围）。

（3）通过"计算星座"按钮，让文本框显示结果。

2）编写代码

```
Public Class Form1
    Private Sub Button1_Click(ByVal sender As System.Object, ByVal e As System.EventArgs)
                              Handles ,Button1.Click
        Select Case ComboBox1.Text
        Case 1
            If ComboBox2.Text > 19 Then
                TextBox1.Text = "您的星座是水瓶座"
            ElseIf ComboBox2.Text <= 19 Then
                TextBox1.Text = "您的星座是摩羯座"
            End If
        Case 2
            If ComboBox2.Text > 18 Then
                TextBox1.Text = "您的星座是双鱼座"
            ElseIf ComboBox2.Text <= 18 Then
                TextBox1.Text = "您的星座是水瓶座"
            End If
        Case 3
            If ComboBox2.Text > 20 Then
                TextBox1.Text = "您的星座是白羊座"
            ElseIf ComboBox2.Text <= 20 Then
                TextBox1.Text = "您的星座是双鱼座"
            End If
        Case 4
            If ComboBox2.Text > 19 Then
```

```vb
            TextBox1.Text = "您的星座是金牛座"
        ElseIf ComboBox2.Text <= 19 Then
            TextBox1.Text = "您的星座是白羊座"
        End If
    Case 5
        If ComboBox2.Text > 20 Then
            TextBox1.Text = "您的星座是双子座"
        ElseIf ComboBox2.Text <= 20 Then
            TextBox1.Text = "您的星座是金牛座"
        End If
    Case 6
        If ComboBox2.Text > 20 Then
            TextBox1.Text = "您的星座是巨蟹座"
        ElseIf ComboBox2.Text <= 20 Then
            TextBox1.Text = "您的星座是双子座"
        End If
    Case 7
        If ComboBox2.Text > 21 Then
            TextBox1.Text = "您的星座是狮子座"
        ElseIf ComboBox2.Text <= 21 Then
            TextBox1.Text = "您的星座是巨蟹座"
        End If
    Case 8
        If ComboBox2.Text > 22 Then
            TextBox1.Text = "您的星座是处女座"
        ElseIf ComboBox2.Text <= 22 Then
            TextBox1.Text = "您的星座是狮子座"
        End If
    Case 9
        If ComboBox2.Text > 22 Then
            TextBox1.Text = "您的星座是天秤座"
        ElseIf ComboBox2.Text <= 22 Then
            TextBox1.Text = "您的星座是处女座"
        End If
    Case 10
        If ComboBox2.Text > 22 Then
            TextBox1.Text = "您的星座是天蝎座"
        ElseIf ComboBox2.Text <= 22 Then
            TextBox1.Text = "您的星座是天秤座"
        End If
    Case 11
        If ComboBox2.Text > 21 Then
            TextBox1.Text = "您的星座是射手座"
        ElseIf ComboBox2.Text <= 21 Then
            TextBox1.Text = "您的星座是天蝎座"
        End If
    Case 12
        If ComboBox2.Text > 21 Then
            TextBox1.Text = "您的星座是摩羯座"
        ElseIf ComboBox2.Text <= 21 Then
            TextBox1.Text = "您的星座是射手座"
```

```
                        End If
                    End Select
                End Sub
            End Class
```

2.2.6 【实例 6】估测身高的实现

1. 实验目的

实现一个用于估测身高的应用程序，程序运行显示如图 2-6 所示。

知识点：数据类型，运算符与表达式。

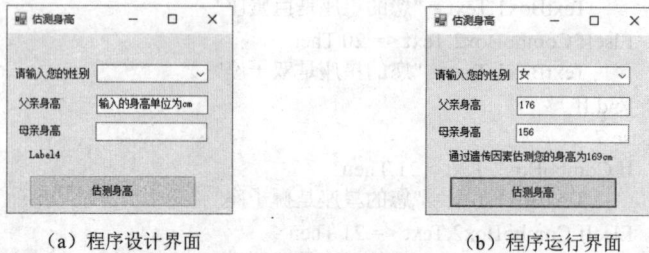

（a）程序设计界面   （b）程序运行界面

图 2-6 估测身高的实现

2. 实验内容

通过用户输入性别、父母身高的值来进行用户最终身高的估测。预测公式：

男孩成人时身高（cm）=（父亲身高+母亲身高）/2×1.08

女孩成人时身高（cm）=（父亲身高×0.923+母亲身高）/2

3. 界面设计

启动 VS 2015 创建项目，创建窗体，在其中添加 TextBox 和 Button 控件。窗体和控件对象属性设置及其作用见表 2-13。

表 2-13 窗体和控件对象属性设置及其作用

对 象 名	属 性 名	属 性 值	说 明
Button1	Text	测试	让程序开始运行
Label1~4	Text	请输入您的性别	引导用户输入数据与输出结果
		父亲身高	
		母亲身高	
		""	
ComboBox1	Items	男 女	让用户选择数据

4. 程序代码

1）操作步骤

身高估测的前提条件：需要知道性别、父亲身高、母亲身高。操作步骤如下。

（1）首先定义整型变量 n 表示父亲身高，用于接收 TextBox1 的值；定义整型变量 c 表示母亲身高，用于接收 TextBox2 的值，同时运用 Int 函数将数值字符串转换为整型数值。

（2）ComboBox1 的 Items 值初始化为男，女。身高估测根据选定的性别选择不同的公式进行计算，所以需要添加一个 If…ElseIf…EndIf 语句来确定性别。

（3）根据选定性别，选择对应的公式计算，显示结果。

2）编写代码

```
Public Class Form1
        Private Sub Button1_Click(sender As Object, e As EventArgs) Handles Button1.Click
            Dim m As Integer
            Dim n, c As Integer
            n = Int(TextBox1.Text)
            c = Int(TextBox2.Text)
            If ComboBox1.Text = "男" Then
                m = (n + c) * 0.54
            ElseIf ComboBox1.Text = "女" Then
                m = (n * 0.923 + c) / 2
            End If
            Label4.Text = "通过遗传因素估测您的身高为" + CStr(m) + "cm"
        End Sub

        Private Sub Form1_Load(sender As Object, e As EventArgs) Handles MyBase.Load
            TextBox1.Text = "输入的身高单位为 cm"
        End Sub
    End Class
```

2.3　拓展训练

以下通过拓展训练，提升并加强对 Windows 应用程序语言基础的应用。

2.3.1　【任务 1】圆锥计算应用程序

1．实验目的

输入圆锥的半径和高，求出它的底面积、侧面积、体积。程序运行显示如图 2-7 所示。

知识点：Math.PI，Round 保留小数点，加减乘除运算。

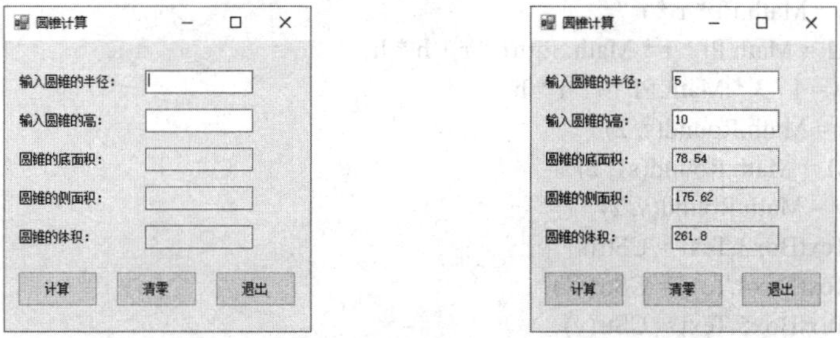

（a）程序设计界面　　　　　　（b）程序运行界面

图 2-7　圆锥计算应用程序

2．实验内容

在文本框控件 TextBox1、TextBox2 中，分别输入圆锥的半径和高。单击"计算"按钮，便会计算出圆锥的底面积、侧面积、体积。"清除"按钮的功能：将文本框的内容清除。"退出"按钮的功能：程序运行结束。

3. 界面设计

启动 VS 2015，创建工程，创建窗体，在其中添加 5 个 Label、5 个 TextBox 和 3 个 Button 控件。窗体和控件对象属性设置及其作用见表 2-14。

表 2-14　窗体和控件对象属性设置及其作用

对 象 名	属 性 名	属 性 值	说 明
Form1	Text	圆锥计算	显示窗体标题
Label1	Text	输入圆锥的半径	显示文本
Label2	Text	输入圆锥的高	显示文本
Label3	Text	圆锥的底面积	显示文本
Label4	Text	圆锥的侧面积	显示文本
Label5	Text	圆锥的体积	显示文本
Button1	Text	计算	计算底面积、侧面积、体积
Button2	Text	清除	清除文本框上内容
Button3	Text	退出	退出程序
TextBox1	Text	""	输入圆锥半径
TextBox2	Text	""	输入圆锥高
TextBox3	Text	""	输出圆锥的底面积
TextBox4	Text	""	输出圆锥的侧面积
TextBox5	Text	""	输出圆锥的体积

4. 程序代码

```
Public Class Form1
    Private Sub Button1_Click(ByVal sender As System.Object, ByVal e As System.EventArgs)
                Handles Button1.Click
        Dim r As Double, h As Double, s As Double, v As Double, s1 As Double
        r = Val(TextBox1.Text)
        h = Val(TextBox2.Text)
        s = Math.PI * r * r
        s1 = Math.PI * r * Math.Sqrt(r * r + h * h)
        v = 1 / 3 * Math.PI * r * r * h
        s = Math.Round(s, 2)
        s1 = Math.Round(s1, 2)
        v = Math.Round(v, 2)
        TextBox3.Text = CStr(s)
        TextBox4.Text = CStr(s1)
        TextBox5.Text = CStr(v)
    End Sub
    Private Sub Button2_Click(ByVal sender As System.Object, ByVal e As System.EventArgs)
                Handles Button2.Click
        TextBox1.Text = ""
        TextBox2.Text = ""
        TextBox3.Text = ""
        TextBox4.Text = ""
        TextBox5.Text = ""
```

```
        End Sub
        Private Sub Button3_Click(ByVal sender As System.Object, ByVal e As System.EventArgs)
                            Handles Button3.Click
            End
        End Sub
    End Class
```

2.3.2 【任务 2】MsgBox 函数的应用

1. 实验目的

编写程序，用 MsgBox 函数判断程序是否继续执行。程序运行显示如图 2-8 所示。

知识点：MsgBox 函数的使用。使用 MsgBox()函数显示消息框。

（a）程序设计界面　　　　　　　　（b）程序运行界面

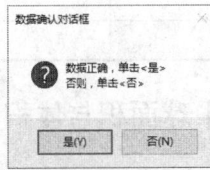

图 2-8　MsgBox 函数的应用

2. 实验内容

用 MsgBox 函数判断程序。

3. 界面设计

启动 VS 2015，创建工程，创建窗体，在其中添加 2 个 Label 控件，1 个 Button 控件。属性设置及其作用见表 2-15。

表 2-15　属性设置及其作用

对 象 名	属 性 名	属 性 值	说 明
Label1, 2	Text		显示文本
Button1	Text	测试	显示文本

4. 程序代码

```
    Option Explicit Off
    Public Class Form1
        Private Sub Button1_Click(sender As Object, e As EventArgs) Handles Button1.Click
            msg$ = "数据正确，单击<是>" + vbCrLf + "否则，单击<否>"
            Title$ = "数据确认对话框"
            x = MsgBox(msg$, vbYesNo + 32, Title$)
            If x = 6 Then            '6 表示按了"是"
                Label1.Text = "数据正确"
            ElseIf x = 7 Then        '7 表示按了"否"
                Label2.Text = "数据错误，请重新输入"
            End If
```

说明：vbCrLf 的功能与"Chr(13)+Chr(10)"相同，表示回车换行。MsgBox()函数返回值见表 2-16。

表 2-16　MsgBox()函数返回值

返 回 值	值	含 义
MsgBoxResult.OK	1	按下"确定"按钮
MsgBoxResult.Cancel	2	按下"取消"按钮
MsgBoxResult.Abort	3	按下"中止"按钮
MsgBoxResult.Retry	4	按下"重试"按钮
MsgBoxResult.Ignore	5	按下"忽略"按钮
MsgBoxResult.Yes	6	按下"是"按钮
MsgBoxResult.No	7	按下"否"按钮

2.3.3　【任务 3】球面积与体积计算程序

1. 实验目的

制作一个求球的面积、体积的程序，只需要输入半径，程序能够计算出球的面积、体积。程序运行显示如图 2-9 所示。

知识点：数据类型与表达式、Form、Label、Button、TextBox 控件的属性、方法与事件。

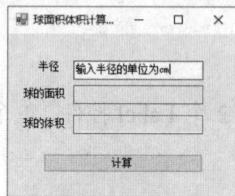

（a）程序设计界面　　　　　　　（b）程序运行界面

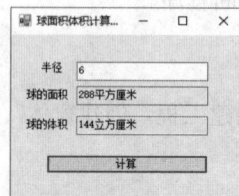

图 2-9　球面积与体积计算程序

2. 实验内容

在文本框 TextBox1 中，输入半径，进行计算，在 Label 中把结果输出。

3. 界面设计

启动 VS 2015，创建工程，创建窗体，在其中添加 3 个 Label、1 个 TextBox 和 1 个 Button 控件。窗体和控件对象属性设置及其作用见表 2-17。

表 2-17　窗体和控件对象属性设置及其作用

对 象 名	属 性 名	属 性 值	说 明
Form1	Text	Form1	显示窗体标题
Label1~3	Text	半径、球的面积、球的体积	显示文本
TextBox1~3	Text	" ",ReadOnly,ReadOnly	半径,True,True
Button1	Text	判断	显示文本

4．程序代码

```
Option Explicit Off
Public Class Form1
    Private Sub Button1_Click(ByVal sender As System.Object, ByVal e As System.EventArgs)
                                           Handles Button1.Click
        Dim r As Double
        r = TextBox1.Text
        TextBox2.Text = "球的体积: " & (4 / 3) * r * r * r
        TextBox3.Text = "球的面积: " & 4 * r * r
    End Sub
End Class
```

2.3.4 【任务 4】奇偶数选择器

1．实验目的

随机生成 10 个 100 以内正整数，将其中的奇数和偶数分两行显示在窗体上。程序运行显示如图 2-10 所示。

知识点：Rnd 函数，Mod 运算，TextBox 控件的属性，If…Else。

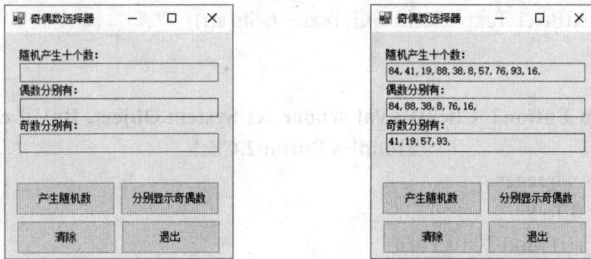

（a）程序设计界面　　　　　（b）程序运行界面

图 2-10　奇偶数选择器

2．实验内容

在文本框 TextBox1~3 中，分别显示随机产生的 10 个数、偶数、奇数。单击"产生随机数"按钮，便会产生 10 个随机数。"分别显示奇偶数"按钮，便分别在不用文本框显示奇偶数。"清除"按钮的功能：将文本框的内容清除。"退出"按钮的功能：程序运行结束。

3．界面设计

启动 VS 2015，创建工程，创建窗体，在其中添加 3 个 Label、3 个 TextBox 和 4 个 Button 控件。窗体和控件对象属性设置及其作用见表 2-18。

表 2-18　窗体和控件对象属性设置及其作用

对 象 名	属 性 名	属 性 值	说　　明
Form1	Text	奇偶数选择器	显示窗体标题
Label1	Text	随机产生 10 个数	显示文本
Label2, 3	Text	偶数、奇数	显示文本
Button1	Text	产生随机数	随机产生 10 个数

对 象 名	属 性 名	属 性 值	说 明
Button2	Text	分别显示奇偶数	在文本框显示奇偶数
Button3	Text	清除	清除文本框中的内容
Button4	Text	退出	退出程序
TextBox1	Text	""	显示 10 个数
TextBox2	Text	" "	显示偶数
TextBox3	Text	" "	显示奇数

4．程序代码

```
Public Class Form1
    Private a(9) As Integer
    Private Sub Button1_Click(ByVal sender As System.Object, ByVal e As System.EventArgs)
                             Handles Button1.Click
        Dim i As Integer
        Randomize()
        TextBox1.Text = ""
        For i = 0 To 9
            a(i) = Int(100 * Rnd() + 1)
            TextBox1.Text = TextBox1.Text + CStr(a(i)) + ","
        Next i
    End Sub
    Private Sub Button2_Click(ByVal sender As System.Object, ByVal e As System.EventArgs)
                             Handles Button2.Click
        Dim i As Integer
        For i = 0 To 9
            If a(i) Mod 2 = 0 Then
                TextBox2.Text = TextBox2.Text + CStr(a(i)) + ","
            Else
                TextBox3.Text = TextBox3.Text + CStr(a(i)) + ","
            End If
        Next
    End Sub
    Private Sub Button3_Click(ByVal sender As System.Object, ByVal e As System.EventArgs)
                             Handles Button3.Click
        TextBox1.Text = ""
        TextBox2.Text = ""
        TextBox3.Text = ""
    End Sub
    Private Sub Button4_Click(ByVal sender As System.Object, ByVal e As System.EventArgs)
                             Handles Button4.Click
        End
    End Sub
End Class
```

2.3.5 【任务5】简易计算器应用程序

1. 实验目的

编写一个程序，实现四则运算。程序运行显示如图 2-11 所示。

知识点：If 条件的定义方法、Select Case 语句的使用方法。

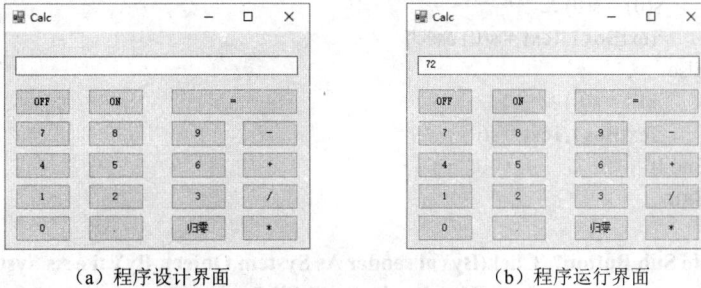

(a) 程序设计界面　　　　　　(b) 程序运行界面

图 2-11　简易计算器应用程序

2. 实验内容

通过按钮选择数字，实现四则运算。

3. 界面设计

启动 VS 2015，创建工程，创建窗体，在其中添加 1 个 TextBox 控件、19 个 Button 控件。属性设置及其作用见表 2-19。

表 2-19　属性设置及其作用

对　象　名	属　性　名	属　　性　　值	说　　明
TextBox1	Text	""	显示文本
Button1~19	Text	数字 0~9、ON、OFF、+、−、*、/、=、.、归零	显示文本

4. 程序代码

```
Public Class Form1
    Dim s() As String = {"0", "0", "0"} '声明一个字符串，用以存取数值
    Dim num1 As String = "0"
    Dim num2 As String = "0"
    Dim svalue As Boolean = False
    Private Sub Button1_Click(ByVal sender As System.Object, ByVal e As System.EventArgs)
                Handles Button1.Click
        If s(0) = "0" Then
        TextBox1.Text = s(0) & "."
            ElseIf svalue = False Then
            s(0) = s(0) & "0"
            TextBox1.Text = s(0) & "."
        Else
            s(0) = s(0) & "0"
            TextBox1.Text = s(0)
        End If
    End Sub
```

```
Private Sub Button6_Click(ByVal sender As System.Object, ByVal e As System.EventArgs)
                          Handles Button6.Click
    If s(0) = "0" Then
        s(0) = "1"
        TextBox1.Text = s(0) & "."
    ElseIf svalue = False Then
        s(0) = s(0) & "1"
        TextBox1.Text = s(0) & "."
    Else
        s(0) = s(0) & "1"
        TextBox1.Text = s(0)
    End If
End Sub


Private Sub Button7_Click(ByVal sender As System.Object, ByVal e As System.EventArgs)
                          Handles Button7.Click
    If s(0) = "0" Then
        s(0) = "2"
        TextBox1.Text = s(0) & "."
    ElseIf svalue = False Then
        s(0) = s(0) & "2"
        TextBox1.Text = s(0) & "."
    Else
        s(0) = s(0) & "2"
        TextBox1.Text = s(0)
    End If
End Sub


Private Sub Button2_Click(ByVal sender As System.Object, ByVal e As System.EventArgs)
                          Handles Button2.Click
    svalue = True
    s(0) = s(0) & "."
    TextBox1.Text = s(0)
End Sub

Private Sub Button3_Click(ByVal sender As System.Object, ByVal e As System.EventArgs)
                          Handles Button3.Click
    s(0) = "0"
    s(1) = "0"
    s(2) = "0"
    num1 = "0"
    num2 = "0"
    svalue = False
    TextBox1.Text = "0."
End Sub


Private Sub Button5_Click(ByVal sender As System.Object, ByVal e As System.EventArgs)
                          Handles Button5.Click
    If s(2) = "0" Then
        Select Case num1
            Case "+"
```

```
                    TextBox1.Text = Str(Val(s(1)) + Val(s(0)))
            Case "-"
                    TextBox1.Text = Str(Val(s(1)) - Val(s(0)))
            Case "*"
                    TextBox1.Text = Str(Val(s(1)) * Val(s(0)))
            Case "/"
                If s(0) = "0" Then
                        TextBox1.Text = "error!"
                Else
                        TextBox1.Text = Str(Val(s(1)) / Val(s(0)))
                End If
            End Select
    ElseIf num2 = "*" Then
        s(0) = Str(Val(s(0)) * Val(s(2)))
        Select Case num1
            Case "+"
                    TextBox1.Text = Str(Val(s(1)) + Val(s(0)))
            Case "-"
                    TextBox1.Text = Str(Val(s(1)) - Val(s(0)))
            Case "*"
                    TextBox1.Text = Str(Val(s(1)) * Val(s(0)))
            Case "/"
                If s(0) = "0" Then
                        TextBox1.Text = "error!"
                Else
                        TextBox1.Text = Str(Val(s(1)) / Val(s(0)))
                End If
            End Select
    Else : num2 = "/"
        s(0) = Str(Val(s(2)) / Val(s(0)))
        Select Case num1
            Case "+"
                    TextBox1.Text = Str(Val(s(1)) + Val(s(0)))
            Case "-"
                    TextBox1.Text = Str(Val(s(1)) - Val(s(0)))
            Case "*"
                    TextBox1.Text = Str(Val(s(1)) * Val(s(0)))
            Case "/"
                If s(0) = "0" Then
                        TextBox1.Text = "error!"
                Else
                        TextBox1.Text = Str(Val(s(1)) / Val(s(0)))
                End If
            End Select
    End If
End Sub

Private Sub Button8_Click(ByVal sender As System.Object, ByVal e As System.EventArgs)
                    Handles Button8.Click
    If s(0) = "0" Then
        s(0) = "3"
```

```
            TextBox1.Text = s(0) & "."
        ElseIf svalue = False Then
            s(0) = s(0) & "3"
            TextBox1.Text = s(0) & "."
        Else
            s(0) = s(0) & "3"
            TextBox1.Text = s(0)
        End If
End Sub

Private Sub Button9_Click(ByVal sender As System.Object, ByVal e As System.EventArgs)
                         Handles Button9.Click
        If num1 = "0" Then
            num1 = "+"
            s(1) = s(0)
            s(0) = "0"
        Else : Select Case num1
            Case "+"
                s(1) = Str(Val(s(0)) + Val(s(1)))
                s(0) = "0"
                num1 = "+"
            Case "-"
                s(1) = Str(Val(s(1)) - Val(s(0)))
                s(0) = "0"
                num1 = "+"
            Case "*"
                s(1) = Str(Val(s(0)) * Val(s(1)))
                s(0) = "0"
                num1 = "+"
            Case "/"
                s(1) = Str(Val(s(1)) / Val(s(0)))
                s(0) = "0"
                num1 = "+"
        End Select
        End If
End Sub

Private Sub Button10_Click(ByVal sender As System.Object, ByVal e As
                          System.EventArgs) Handles Button10.Click
        If num1 = "0" Then
            num1 = "-"
            s(1) = s(0)
            s(0) = "0"
        Else : Select Case num1
            Case "+"
                s(1) = Str(Val(s(0)) + Val(s(1)))
                s(0) = "0"
                num1 = "-"
            Case "-"
                s(1) = Str(Val(s(1)) - Val(s(0)))
                s(0) = "0"
```

```vb
            num1 = "-"
        Case "*"
            s(1) = Str(Val(s(0)) * Val(s(1)))
            s(0) = "0"
            num1 = "-"
        Case "/"
            s(1) = Str(Val(s(1)) / Val(s(0)))
            s(0) = "0"
            num1 = "-"
        End Select
    End If
End Sub


Private Sub Button11_Click(ByVal sender As System.Object, ByVal e As System.EventArgs)
                    Handles Button11.Click
    If s(0) = "0" Then
    s(0) = "4"
    TextBox1.Text = s(0) & "."
    ElseIf svalue = False Then
    s(0) = s(0) & "4"
    TextBox1.Text = s(0) & "."
    Else
    s(0) = s(0) & "4"
    TextBox1.Text = s(0)
    End If
End Sub


Private Sub Button12_Click(ByVal sender As System.Object, ByVal e As
                    System.EventArgs) Handles Button12.Click
    If s(0) = "0" Then
        s(0) = "5"
        TextBox1.Text = s(0) & "."
    ElseIf svalue = False Then
        s(0) = s(0) & "5"
        TextBox1.Text = s(0) & "."
    Else
        s(0) = s(0) & "5"
        TextBox1.Text = s(0)
    End If
End Sub


Private Sub Button13_Click(ByVal sender As System.Object, ByVal e As
                    System.EventArgs) Handles Button13.Click
    If s(0) = "0" Then
        s(0) = "6"
        TextBox1.Text = s(0) & "."
    ElseIf svalue = False Then
        s(0) = s(0) & "6"
        TextBox1.Text = s(0) & "."
    Else
        s(0) = s(0) & "6"
```

```vb
            TextBox1.Text = s(0)
        End If
End Sub


Private Sub Button14_Click(ByVal sender As System.Object, ByVal e As
                    System.EventArgs) Handles Button14.Click
    If num1 = "0" Then
        num1 = "*"
        s(1) = s(0)
        s(0) = "0"
    Else : Select Case num1
        Case "+"
            num2 = "*"
            s(2) = s(0)
            s(0) = "0"
        Case "-"
            num2 = "*"
            s(2) = s(0)
            s(0) = "0"
        Case "*"
            s(1) = Str(Val(s(0)) * Val(s(1)))
            s(0) = "0"
            num1 = "*"
        Case "/"
            s(1) = Str(Val(s(1)) / Val(s(0)))
            s(0) = "0"
            num1 = "*"
        End Select
    End If
End Sub


Private Sub Button15_Click(ByVal sender As System.Object, ByVal e As
                    System.EventArgs) Handles Button15.Click
    If num1 = "0" Then
        num1 = "/"
        s(1) = s(0)
        s(0) = "0"
    Else : Select Case num1
        Case "+"
            num2 = "/"
            s(2) = s(0)
            s(0) = "0"
        Case "-"
            num2 = "/"
            s(2) = s(0)
            s(0) = "0"
        Case "*"
            s(1) = Str(Val(s(0)) * Val(s(1)))
            s(0) = "0"
            num1 = "/"
        Case "/"
            {
```

```vb
        s(1) = Str(Val(s(1)) / Val(s(0)))
        s(0) = "0"
        num1 = "/"
    End Select
  End If
End Sub


Private Sub Button16_Click(ByVal sender As System.Object, ByVal e As
                          System.EventArgs) Handles Button16.Click
  If s(0) = "0" Then
      s(0) = "7"
      TextBox1.Text = s(0) & "."
  ElseIf svalue = False Then
      s(0) = s(0) & "7"
      TextBox1.Text = s(0) & "."
  Else
      s(0) = s(0) & "7"
      TextBox1.Text = s(0)
  End If
End Sub


Private Sub Button17_Click(ByVal sender As System.Object, ByVal e As
                          System.EventArgs) Handles Button17.Click
  If s(0) = "0" Then
      s(0) = "8"
      TextBox1.Text = s(0) & "."
  ElseIf svalue = False Then
      s(0) = s(0) & "8"
      TextBox1.Text = s(0) & "."
  Else
      s(0) = s(0) & "8"
      TextBox1.Text = s(0)
  End If
End Sub


Private Sub Button18_Click(ByVal sender As System.Object, ByVal e As
                          System.EventArgs) Handles Button18.Click
  If s(0) = "0" Then
      s(0) = "9"
      TextBox1.Text = s(0) & "."
  ElseIf svalue = False Then
      s(0) = s(0) & "9"
      TextBox1.Text = s(0) & "."
  Else
      s(0) = s(0) & "9"
      TextBox1.Text = s(0)
  End If
End Sub


Private Sub Button19_Click(ByVal sender As System.Object, ByVal e As
                          System.EventArgs) Handles Button19.Click
```

```vb
        TextBox1.Text = "0."
    End Sub

    Private Sub Button20_Click(ByVal sender As System.Object, ByVal e As
                    System.EventArgs) Handles Button20.Click
        Me.Close()
    End Sub
End Class
```

第 3 章 数 组

本章要点
- 数组的概念。
- 一维数组的定义、初始化及数组元素的引用。
- 二维数组的定义、初始化及数组元素的引用。
- 数组重定义。
- For Each 语句、LBound 函数及 UBound 函数的使用。

3.1 理论知识

3.1.1 数组的概念

数组

数组是同类型数据的有序集合。数组中每个数据称为数组元素。数组元素在内存中占用连续的存储空间，可以通过唯一的数组名和下标（即标识每个数组元素相对位置的索引）进行访问，所以数组通常又称为下标变量。在使用数组前必须先定义数组。

在实际应用中，当用户需要存取一个数据，可以声明一个变量。但是在程序中需要使用很多个同类型的数据，这时为每个数据都声明一个变量较为烦琐。例如，要统计计科 161 班 51 名同学 VB.NET 的期末成绩以及平均分。若用变量来处理，就要声明 51 个变量，在编程中还要对应成绩变量与学生的关系，较易出错。

因此，VB.NET 提供了数组这种数据类型，专门用于处理同类型大量数据的问题。上述统计只需要定义一个数组，用于存放 51 名同学的 VB.NET 的成绩即可。使用数组可以简化程序代码。

说明：

（1）数组名的命名规则与普通变量相同。

（2）数组元素的下标必须用括号括起来。不能把数组元素 "x(2)" 直接写成 "x2"，因为前者是一个数组元素，而后者是一个简单变量。

（3）数组下标的最小值和最大值分别称为下标和上界。

（4）下标可以是常量、变量或表达式，但必须是整数。如果是小数，则系统自动取整。

数组应当 "先定义，后使用"。所谓定义数组，就是向系统申请相应的存储空间。而根据在定义时是否直接指定数组的大小，又可将数组分为静态数组和动态数组两大类。

3.1.2 一维数组的定义、初始化及数组元素的引用

1．一维数组的定义

一维数组是指只有一个下标的数组，数组占用连续的存储空间，在使用前必须先声明，才能使用。

语法格式为：

Dim　数组名(下标上界) As　数据类型

功能：定义一个一维数组。数组的下标上界由"下标上界"指定，如果省略数组定义中的"As 类型名称"，则数组类型被默认为 Object 型。

说明："Dim"可以是 Declare、Static、Public、Protected 和 Private 等。

注意：VB.NET 不支持 Option Base 语句，并且定义的数组不允许使用"<下标下界>"To "<下标上界>"的声明方式。改变数组的大小可采用 Redim 语句。

例如：

　　　　Dim k(10) As Integer

定义了一个 Integer 型数组 k，数组有 10 个元素，可以访问的下标范围为：0～9，第一个元素为 k(0)，最后一个元素为 k(9)。

　　　　Dim k1(5) As String

定义了一个 String 型数组 k1，数组有 5 个元素，可以访问的下标范围为：0～4，第一个元素为 k1(0)，最后一个元素为 k1(4)，且都为 String 型。

2．一维数组的初始化

一维数组的初始化即在声明数组的同时为数组元素赋初值，来确定数组的存储空间以及数组元素的个数和元素的值。

初始化有三种格式如下。

　　格式一：**Dim　数组名( ) As 数据类型　= { 值 1，值 2，值 3，…… ，值 n}**
　　格式二：**Dim　数组名 As 数据类型( ) = { 值 1，值 2，值 3，… ，值 n}**
　　格式三：**Dim　数组名( ) As 数据类型　= New　数据类型( ){ 值 1，值 2，值 3，…，值 n}**

例如：

　　　　Dim k( ) As Integer= {12, 15, 18, 26, 30，36}

定义了一个 Integer 型数组 k，该数组有 6 个初值，数组的下标下界均为 0，因此数组的上界为 5，即 k(5)。经过上述定义和初始化后，把花括号中的值依次赋给各数组元素，使得 k(0)=12，k(1)=15，k(2) =18，k(3) =26，k(4) =30，k(5) =36。

上述格式也可以写成：

　　　　Dim k As Integer( )= {12, 15, 18, 26, 30, 36}

或者

　　　　Dim k( ) As Integer=New Integer(6){12, 15, 18, 26, 30, 36}

注意：

（1）尽管数组的长度由数组元素个数决定，但是初始化数组时，不能指定数组上界。上例中采用 Dim k As Integer(6)= {12, 15, 18, 26, 30, 36}格式进行初始化，运行时会提示错误信息"对于用显式界限声明的数组不允许进行显式初始化"。

（2）如果声明数组时未初始化，系统会进行隐式初始化，整型数组初始化为 0，字符型数组初始化为空串，布尔型数组初始化为 False。

VB.NET 不允许对显式指定上界的数组进行初始化，因此"数组名"后面的括号内必须为空，根据具体初值的个数确定数组的上界，需要赋给各元素的初值放在等号后面的花括号中，数据之间用逗号隔开。与之类似，对字符串数组也可以初始化。

例如：

　　　　Dim s( )As String = {"Beijing", "GuangZhou", "ShenZhen"}

定义了一个字符串数组 s，该数组有 3 个初值，因此数组的上界为 2，即 s(2)。经过上述定义和初始化后，把花括号中的值依次赋给各数组元素，如：

　　s(0) = "Beijing"
　　s(1) = "Guangzhou"
　　s(2) = "ShenZhen"

上述数组都是整体赋值，除此之外，还可以通过循环语句在程序中逐个为数组元素赋值。一般地，在程序运行中给数组赋值，可以通过 TextBox 控件或 InputBox 函数逐个输入数组元素值。
例如：

　　Dim k(15) As Integer
　　For i =0 To 14
　　K(i)=Val(InputBox("请给数组输入 15 个元素值"))
　　Next i

定义了一个 Integer 型数组 k，数组的下标下界均为 0，数组的上界为 14，即 k(14)。经过上述定义，把 InputBox 函数中的值依次赋给各数组元素。

3．数组元素的引用

在定义数组之后就引用数组元素。引用一维数组元素的形式为：

　　数组名(下标)

说明：

（1）定义数组时，不仅为数组分配了存储空间，而且还对数组元素进行了初始化。在 VB.NET 中，数组元素的下标范围从 0 到下标上界，如果下标上界为 M 的数组，那么具有 M+一个元素，下标范围为 0~M。

（2）在引用数组元素时，其下标的取值应在数组定义的范围之内。如果超过此范围，则系统提示错误信息："下标越界"。

（3）如果不了解当前数组的上界、下标，可以使用 LBound 和 UBound 函数得到。

（4）在有效的下标范围内，数组元素的使用规则和同类型的简单变量相同。

其语法格式为：

　　LBound(数组名[, 维]) '求下标
　　UBound(数组名[, 维]) '求上界

3.1.3　二维数组的定义、初始化及数组元素的引用

1．二维数组的定义

二维数组是具有两个下标的数组，常用于处理矩阵，具有行列元素的二维表格等数据。对于二维数组也必须先定义后使用，其语法格式为：

　　Dim 数组名(下标 1 上界, 下标 2 上界)As 类型

功能：定义一个二维数组。该数组的大小为每维元素个数的乘积，即(下标 1 上界+1)*(下标 2 上界+1)。

注意：定义数组时，下标可省略，上界不能省略。

二维数组的引用和赋值引用二维数组元素的语法格式为：数组名(下标 1,下标 2)

2．二维数组的初始化

二维数组元素的下标也是从 0 到下标上界的范围，二维数组元素初始化一般格式如下。

　　Dim 数组名(,) As 类型 = {{ 第一行值}, {第二行值}…{第 n 行值}}

与一维数组初始化的格式相比，"数组名"后面的括号中多了一个逗号，而等号后面为嵌套的花括号，每对内层花括号中的值为一行，每行中的值的格式与一维数组相同。内层花括号的对数确定了二维数组的行数，而花括号中值的个数决定了二维数组的列数。例如：

Dim Arr(,) As Integer= {{1, 2, 3, 4, 5}, {5, 6, 7, 8, 9}, {9, 10, 11, 12, 13}}

定义了 1 个二维数组 Arr，它在 1 对花括号内嵌套了 3 对花括号。内层花括号中的值分别代表二维数组各行的初值，即把第 1 对花括内的 5 个初始值赋给数组的第 1 行元素，第 2 对花括号的 5 个值赋给第 2 行元素，第 3 对花括号内的值赋给第 3 行元素，这称为按行赋初值。由此可见，用上面的语句定义的二维数组有 3 行 5 列，即 Arr(2, 4)。

3. 数组元素的引用

引用二维数组元素的形式为：

数组名(下标 1,下标 2)

例如，k(2, 3)表示引用二维数组 k 中第 2 行第 3 列的元素。

三维数组元素的引用形式为：数组名(下标 1,下标 2,下标 3)。

例如，k(1, 2, 3)表示引用数组 k 中元素 k(1, 2, 3)。

在引用数组元素时，每一维的下标都不能超过定义时的范围。

例如，Dim f(3, 5) As Integer 定义 f 为 3×5 的数组，可以使用的行下标值最大为 2，列下标值最大为 4，如果使用 f(3, 6)则已超出了数组范围，在这种情况下，程序会出错。

3.1.4　数组重定义

在 VB.NET 中，使用 ReDim 语句可以重新定义数组。对于较大的数组，不再需要它的某些元素，可以使用 ReDim 减小数组大小来释放内存。另一方面，需要为某个数组添加更多元素，也可以使用 ReDim 动态添加数组元素。

ReDim 的一般格式如下。

ReDim 数组名(下标 1 上界，下标 2 上界)

功能：重新定义由"数组名"指定的数组大小。

例如：

Dim Arr(20) As Integer={10, 20, 30, 40, 50, 60, 70, 80}
'Arr 是长度为 8 的一维数组。Arr(0)～Arr(7)数组下标对应的元素为 10, 20, 30, 40, 50, 60, 70, 80
ReDim Arr(5)
'把原有的 20 个元素的数组重新定义为具有 5 个元素。可用数组下标为 0～4，元素分别为 10, 20,
'30, 40, 50
ReDim Preserve Arr(30)
'可以用 Preserve 关键字保持数组原值。Arr 重定义长度为 30 的一维数组，可用数组下标为 0～29,
'Arr(0)～Arr(7)保留原值，元素分别为 10, 20, 30, 40, 50, 60, 70, 80

注意：ReDim 语句仅适用于数组。它在标量、集合或结构上是无效的。使用 ReDim 动态改变数组大小时，不能改变数组的维度，如上述将一维改为二维数组用 ReDim Arr(5, 6)则是非法的。也不能改变数组的类型，若改为 ReDim Arr(30)As Double 则是非法的。

3.1.5　For Each 语句、LBound 函数及 UBound 函数的使用

1. For Each 语句

For Each 语句应用于对数组、对象集合等数据结构中的每一个元素进行循环操作的语句，通

过它可以列举数组、对象集合中的每一个元素，并通过执行循环体对每一个元素进行相应的操作。
其一般格式为：

For Each <成员> **In** <数组或对象集合>
　　　循环体
Next [<成员>**]**

说明：对数组或对象集合中的每一个元素进行访问，执行循环体中的语句。

例如：

```
For Each x In k
    sum = sum + x
Next x
```

例子中 k 为一个数组；x 是成员，不用定义。

2．LBound 函数的使用

VB.NET 中提供了求数组下标的函数 LBound( )函数，其格式及功能如下。

LBound(数组名，[维数])

功能：返回一个 Long 型数据，其值为指定数组维可用的最小下标。

说明：如果定义一维数组，"维数"可以省略。

3．Ubound 函数的使用

VB.NET 中提供了求数组上界的函数 UBound( )函数，其格式及功能如下。

UBound(数组名，[维数])

功能：返回一个 Long 型数据，其值为指定的数组维可用的最大上界。

说明：如果定义一维数组，"维数"可以省略，即 UBound(A)与 UBound(A, 1)等价，
以下为两函数的应用示例。

```
Dim K(1 To 10, 0 To 5, 15)
```

LBound 语句返回值为：

```
LBound(K, 1) = 1        '表示数组返回的最小下标是 1
LBound(K, 2) = 0        '表示数组返回的最小下标是 0
LBound(K, 3) = 0        '表示数组返回的最小下标是 0
```

UBound 的返回值为：

```
UBound(K, 1) = 10       '表示数组返回的最大上界是 10
UBound(K, 2) = 5        '表示数组返回的最大上界是 5
UBound(K, 3) = 15       '表示数组返回的最大上界是 15
```

注意：当声明数组未使用 To 子句设定数组的下标最小值时，所有维的默认下标为 0 或 1，一般来说，使用 Array 函数创建的数组下标默认为 0；但受 Option Base 语句的影响。当应用（Private、Public、ReDim 或 Static）语句声明数组，并用 To 子句来设定数组的维数，那么可以用任何整数作为其下标。

Option Base 语句是在定义数组的时候没有写下标时的默认下标值。

例如定义：

```
Option Base 5
Dim k(2) As Integer        '表示数组 k(5 to 6)默认下标是 5
```

3.2　实例探析

以下通过实例探析一维数组以及二维数组的应用。

3.2.1 【实例1】一维数组的综合应用

1. 实验目的

运用选择排序法与冒泡排序法实现编程，求随机数组、逆序输出、升序输出、降序输出。程序设计界面与程序运行界面如图3-1所示。

知识点：选择排序与冒泡排序、升序、降序。

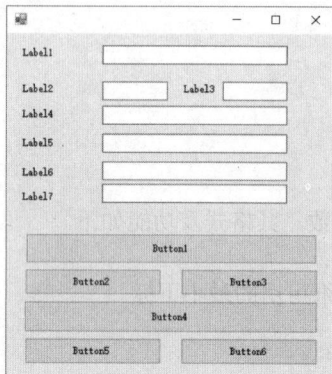

（a）程序设计界面   （b）程序运行界面

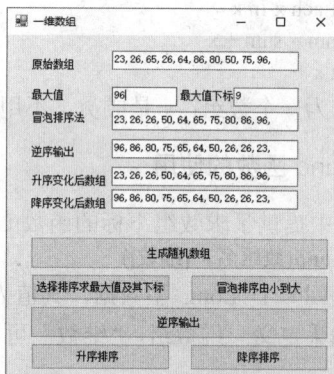

图 3-1 一维数组的综合应用

2. 实验内容

要求用选择排序法求出最大值和下标，用冒泡排序法求出最小值和下标。

3. 界面设计

启动 VS 2015，创建工程，按照图 3-1，在窗体上添加 Label、TextBox、Button 控件。属性设置及其作用见表 3-1。

表 3-1 属性设置及其作用

对 象 名	属性名2	属 性 值	说 明
Label1~7	Text	原始数组、最大值、最大值下标、冒泡排序法、逆序输出、升序变化后数组、降序变化后数组	显示文本
Button1~6	Text	生成随机数组、选择排序求最大值及其下标、冒泡排序由小到大、逆序输出、升序排序、降序排序	显示文本
TextBox1~7	Text	""	

4. 程序代码

1）操作步骤

实现一维数组综合应用的前提条件：由随机函数 Rnd() 产生随机数组。操作步骤如下。

（1）定义整型数组 a(9)，该数组有 10 个元素。

（2）通过选择排序法求最大值及最大值下标，并把最大值显示在 TextBox2 中，把最大值下标显示在 TextBox3 中。选择排序法原理：第 0 个逐步和后面全部相比较，比完 0 位置就得到最小的数，紧接着再从 1 位置对比后面的元素，以此类推，逐步得到从小到大的值。此处的比较是找出数组中最大值输出。

（3）实现数组由小到大输出，可以选用冒泡排序法。其算法原理：将前后每两个数进行比较，较大的数往后排，一轮下来最大的数就排到最后了。然后再进行第 2 轮比较，第 2 大的数也排到倒数第 2 了，以此类推。

（4）实现逆序输出，可通过 For…Next 循环语句配合数组下标输出，如 For i = 9 To 0 Step -1。

（5）通过数组的 Sort 函数实现数组的升序或降序排序，如 Array.Sort(a)。

2）编写代码

```
Option Explicit Off
Public Class Form1
    Dim a(9) As Integer
'产生随机数组
    Private Sub Button1_Click(ByVal sender As System.Object, ByVal e As System.EventArgs)
                        Handles Button1.Click
        Dim i As Integer        '随机数组
        Randomize( )
        For i = 0 To 9
            a(i) = Int(Rnd( ) * 90 + 10)
            TextBox1.Text = TextBox1.Text & a(i) & ", "
        Next i
    End Sub
'选择排序求最值
    Private Sub Button2_Click(ByVal sender As System.Object, ByVal e As System.EventArgs)
                        Handles Button2.Click
        Dim max As Integer, i, j As Integer        '选择排序求最大值及其下标
        max = a(0)
        For j = i + 1 To 9
            If max < a(j) Then
                max = a(j)
                TextBox2.Text = max
                TextBox3.Text = j
            End If
        Next j
    End Sub
'冒泡排序由小到大输出
    Private Sub Button3_Click(ByVal sender As System.Object, ByVal e As System.EventArgs)
                        Handles Button3.Click
        Dim min As Integer, i, j As Integer        '冒泡排序求法
        For i = 0 To 9
            For j = i + 1 To 9
                If a(i) > a(j) Then
                    min = a(i)
                    a(i) = a(j)
                    a(j) = min
                End If
            Next j
        Next i
        For i = 0 To 9
            TextBox4.Text = TextBox4.Text & a(i) & ", "
        Next i
'逆序输出
```

```
        End Sub
        Private Sub Button4_Click(ByVal sender As System.Object, ByVal e As System.EventArgs)
                            Handles Button4.Click
            Dim i As Integer              '逆序输出
            For i = 9 To 0 Step -1
                TextBox5.Text = TextBox5.Text & a(i) & ", "
            Next i
        End Sub
        '通过数组的 Sort 函数实现数组的升序或降序排序
        Private Sub Button5_Click(ByVal sender As System.Object, ByVal e As System.EventArgs)
                            Handles Button5.Click
            Dim i As Integer              '升序排序
            Array.Sort(a)
            For i = 0 To 9
                TextBox6.Text = TextBox6.Text & a(i) & ", "
            Next i
        End Sub
        Private Sub Button6_Click(ByVal sender As System.Object, ByVal e As System.EventArgs)
                            Handles Button6.Click
            Dim i As Integer              '降序排序
            Array.Sort(a)
            For i = 9 To 0 Step -1
                TextBox7.Text = TextBox7.Text & a(i) & ", "
            Next i
        End Sub
    End Class
```

3.2.2 【实例 2】问卷调查表的实现

1. 实验目的

制作一个问卷调查表,根据题目选择最佳的答案然后提交,在查询中可以根据条件进行查询数量。程序设计界面与程序运行界面如图 3-2 所示。

知识点:RadioButton、ComboBox、TabControl、Label、Button、TextBox 控件的属性、方法与事件。

(a) 程序设计界面   (b) 程序运行界面

图 3-2   问卷调查表的实现

2．实验内容

单选钮加在框架控件中，使每个框架控件中的单选钮都能选上一个。将所调查的内容写在单选钮上，然后将调查所选内容的次数分别加到对应的数组中累计，例如，用 km(0)累计 VB.NET 的票数。在查询界面中，当在下拉列表中选中一个 Item 时，会响应 SelectedIndexChanged 事件，显示对应的票数。

3．界面设计

启动 VS 2015，创建工程，按照图 3-2，在窗体上添加 RadioButton、TabControl、ComboBox、Label、TextBox、Button 控件。窗体和控件对象属性设置及其作用见表 3-2。

表 3-2 窗体和控件对象属性设置及其作用

对 象 名	属 性 名	属 性 值	说 明
Form1	Text	问卷调查表	显示窗体标题
Label1~4	Text	最喜欢的编程语言，对编程语言的掌握程度，教学满意度，是否掌握编程学习方法	显示文本
TextBox1~4	Text	a( )，b( )，c( )，d( )	录入票数
RadioButton1~5	Text	VB.NET，Java，VC++，JavaEE，PHP	录入调查选项
RadioButton6~13	Text	较好，一般，不了解，满意，一般，不满意，是，否	录入调查选项
TabControl1~2	Text	提交，查询	选项卡
Button1~3	Text	提交，退出，退出	
ComboBox1	SelectedIndexChanged	VB.NET，Java，VC++，JavaEE，PHP	下拉框选项
ComboBox2	SelectedIndexChanged	较好，一般，不了解	下拉框选项
ComboBox3	SelectedIndexChanged	满意，一般，不满意	下拉框选项
ComboBox4	SelectedIndexChanged	是，否	下拉框选项

4．程序代码

1）操作步骤

制作问卷调查表的前提条件：需要添加一个 TabControl，包含"提交"和"查询"2 项选择。操作步骤如下。

（1）在"提交"选项卡 1 中设计问卷表，首先定义 4 个一维整型数组，分别为：Dim a(6) As Integer，Dim b(6) As Integer，Dim c(6) As Integer，Dim d(6) As Integer。每个数组包含每一个题目的所有"选项条件标号"，然后通过 Select Case…End Select 语句进行判断选择，并根据"选择条件"累加选择次数到整型变量 count 中。

（2）在"查询"选项卡 2 中，根据每题的"选项条件"在 ComboBox 中进行显示，并统计结果显示在 TextBox 中。

2）编写代码

```
'定义数组，用于存放每题的选项条件标号
Public Class Form1
    Dim a(6) As Integer
    Dim b(6) As Integer
    Dim c(6) As Integer
    Dim d(6) As Integer
    Dim count As Integer = 0
```

```
Private Sub Button1_Click_1(ByVal sender As System.Object, ByVal e As
        System.EventArgs) Handles Button1.Click
    count = count + 1
    Select Case True
        Case RadioButton1.Checked
            a(0) = a(0) + 1
        Case RadioButton2.Checked
            a(1) = a(1) + 1
        Case RadioButton3.Checked
            a(2) = a(2) + 1
        Case RadioButton4.Checked
            a(3) = a(3) + 1
        Case RadioButton5.Checked
            a(4) = a(4) + 1
    End Select
    Select Case True
        Case RadioButton6.Checked
            b(0) = b(0) + 1
        Case RadioButton7.Checked
            b(1) = b(1) + 1
        Case RadioButton8.Checked
            b(2) = b(2) + 1
    End Select
    Select Case True
        Case RadioButton9.Checked
            c(0) = c(0) + 1
        Case RadioButton10.Checked
            c(1) = c(1) + 1
        Case RadioButton11.Checked
            c(2) = c(2) + 1
    End Select
    Select Case True
        Case RadioButton12.Checked
            d(0) = d(0) + 1
        Case RadioButton13.Checked
            d(1) = d(1) + 1
    End Select
    MsgBox("已提交调查表")
    RadioButton1.Checked = False
    RadioButton2.Checked = False
    RadioButton3.Checked = False
    RadioButton4.Checked = False
    RadioButton5.Checked = False
    RadioButton6.Checked = False
    RadioButton7.Checked = False
    RadioButton8.Checked = False
    RadioButton9.Checked = False
    RadioButton10.Checked = False
    RadioButton11.Checked = False
    RadioButton12.Checked = False
    RadioButton13.Checked = False
End Sub
```

Private Sub Button2_Click_1(ByVal sender As System.Object, ByVal e As System.EventArgs) Handles Button2.Click

    End

End Sub

' "查询" 选项卡 2, 根据每题的选项条件在 ComboBox1~4 中进行显示

'统计结果显示在 TextBox1~4 中

Private Sub ComboBox1_SelectedIndexChanged(ByVal sender As System.Object, ByVal e As System.EventArgs) Handles ComboBox1.SelectedIndexChanged

    Select Case ComboBox1.SelectedIndex

        Case 0

            TextBox1.Text = CStr(a(0))

        Case 1

            TextBox1.Text = CStr(a(1))

        Case 2

            TextBox1.Text = CStr(a(2))

        Case 3

            TextBox1.Text = CStr(a(3))

        Case 4

            TextBox1.Text = CStr(a(4))

    End Select

End Sub

Private Sub ComboBox2_SelectedIndexChanged(ByVal sender As System.Object, ByVal e As System.EventArgs) Handles ComboBox2.SelectedIndexChanged

    Select Case ComboBox2.SelectedIndex

        Case 0

            TextBox2.Text = CStr(b(0))

        Case 1

            TextBox2.Text = CStr(b(1))

        Case 2

            TextBox2.Text = CStr(b(2))

    End Select

End Sub

Private Sub ComboBox3_SelectedIndexChanged(ByVal sender As System.Object, ByVal e As System.EventArgs) Handles ComboBox3.SelectedIndexChanged

    Select Case ComboBox3.SelectedIndex

        Case 0

            TextBox3.Text = CStr(c(0))

        Case 1

            TextBox3.Text = CStr(c(1))

        Case 2

            TextBox3.Text = CStr(c(2))

    End Select

    End Sub

Private Sub ComboBox4_SelectedIndexChanged(ByVal sender As System.Object, ByVal e As System.EventArgs) Handles ComboBox4.SelectedIndexChanged

    Select Case ComboBox3.SelectedIndex

        Case 0

            TextBox4.Text = CStr(d(0))

        Case 1

            TextBox4.Text = CStr(d(1))

        Case 2

            TextBox4.Text = CStr(d(2))

```
                    End Select
                End Sub
        Private Sub Button2_Click(ByVal sender As System.Object, ByVal e As System.EventArgs)
                    Handles Button4.Click
                    End
                End Sub
        End Class
```

3.2.3　【实例 3】随机数组的添加、查找与删除操作

1．实验目的

随机产生 10 个数组元素，然后对这些元素进行删除、查找和添加元素操作。程序设计界面及其运行过程界面如图 3-3 所示。

知识点：TextBox 控件的 Scrollbars 属性

（a）设计界面

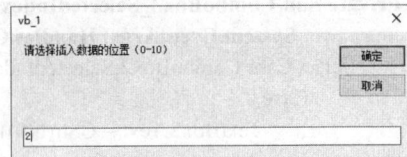

（b）加入数组元素位置

（c）加入数组元素

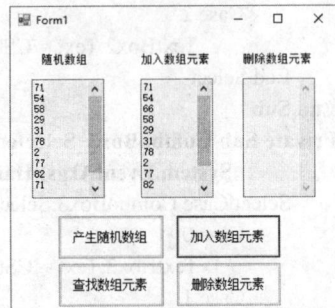

（d）加入数组元素的效果

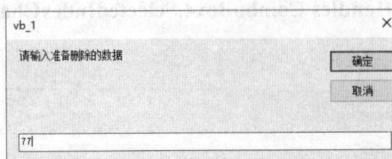

（e）删除数组元素

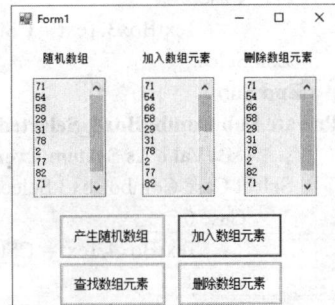

（f）程序运行界面

图 3-3　随机数组的添加、查找与删除操作

2．实验内容

实现数组的随机产生、添加、删除、查找，需要添加 3 个 TextBox 控件、4 个 Button 控件和 3 个 Label 控件。随机产生一个数组，然后根据插入、删除数据位置进行数组下标的移动。

3．界面设计

启动 VS 2015，创建工程，按照图 3-3，在窗体上添加 TextBox、Button、Label 控件。窗体和控件对象属性设置及其作用见表 3-3。

表 3-3 窗体和控件对象属性设置及其作用

对　象　名	属　性　名	属　性　值	说　　明
Button1~2	Text	随机产生数组，加入数组元素	
Button3~4	Text	查找数组元素，删除数组元素	
TextBox1~3	Text	A( )	数组
Label1~3	Text	生成的数组，插入数据后的数组，删除元素后的数组	显示文本

4．程序代码

1）操作步骤

数组的随机产生、添加、删除、查找的实现条件：需要通过 Dim a(0 To 9) As Integer 定义一个整型数组，可以存放 10 个随机产生的元素。操作步骤如下。

（1）首先通过 Int(Rnd( ) * 100) + 1 产生一个大于 1 小于 101 的随机数，通过 For…Next 循环产生 10 个随机整数存放在一维数组。

（2）在"加入数组元素"事件过程中，需要定义一个整型变量 x，代表需要加入的元素。定义一个整型变量 position 用于获取加入的位置编号。使用 ReDim Preserve a(0 To 10)定义动态数组，用 preserve 在原数组的基础上增加元素，不会改变原数组的数据。

（3）在"查找数组元素"事件过程中，LBound(a)代表取数组 a 下标下界的函数，UBound(a) 代表取数组 a 下标上界的函数。需要定义一个整型变量 pos 获取数组下标下界；当满足条件 pos <= UBound(a)时，执行查找元素，并找出数组的下标赋给 pos；否则提示需要查找的元素不存在。

（4）在"删除数组元素"事件过程中，定义一个整型变量 x，用于获取需要查找的数组元素，如果该元素存在，就执行删除操作，同时通过 ReDim Preserve a(UBound(a) - 1)重定义动态数组，设定上界减 1。

2）编写代码

```
'定义一维数组, 用于存放随机产生的 10 个数组元素
Option Explicit Off
Public Class Form1
    Dim a(0 To 9) As Integer
    Private Sub Button1_Click(ByVal sender As System.Object, ByVal e As
                    System.EventArgs) Handles Button1.Click
        For i = 0 To 9
            a(i) = Int(Rnd( ) * 100) + 1
            TextBox1.Text = TextBox1.Text + CStr(a(i)) + vbCrLf
        Next i
    End Sub
'加入数组元素
```

```
Private Sub Button2_Click(ByVal sender As System.Object, ByVal e As System.EventArgs)
                                     Handles Button2.Click
    Dim x, position As Integer
    position = Val(InputBox("请选择插入数据的位置(0-10)"))
    x = Val(InputBox("请输入数据"))
    ReDim Preserve a(0 To 10)
    For i = 9 To position Step -1
        a(i + 1) = a(i)
    Next i
    a(position) = x
    For i = 0 To 10
        TextBox2.Text = TextBox2.Text + CStr(a(i)) + vbCrLf
    Next i
End Sub
'查找数组元素
Private Sub Button3_Click(ByVal sender As System.Object, ByVal e As
                                  System.EventArgs) Handles Button3.Click
    Dim pos As Integer
    x = Val(InputBox("请输入查找的数据"))
    pos = LBound(a)
    Do While pos <= UBound(a)
        If a(pos) <> x Then
            pos = pos + 1
        Else
            Exit Do
        End If
    Loop
    If pos > UBound(a) Then
        MsgBox("数据不存在！", vbOKOnly + vbInformation)
    Else
        MsgBox("数据在数组中的下标是" & pos, vbOKOnly + vbInformation)
    End If
End Sub
'删除数组元素
Private Sub Button4_Click(ByVal sender As System.Object, ByVal e As
                                  System.EventArgs) Handles Button4.Click
    Dim x As Integer
    x = Val(InputBox("请输入准备删除的数据"))
    For pos = LBound(a) To UBound(a)
        If a(pos) = x Then
            Exit For
        End If
    Next pos
    If pos > UBound(a) Then
        MsgBox("需要删除的数据不存在")
    Else
        For i = pos To UBound(a) - 1
            a(i) = a(i + 1)
        Next i
        ReDim Preserve a(UBound(a) - 1)
        For i = LBound(a) To UBound(a)
```

```
                    TextBox3.Text = TextBox3.Text + CStr(a(i)) + vbCrLf
            Next i
        End If
    End Sub
End Class
```

3.2.4 【实例 4】随机矩阵及其运算

1. 实验目的

对矩阵进行乘法运算和根据层数输出杨辉三角形。程序设计界面与程序运行界面如图 3-4 所示。知识点：二维数组的应用。

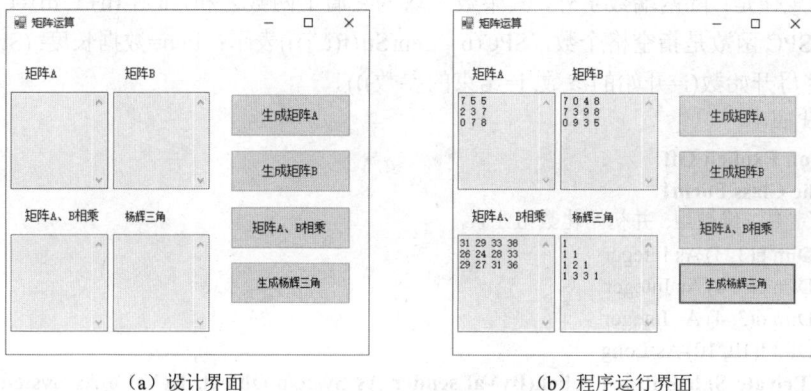

（a）设计界面   （b）程序运行界面

图 3-4   随机矩阵及其运算

2. 实验内容

实现矩阵、杨辉三角的生成和运算，需要添加 4 个 TextBox 控件、4 个 Button 和 4 个 Label。定义 4 个数组，随机生成矩阵 *A*、*B*，然后将两个矩阵进行乘法运算。根据所选层数输出杨辉三角，但层数最大不能超过 20。

3. 界面设计

启动 VS 2015，创建工程，按照图 3-4，在窗体上添加 TextBox、Button、Label 控件。窗体和控件对象属性设置及其作用见表 3-4。

表 3-4   窗体和控件对象属性设置及其作用

对 象 名	属 性 名	属 性 值	说 明
Button1~2	Text	生成矩阵 A，生成矩阵 B	
Button3~4	Text	生成矩阵 A、B 的乘积，输出杨辉三角	
Label1~4	Text	矩阵 A，矩阵 B，矩阵 A、B 相乘，杨辉三角	数组
TextBox1~4	Text	矩阵 A，矩阵 B，矩阵 A、B 相乘，杨辉三角	显示文本

4. 程序代码

1）操作步骤

对于矩阵参与运算的前提条件：需要产生 2 个矩阵。操作步骤如下。

（1）定义 2 个二维数组，如 Dim b(3, 3) As Integer, Dim c(3, 4) As Integer 用于存放矩阵 A 与 B 的元素，并通过 For…Next 循环的嵌套结合 Rnd 随机函数产生二维数组的元素。

（2）定义 2 个二维数组，d(3, 4)用于存放 A*B 的元素，f(10, 10)用于存放杨辉三角的元素。

（3）Rnd( )这个函数产生一个随机数，取值范围为[0, 1)，不包括 1，所以函数 Int(Rnd( ) * 10) 的功能是产生 0~9 的整数，通过 For…Next 循环产生 10 个随机整数存放在二维数组。

（4）Mid(TextBox2.Text, 1, Len(TextBox2.Text) - 1)表示：获取字符（从 TextBox2 的字符串，第一位开始数，到(TextBox2 总长度)-1 的地方停止），如 Mid("ABC", 1, 2)="AB"。

（5）在"矩阵 A, B 相乘"事件过程中，两个数组元素一一相乘，结果保存在二维数组 d(3, 4) 中，并显示在 TextBox3 中。

（6）定义整型变量 n，用于获取输出杨辉三角形的层数。并把结果存入二维数组 f(10, 10)。杨辉三角形的规律是：除两端数字外，其余数字均为它肩上两数之和，即 C(n+1, m)=C(n, m)+C(n, m-1)。其中，SPC 函数是指空格个数，SPC(6 - Len(Str(f(i, j))))表示：Len=数据长度, (Str=取用的位置(f=从这个字母开始数(i=开始的参数, j=结束的参数)))。

2）编写代码

```
Option Explicit Off
Public Class Form1
    '定义二维数组，并初始化数组元素
    Dim b(3, 3) As Integer
    Dim c(3, 4) As Integer
    Dim d(3, 4) As Integer
    Dim f(10, 10) As Long
    Private Sub Button1_Click(ByVal sender As System.Object, ByVal e As System.EventArgs)
                            Handles Button1.Click
        Dim i As Integer, j As Integer
        For i = 1 To 3
            For j = 1 To 3
                b(i, j) = Int(Rnd( ) * 10)
                TextBox1.Text = TextBox1.Text + CStr(b(I, j)) + " "
            Next j
            TextBox1.Text = Mid(TextBox1.Text, 1, Len(TextBox1.Text) - 1) + vbCrLf
        Next i
    End Sub
    Private Sub Button2_Click(ByVal sender As System.Object, ByVal e As System.EventArgs)
                            Handles Button2.Click
        Dim i As Integer, j As Integer
        For i = 1 To 3
            For j = 1 To 4
                c(i, j) = Int(Rnd( ) * 10)
                TextBox2.Text = TextBox2.Text + CStr(c(i, j)) + " "
            Next j
            TextBox2.Text = Mid(TextBox2.Text, 1, Len(TextBox2.Text) - 1) + vbCrLf
        Next i
    End Sub
    '矩阵 A 和 B 相乘
    Private Sub Button3_Click(ByVal sender As System.Object, ByVal e As System.EventArgs)
                            Handles Button3.Click
        Dim i As Integer, j As Integer, k As Integer
        For i = 1 To 3
```

```
            For j = 1 To 4
                d(i, j) = b(i, 1) * c(1, j) + b(i, 2) * c(2, j) + b(i, 3) * c(3, j)
                d(i, j) = 0
                For k = 1 To 3
                    d(i, j) = d(i, j) + b(i, k) + c(k, j)
                Next k
            TextBox3.Text = TextBox3.Text + CStr(d(i, j)) + " " : SPC(7 - Len(Str(d(i, j))))
            Next j
            TextBox3.Text = Mid(TextBox3.Text, 1, Len(TextBox3.Text) - 1) + vbCrLf
        Next i
    End Sub
    '输出杨辉三角形
    Private Sub Button4_Click(ByVal sender As System.Object, ByVal e As System.EventArgs)
                        Handles Button4.Click
        Dim n As Integer
        n = Val(InputBox("请输入杨辉三角层数"))
        For i = 1 To n + 1
            f(i, 1) = 1
            f(i, i) = 1
        Next i
        For i = 2 To n + 1
            For j = 2 To n
                f(i, j) = f(i - 1, j - 1) + f(i - 1, j)
            Next j
        Next i
        For i = 1 To n + 1
            For j = 1 To i
            TextBox4.Text = TextBox4.Text + CStr(f(i, j)) + " " : SPC(6 - Len(Str(f(i, j))))
            Next j
            TextBox4.Text = Mid(TextBox4.Text, 1, Len(TextBox1.Text) - 1) + vbCrLf
        Next i
    End Sub
End Class
```

3.3 拓展训练

3.3.1 【任务 1】二维数组的最值实现

1．实验目的

掌握二维数组的定义，转置二维数组的方法，For Each 语句应用求二维数组中最小值。程序界面设计与程序运行界面如图 3-5 所示。

知识点：二维数组、For Each 语句。

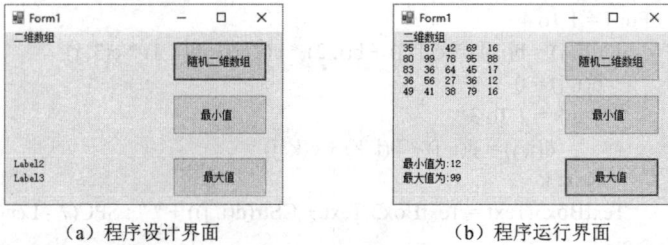

（a）程序设计界面　　　　　　　　（b）程序运行界面

图 3-5　二维数组的最值实现

2．实验内容

使用随机产生二维数组，并求和与求平均值，转置该二维数组，求奇数与偶数，并用 For Each 语句求二维数组中最小值。

3．界面设计

启动 VS 2015，创建工程，按照图 3-5，在窗体上添加 Label、TextBox、Button 控件。控件属性设置及其作用见表 3-5。

表 3-5　控件属性设置及其作用

对　象　名	属　性　名	属　性　值	说　明
Label1~3	Text	""	显示文本
Button1~3	Text	随机产生二维数组、转置二维数组、For Each 找最值	显示文本

4．程序代码

```
Public Class Form1
    Const M = 4
    Const N = 4
    Dim Arr(M, N) As Object
    Private Sub Button1_Click(ByVal sender As System.Object, ByVal e As System.EventArgs)
                            Handles Button1.Click
        Dim i, j As Integer
        Randomize( )
        For i = 0 To M
            For j = 0 To N
                Arr(i, j) = Int(90 * Rnd( ) + 10)
            Next j
        Next i
        For i = 0 To N
            Label1.Text = Label1.Text + Chr(10) + Chr(13)
            For j = 0 To M
                Label1.Text = Label1.Text + CStr(Arr(i, j)) + "    "
            Next j
        Next i
    End Sub
    Private Sub Button2_Click(ByVal sender As System.Object, ByVal e As System.EventArgs)
                            Handles Button2.Click
        Dim min, t As Integer
        min = Arr(0, 0)
```

· 58 ·

```
        For Each t In Arr
            If min > t Then
                min = t
            End If
        Next t
        Label2.Text = "最小值为:" + CStr(min)
    End Sub
    Private Sub Button3_Click(ByVal sender As System.Object, ByVal e As System.EventArgs)
                            Handles Button3.Click
        Dim max, b As Integer
        max = Arr(0, 0)
        For Each b In Arr
            If max < b Then
                max = b
            End If
        Next b
        Label3.Text = "最大值为:" + CStr(max)
    End Sub
End Class
```

3.3.2 【任务 2】随机摇奖器

1. 实验目的

制作一个随机摇奖器，并选出幸运号码。程序设计界面与程序运行界面如图 3-6 所示。
知识点：数组的综合应用。

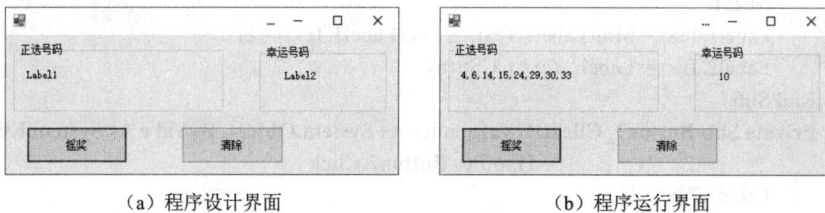

（a）程序设计界面   （b）程序运行界面

图 3-6　随机摇奖器

2. 实验内容

单击摇奖按钮，产生正选号码以及幸运号码。

3. 界面设计

启动 VS 2015，创建工程，按照图 3-6，在窗体上添加 TextBox、Button 控件。窗体和控件对象属性设置及其作用见表 3-6。

表 3-6　窗体和控件对象属性设置及其作用

对　象　名	属　性　名	属　性　值	说　　明
GroupBox1~2	Text	正选号码，幸运号码	文字提示
Button1~2	Text	摇奖，清除	
Label1~2	默认	""	显示摇奖结果

4．程序代码

```
Public Class Form1
    Const N = 8
    Dim A(N) As Integer
    Private Sub Button1_Click(ByVal sender As System.Object, ByVal e As System.EventArgs)
                    Handles Button1.Click
        Dim j, t As Integer
        Dim i As Integer
        Dim b As Integer
        Randomize( )
        Label1.Text = ""
        Label2.Text = ""
        For i = 1 To N
            A(i) = Int(Rnd( ) * 36) + 1
            b = Int(Rnd( ) * 10 + 10)
        Next i
        For i = 1 To N
            For j = 1 To N - 1
                If A(j) > A(j + 1) Then
                    t = A(j) : A(j) = A(j + 1) : A(j + 1) = t
                End If
            Next j
        Next i
        Label1.Text = ""
        For i = 1 To N
            Label1.Text = Label1.Text + CStr(A(i)) + ", "
        Next i
        Label1.Text = Mid(Label1.Text, 1, Len(Label1.Text) - 1)
        Label2.Text = Label2.Text + CStr(b)
    End Sub
    Private Sub Button2_Click(ByVal sender As System.Object, ByVal e As System.EventArgs)
                    Handles Button2.Click
        Label1.Text = ""
        Label2.Text = ""
    End Sub
End Class
```

3.3.3　【任务 3】上三角与下三角数组的输出

1．实验目的

形成 6×6 的方阵，分别输出方阵中各元素和下三角元素。程序设计界面与程序运行界面如图 3-7 所示。

知识点：Form、TextBox 控件的属性、方法与事件。

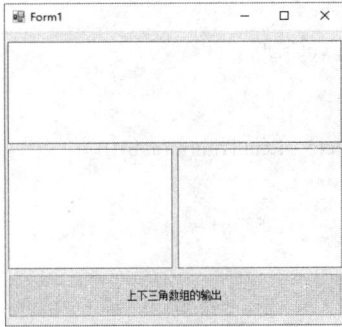

（a）程序设计界面　　　　　　　　　　（b）程序运行界面

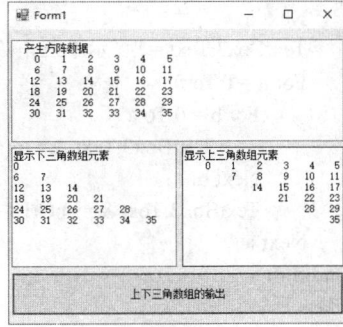

图 3-7　　上三角与下三角数组的输出

2．实验内容

3 个文本框输出不同：TextBox1 显示整个 6×6 方阵，TextBox2 显示上三角数组元素，TextBox3 显示下三角数组元素。

3．界面设计

启动 VS 2015，创建工程，在窗体上添加 3 个 TextBox 控件。窗体和控件对象属性设置及其作用见表 3-7。

表 3-7　　窗体和控件对象属性设置及其作用

对　象　名	属　性　名	属　性　值	说　　明
Button1	Text	上下三角数组的输出	显示窗体标题
TextBox1	Multiline	True	显示文本和数据
TextBox2	Width	380，187，187	显示文本和数据
TextBox3	Height	113，133，133	显示文本和数据

4．程序代码

```
Public Class Form1
    Private Sub Button1_Click(sender As Object, e As EventArgs) Handles Button1.Click
        Dim m%(5, 5), a%, b%
        TextBox1.Text = "产生方阵数据" & vbCrLf
        For a = 0 To 5
            For b = 0 To 5
                m(a, b) = a * 6 + b
                TextBox1.Text &= Space(5 - Len(Trim(m(a, b)))) & m(a, b)
            Next b
            TextBox1.Text &= vbCrLf
        Next a
        TextBox2.Text = "显示上三角数组元素" & vbCrLf
        For a = 0 To 5
            TextBox2.Text &= Space(a * 5)
            For b = a To 5
                TextBox2.Text &= Space(5 - Len(Trim(m(a, b)))) & m(a, b)
            Next b
            TextBox2.Text &= vbCrLf
```

```
            Next a
            TextBox3.Text = "显示下三角数组元素" & vbCrLf
            For a = 0 To 5
                For b = 0 To a
                    TextBox3.Text &= m(a, b) & Space(5 - Len(Trim(m(a, b))))
                Next b
                TextBox3.Text &= vbCrLf
            Next a
        End Sub
    End Class
```

3.3.4 【任务 4】任意行列矩阵的加减法运算

1. 实验目的

矩阵相加：已知两个 $m \times n$ 的矩阵 A 和 B，两者相加，即将它们对应位置上的元素相加，得到一个矩阵 C；矩阵相减：也就是对应位置上的元素相减，得到一个矩阵 D。程序设计界面与程序运行界面如图 3-8 所示。

知识点：Label、Button、TextBox 控件的属性、方法与事件。

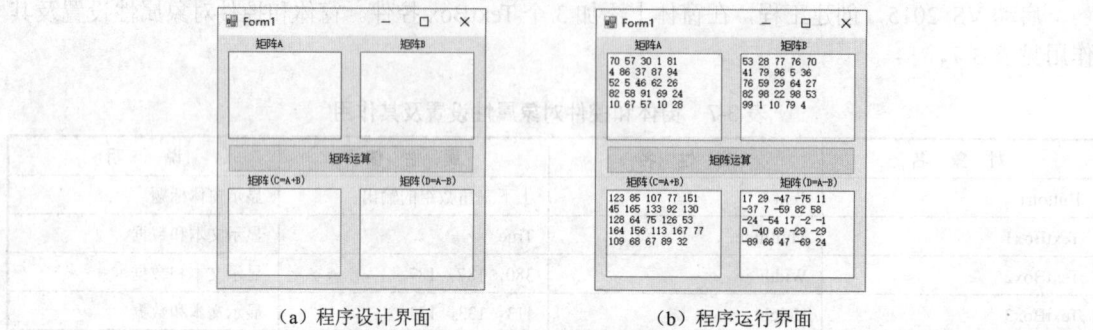

（a）程序设计界面　　　　　　（b）程序运行界面

图 3-8　任意行列矩阵的加减法运算

2. 实验内容

单击"矩阵运算"按钮时，弹出输入框，要求输入行数 m 和列数 n。在文本框 TextBox1~4 中分别显示数组：TextBox1 显示随机 $m \times n$ 矩阵，TextBox2 显示随机 $m \times n$ 矩阵，TextBox3 显示由 TextBox1 和 TextBox2 相加后所得的新 $m \times n$ 矩阵，TextBox4 显示由 TextBox1 和 TextBox2 相减后所得的新 $m \times n$ 矩阵。

3. 界面设计

启动 VS 2015，创建工程，按照图 3-8，在窗体上添加 TextBox、Button 和 Label 控件。窗体和控件对象属性设置及其作用见表 3-8。

表 3-8　窗体和控件对象属性设置及其作用

对　象　名	属　性　名	属　性　值	说　　明
Label1	Text	矩阵 A：	显示文本
Label2	Text	矩阵 B：	显示文本
Label3	Text	矩阵(C=A+B)	显示文本

续表

对 象 名	属 性 名	属 性 值	说 明
Label4	Text	矩阵(D=A-B)	显示文本
TextBox1	Multiline	True	显示多行文本框
TextBox2	Scrollbars	Both	显示滚动条
TextBox3	WordWrap	False	
TextBox4	WordWrap	False	
Button1	Text	矩阵运算	显示文本

4. 程序代码

```
Public Class Form1
    Private Sub Button1_Click(sender As Object, e As EventArgs) Handles Button1.Click
        Dim m, n As Integer
        Dim a1(, ), b1(, ), c1(, ), d1(, ) As Integer
        Dim i As Integer, j As Integer
        m = Val(InputBox("请输入矩阵的行数"))
        n = Val(InputBox("请输入矩阵的列数"))
        ReDim a1(m - 1, n - 1), b1(m - 1, n - 1), c1(m - 1, n - 1), d1(m - 1, n - 1)
        For i = 0 To m - 1
            For j = 0 To n - 1
                a1(i, j) = Int(Rnd( )* 100)
                b1(i, j) = Int(Rnd( )* 100)
                TextBox1.Text = TextBox1.Text & a1(i, j) & " "
                TextBox2.Text = TextBox2.Text & b1(i, j) & " "
            Next j
            TextBox1.Text = TextBox1.Text & vbCrLf
            TextBox2.Text = TextBox2.Text & vbCrLf
        Next i
        For i = 0 To m - 1
            For j = 0 To n - 1
                c1(i, j) = a1(i, j) + b1(i, j)
                TextBox3.Text = TextBox3.Text & c1(i, j) & " "
            Next j
            TextBox3.Text = TextBox3.Text & vbCrLf
        Next i
        For i = 0 To m - 1
            For j = 0 To n - 1
                d1(i, j) = a1(i, j) - b1(i, j)
                TextBox4.Text = TextBox4.Text & d1(i, j) & " "
            Next j
            TextBox4.Text = TextBox4.Text & vbCrLf
        Next i
    End Sub
End Class
```

3.3.5 【任务5】选择排序

1. 实验目的

从键盘上输入 n 个数,用选择法对 n 个数从小到大排列。程序设计界面与程序运行界面如图 3-9 所示。

知识点:Button、TextBox 控件的属性、方法与事件。

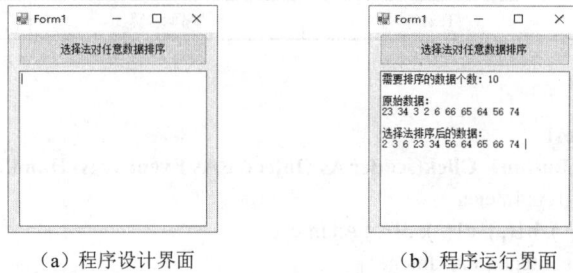

(a) 程序设计界面   (b) 程序运行界面

图 3-9 选择排序

2. 实验内容

单击"输入数据并排序"控件时,弹出输入框,要求输入 n 个数参与排序,并依次输入这 n 个数,在文本框 TextBox1 中,显示依次输入排序前的 n 个数和排序后的数。

3. 界面设计

启动 VS 2015,创建工程,按照图 3-9,在窗体上添加 TextBox、Button 控件。窗体和控件对象属性设置及其作用见表 3-9。

表 3-9 窗体和控件对象属性设置及其作用

对 象 名	属 性 名	属 性 值	说 明
TextBox1	Multiline	True	显示多行文本框
	Scrollbars	Both	显示滚动条
	WordWrap	False	
Button1	Text	选择法对任意数据排序	显示文本

4. 程序代码

```
Public Class Form1
    Private Sub Button1_Click(sender As Object, e As EventArgs) Handles Button1.Click
        Dim n As Integer
        Dim m( )As Integer
        Dim i As Integer, j As Integer, k As Integer, s As Integer
        n = Val(InputBox("请输入需要排序的数据个数"))
        TextBox1.Text = TextBox1.Text & "需要排序的数据个数: " & n & vbCrLf & vbCrLf
        ReDim m(n - 1)
        TextBox1.Text = TextBox1.Text & "原始数据: " & vbCrLf
        For i = 0 To n - 1
            m(i) = Val(InputBox("请输入第" & Str(i + 1) & "个排序的数"))
            TextBox1.Text = TextBox1.Text & m(i) & " "
```

```
        Next i
        TextBox1.Text = TextBox1.Text & vbCrLf & vbCrLf
        For i = 0 To n - 2
            k = i
            For j = i + 1 To n - 1
                If m(j) < m(k) Then
                    k = j
                End If
            Next j
            If k <> i Then
                s = m(k)
                m(k) = m(i)
                m(i) = s
            End If
        Next i
        TextBox1.Text = TextBox1.Text & "选择法排序后的数据：" & vbCrLf
        For i = 0 To n - 1
            TextBox1.Text = TextBox1.Text & m(i) & " "
        Next i
    End Sub
End Class
```

3.3.6 【任务 6】转置二维数组并实现求和、平均值与奇偶数

1．实验目的

随机产生二维数组，实现转置，并求和平均值与奇偶数。程序设计界面与程序运行界面如图 3-10 所示。

知识点：For Each 语句的用法。

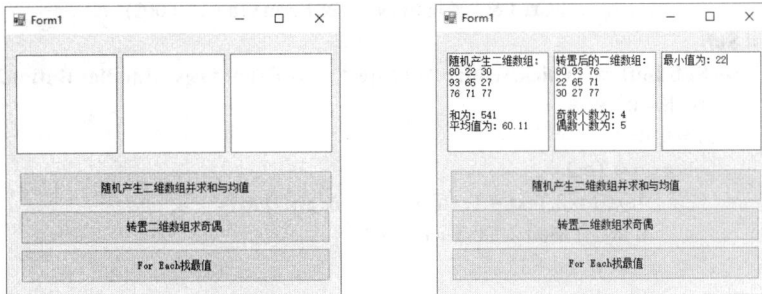

（a）程序设计界面　　　　　　　　（b）程序运行界面

图 3-10　转置二维数组并实现求和、平均值与奇偶数

2．实验内容

单击"输入数据并排序"控件时，弹出输入框，要求输入 n 个数参与排序，并依次输入这 n 个数，在文本框 TextBox1 中，显示依次输入排序前的 n 个数和排序后的数。

3．界面设计

启动 VS 2015，创建工程，按照图 3-10，在窗体上添加 TextBox、Button 控件。窗体和控件

对象属性设置及其作用见表 3-10。

表 3-10　窗体和控件对象属性设置及其作用

对 象 名	属 性 名	属 性 值	说 明
TextBox1~3	Multiline	True	显示多行文本框
	Width	116	文本框的宽度
	Height	110	文本框的高度
Button1~3	Text	随机产生二维数组并求和与均值、转置二维数组求奇偶、For Each 找最值	显示文本

4．程序代码

```
Option Explicit Off
Public Class Form1
    Dim a(2, 2) As Integer
    Private Sub Button1_Click(sender As Object, e As EventArgs) Handles Button1.Click
        Dim i, j As Integer
        sum = 0
        Randomize( )
        For i = 0 To 2
            For j = 0 To 2
                a(i, j) = Int(Rnd( )* 90 + 10)
                TextBox1.Text = TextBox1.Text & a(i, j) & " "
                sum += a(i, j)
                ave = sum / 9
            Next j
            TextBox1.Text = TextBox1.Text & vbCrLf
        Next i
        TextBox1.Text = "随机产生二维数组: " + TextBox1.Text & vbCrLf & "和为: " & sum &
                vbCrLf & "平均值为: " & Format(ave, "0.00")
    End Sub
    Private Sub Button2_Click(sender As Object, e As EventArgs) Handles Button2.Click
        n = 0 : b = 0
        For i = 0 To 2
            For j = 0 To 2
                TextBox2.Text = TextBox2.Text & a(j, i) & " "
                If a(i, j) Mod 2 = 0 Then '偶数
                    n = n + 1
                Else
                    b = b + 1    '奇数计数
                End If
            Next j
            TextBox2.Text = TextBox2.Text & vbCrLf
        Next i
        TextBox2.Text = "转置后的二维数组: " + TextBox2.Text + vbCrLf + "奇数个数为: " +
                CStr(n) + vbCrLf + "偶数个数为: " + CStr(b)
    End Sub
    Private Sub Button3_Click(sender As Object, e As EventArgs) Handles Button3.Click
        Dim min, t As Integer
        min = a(0, 0)
```

```
        For Each t In a
            If min > t Then
                min = t
            End If
        Next t
        TextBox3.Text = "最小值为：" + CStr(min)
    End Sub
End Class
```

第4章　过程的应用

本章要点
- 过程的概念与分类。
- 子过程（Sub 过程）的定义与调用。
- 函数过程（Function 过程）的定义与调用。
- 参数传递的方式。
- 可选参数和可变参数。
- 变量和过程的作用域。

4.1　理论知识

本章主要介绍 VB .NET 过程的概念与分类、子过程的定义与调用、函数过程的定义与调用、参数传递的方式、可选和可变参数的概念、变量和过程的作用域等内容。

4.1.1　过程的概念与分类

在程序设计中，将一些常用的、相对独立的功能编写成一段子程序，常把问题的求解代码转换成一个个的程序小模块。此类子程序模块也被称为过程，这些过程可被多次调用，如像生产中的标准配件一样，这样可实现代码重用，减少重复编写代码的工作量，降低程序冗余度，从而使程序变得简练、便于调试和维护。

由此可见，所谓过程，就是在程序中可以被调用的一段子程序。**VB.NET** 中的过程分为两类：一类是系统提供的函数过程和事件过程；另一类是用户自定义的过程。

一般来说，解决一个问题，使用 Sub 子过程还是使用函数过程呢？通常情况下既可以使用 Sub 子过程，也可以使用函数过程。如果需要过程只有一个返回值，一般使用函数过程，通过函数名来返回结果；如果是完成一些操作，或者需要返回多个值，则使用 Sub 子过程较为方便，此时，可以通过设置与返回值个数相符的形参个数来得到返回结果。

从技术上看，在 VB.NET 中，自定义过程又分为如下 4 种。
- 子过程：以"Sub"保留字开始的子过程。
- 函数过程：以"Function"保留字开始的函数过程。
- 属性过程：以"Property"保留字开始的属性过程。
- 事件过程以"Event"保留字开始的事件过程。

用户常定义的是子过程和函数过程，本章主要介绍用户自定义子过程和函数过程。

4.1.2　子过程（Sub 过程）的定义与调用

子过程和函数过程都是由用户编写的功能代码，不同之处是函数过程可返回一个值到调用的过程。简言之，过程是响应事件执行的代码块。定义子过程和函数过程有以下两种方法。

1．Sub 过程

Sub 过程又称为子过程，由 Sub 和 End Sub 语句包含的一系列语句，并执行相应的操作但不返回值。Sub 过程可以使用参数（由调用过程传递的常数、变量或表达式）。如果 Sub 过程无任何参数，则 Sub 语句必须包含空括号。

定义 Sub 过程的一般格式如下。

[Static][Public|Private] Sub 过程名[(参数表列)]
      <局部变量或常数定义>
      语句块
      [Exit Sub]
      [语句块]
      [Return]
   End Sub

说明：

（1）Static 表示该过程是一个静态过程，其中的参数列表变量均为静态变量，即当程序退出该过程，变量的值仍保留作为下次调用时的初值。Public 表示过程是一个公用的过程，可以在程序的任何地方调用它。Private 表示 Sub 过程是私有过程，只能被本模块中的其他过程访问，不能被其他模块中的过程访问。

（2）Sub 过程以 Sub 开头，以 End Sub 结束，在 Sub 和 End Sub 之间是描述过程操作的语句块，称为"过程体"或"子程序体"。

（3）以 End Sub 作为 Sub 过程的结束。当程序执行到 End Sub 时，将退出该过程，并立即返回到调用语句之后的语句。此外，在过程体内可以用一个或多个 Exit Sub 语句或 Return 语句从过程中退出。

（4）Sub 过程不能嵌套定义，可以嵌套调用，简言之，在 Sub 过程内，不能定义 Sub 过程或 Function 过程。

（5）参数列表，与声明变量的方法一样。

注意：

（1）过程名：命名规则与变量名规则相同。子过程名不返回值，而是通过形参与实参的传递得到结果，调用时可返回多个值。在同一个模块中，同一个变量名不能既用作 Sub 过程名又用作 Function 过程名。

（2）参数表列：指明传送给该过程的简单变量名或数组名以及参数的类型和个数，各名字之间用逗号隔开。参数表列定义的格式为：

      { ByVal | ByRef } 数组名或变量名 [As 数据类型]
其中，ByVal 表示参数按值传递，ByRef 表示参数按地址传递。

例如：

```
Sub K(ByVal m As Integer, ByVal n As Integer)
    m= m + 60
    n =n * 16
    Debug.WriteLine("m = "&Str(m) & "m= "& Str(n)))
End Sub
```

2．调用 Sub 过程

调用 Sub 子程序的程序段称为主调程序。在主调程序中调用 Sub 子过程时，将使程序流程自动转向被调用的 Sub 子过程。Sub 过程的调用有两种方式：一种是把过程的名字放在一个 Call 语句中；另一种是把过程名作为一个语句来使用。

（1）用 Call 语句调用 Sub 过程。

格式：

Call 过程名[(参数列表)]

Call 语句把程序控制传送到一个 VB.NET 的 Sub 过程。用 Call 语句调用一个过程时，如果过程本身没有参数，则"实际参数"可以省略，但括号不能省略；如果过程本身带有参数，则应给出相应的实际参数，并把参数放在括号中。"实际参数"是传送给 Sub 过程的变量或常数。例如：

Call Tryour(a, b)

（2）把过程名作为一个语句来使用。

在调用 Sub 过程时，如果省略关键字 Call，就成为调用 Sub 过程的第二种方式。与第一种方式相比，它只有一点不同，即去掉了关键字 Call。

说明：

（1）参数列表称为实参或实元，它必须与形参保持个数相同，位置与类型一一对应。

（2）调用时把实参值传递给对应的形参。其中值传递（形参前有 ByVal 说明）时实参的值不随形参的值变化而改变。而地址传递（形参前有 ByRef 说明）时实参的值随形参值的改变而改变。

（3）当参数是数组时，形参与实参在参数声明时应省略其维数，但括号不能省。

（4）过程不能嵌套定义，但可以相互调用。调用子过程的形式有两种，用 Call 关键字时，实参必须加圆括号括起，反之则实参之间用"，"分隔。

（5）除此之外，还可以在窗体模块（.frm）和标准模块（.bas）中定义 Sub 过程。

【例 4-1】编写一个无参数传递的子过程，当单击"命令"按钮时调用这个子过程，实现在一行上输出 5 个"*"字符。

（1）定义 Sub 过程，名称为 p。

```
Private Sub p( )        '定义子过程 p，无参数
    For i = 1 To 5
        Debug.Print("*")
    Next i
End Sub
```

（2）在窗体中添加一个按钮，调用 S1 函数，并把实参的值传递给形参。

```
Private Sub Button1_Click(ByVal sender As System.Object, ByVal e As System.EventArgs)
                    Handles Button1.Click
    Call p( )        '调用子过程，也可用 p( )，注意这两种调用方式
End Sub
```

【例 4-2】编写一个有参数传递的子过程，当单击"命令"按钮时调用这个子过程，实现在一行上输出 5 个"*"字符。

（1）定义 Sub 过程，名称为 p1。

```
Private Sub p1(ByVal n As Integer)        '定义有参数子过程 p，参数为 n
    For i = 1 To n
        Debug.Print("*")
    Next i
End Sub
```

（2）在窗体中添加一个按钮，调用 S1 函数，并把实参的值传递给形参。

```
Private Sub Button1_Click(ByVal sender As System.Object, ByVal e As System.EventArgs)
                    Handles Button1.Click
    m = Val(InputBox("请输入*个数:"))
    Call p1(m)        '调用子过程，把参数 m 的值传递给形参 n
End Sub
```

4.1.3　函数过程（**Function** 过程）的定义与调用

VB.NET 函数分为内部函数（如 MsgBox）和外部函数，外部函数是用户根据需要用 Function 关键字定义的函数过程，语句通常包含在 Function 和 End Function 之间，Function 过程通过函数名返回一个值。Function 返回值的数据类型总是 Variant。

1．Function 过程

定义一个 Function 过程的格式：

    [Static] [Public | Private] Function　函数过程名([参数列表])[As 类型]
        [局部变量或常数定义]
        [语句序列]
        [Exit　Function]
        [语句序列]
        函数名=返回值　　　'运算结果
    End　Function

说明：

（1）Function 过程以 Function 开头，以 End Function 结束，在两者之间的是描述过程操作的语句块，格式中的"函数名"、"参数表列"、"Private"、"Public"、"Exit Function"的含义和规定与 Sub 子过程中的相同。

（2）类似于 Sub 过程，可以在窗体、模块、类、接口或结构中定义 Function 过程。默认情况下，Function 过程的访问性是 Public。从 Function 过程返回调用程序后，继续执行调用这个语句后面的语句。

（3）返回值的类型一般由定义的"[As 返回值类型]"所指明，如果没有 As 子句，默认的数据类型为 Object 对象型。

（4）可以给函数名赋一个值，即为返回值，当 Function 过程返回值时，该值可以成为表达式的一部分。即"函数名＝表达式"，把它的值赋给"函数名"。

（5）过程不能嵌套。因此不能在事件过程中定义通用过程（包括 Sub 过程和 Function 过程），只能在事件过程或通用过程内调用通用过程。

（6）"参数表列"可以含有 0 个或多个形参，各参数之间用逗号隔开，每个参数具有如下的格式。

    { ByVal | ByRef } 数组名或变量名　[As 数据类型]

格式中各部分的含义与 Sub 过程中的相同。

（7）在 Function 过程中省略"函数名 =返回值"或"Return　表达式"，则过程返回一个默认值。对于 Byte、Char、Decimal、Double、Integer、Long、Short 和 Single，该默认值为 0；对于 Object、String 和所有数组，该默认值是 Nothing；对于 Boolean，该默认值是 False；而对于 Date，该默认值则是#1/1/0001 12:00 AM#。

2．函数过程的调用

通常函数过程可由函数名返回一个值，函数过程一般作为表达式的一部分来使用，该过程不能作为单独的语句加以调用。

函数过程调用形式为：

    函数过程名([参数列表])

最简单的调用形式就是把函数作为一个量赋值给一个变量，如：

    变量名=函数过程名([参数列表])

注意：

（1）子过程和函数中定义的参数称为"形参"；调用子过程和函数时定义的参数称为"实参"或"实元"，形参与实参在个数、类型和位置必须一致并一一对应；

（2）调用时把实参值传递给对应的形参。其中值传递（形参前有 ByVal 说明）时实参的值不随形参的值变化而改变。而地址传递（形参前有 ByRef 说明）时实参的值随形参值的改变而改变。

（3）当参数为数组时，形参与实参声明时应省略其维数，但括号不可省略。

（4）调用子过程使用 Call 时，其实参必须用圆括号括起来，反之则实参之间用","分隔。

【例 4-3】编写一个函数过程，其功能是实现求出 3 个数中的最大数。

（1）定义函数过程，名称为 M。

```
Private Function M(ByVal x, ByVal y, ByVal z) As Single        '定义函数过程 M
        Dim t Single
        If x >= y And x >= z Then
            t = x
        Else
            If y >= z Then
                t = y
            Else
                t = z
            End If
        End If
        M=t
End Function
```

（2）在窗体中添加一个按钮，实现函数调用，主调过程负责输入 3 个数据，并把实参的值传递给形参。

```
Private Sub Button1_Click(ByVal sender As System.Object, ByVal e As System.EventArgs)
        Handles Button1.Click
        Dim a!, b!, c!, MAX!
        a = Val(InputBox("请输入:"))
        b = Val(InputBox("请输入:"))
        c = Val(InputBox("请输入:"))
        MAX =M(a, b, c)    '函数调用，把 a, b, c 的值传给 x，y，z
        Debug.Print("最大数是:" & MAX)
End Sub
```

4.1.4　参数的传递

在 VB.NET 中，参数默认的传递方式是按 ByRef（按地址）传递，通常情况下，判断参数的传递方式主要看实参，如果实参是常量、表达式或函数，则按值传递，否则按地址传递。参数传递过程，实质是把实参传送给形参，然后用实参执行调用的过程。

1. 形参与实参

形参即"形式参数"，用于定义过程时使用的参数，实质是用来接收调用该过程时传递的参数。

实参即"实际参数"，用于调用时传递给过程的参数，即传递给被调用过程的值（包含常数、变量、表达式或数组）。在 VB.NET 中，在调用过程时，主调过程与被调用过程或函数之间可能会有数据的传递，此种数据的传递称为过程参数传递。过程参数传递的方式有两种：传址和传值，其中传地习惯上称为引用。

2．按值传递（即传值）

在默认情况下，VB.NET 使用的是传值方式，定义时在变量前加上关键字 ByVal。

按值传递实质上就是复制传递，即传送实参的值而不是传送它的地址。传值的过程是：当主调程序调用过程时，将主调程序中的实参值复制给被调过程中的形参，因此被调过程对形参的值任何改变都不会影响到实参的值。这时的形参可以视为局部变量。

3．引用传递（即传址）

引用方式通过关键字 ByRef 来指定，当通过“引用”方式把变量传送给 Sub 或 Function 过程时，可以通过改变过程中相应的参数来改变该变量的值。换而言之，如果通过引用来传送实参，则有可能改变传送给过程的变量的值。传址的过程是：当主调程序调用过程时，将主调程序中的实参的地址传递给被调过程中的形参，因此实参的值会随形参值的变化而改变。这时的形参可以视为全局变量。使用传址方式时，实参不允许是表达式或常数。

4．数组参数的传递

在 VB.NET 中，允许参数是数组，数组通过传址方式进行数据传递。其定义的形式如下。

     By Val 形参数组名**( )As** 类型说明符

或

     ByRef 形参数组名**( )As** 类型说明符

在函数调用的过程中，直接把实参数组名放在对应的实参数组中，其后面不需要带圆括号。同时可以用 Redim 重新定义其大小，如果形参数组是按值传递参数的，则在被调用的过程中，无论是改变形参数组的值还是重新定义形参数组的值，都不会影响到实参数组。如果是按地址方式传递的，则实参数组的值会与形参数组的值一致变化。

5．传值方式与传址方式的区别

（1）对于短整型、整型、长整型或单精度参数，如果不希望过程修改实参的值，则应加上关键字 ByVal（值传送）。而为了提高效率，字符串和数组应通过地址传送。此外，结构类型数据和控件只能通过地址传送。

（2）对于其他数据类型，包括双精度型、Decimal 型和 Object 数据类型，可以用两种方式传送。经验证明，此类参数最好用传值方式传送，这样可以避免错用参数。

（3）用 Function 过程可以通过过程名或 Return 语句返回值，但只能返回一个值；Sub 过程不能通过过程名返回值，但可以通过参数返回值，并可以返回多个值。当需要用 Sub 过程返回值时，其相应的参数要用传地址方式。

【例 4-4】在应用程序中创建一个 Sub 过程，通过输入框输入两个整数，求两数的立方和。

（1）定义 Sub 过程，名称为 S1。

```
Sub S1(ByVal x As Integer, ByVal y As Integer, ByVal z As Integer)
'定义 Sub 过程，有 3 个整型参数
    z = x * x * x + y * y * y
    MsgBox(x & "的立方" & "+" & y & "的立方和为：" & z) '输出立方和
End Sub
```

（2）在窗体中添加一个按钮，调用 S1 函数，并把实参的值传递给形参。

```
Private Sub Button1_Click(ByVal sender As System.Object, ByVal e As System.EventArgs)
```

```
Dim a, b, c As Integer
a = Val(InputBox("输入值"))  '输入一个整数
b = Val(InputBox("输入值"))  '输入一个整数
c = 0
Call S1(a, b, c)        '调用 S1 子过程，把实参 a，b，c 传给形参 x，y，z
End Sub
```

4.1.5 可选参数和可变参数

VB.NET 允许使用可选参数和可变参数来处理参数的传递。在调用一个过程时，可以向过程传送可选的参数或任意数量的参数。

1. 可选参数

为了定义带可选参数的过程，必须在参数表中使用 Optional 关键字，一般格式如下。

    Optional ByVal|ByRef 形参名 As 类型=默认值

【例 4-5】在应用程序中创建一个带可选参数的过程，并用一个或多个实参进行调用。

```
Sub K(ByVal a As Integer, ByVal b As Integer, Optional ByVal c As Integer =6)
Dim n As Integer
n = a* b
If c <> 6 Then
    n = n *c
End If
MsgBox(n, , "")
End Sub
```

上述过程有 3 个参数，其中前 2 个参数与普通过程中的书写格式相同，最后 1 个参数在前面加上了"Optional"，表明该参数是一个可选参数并有一个默认值 6。注意：过程中定义的每个可选参数都必须指定默认值。

在调用上面的过程时，可以提供 2 个实际参数，也可以提供 3 个实际参数，都能得到正确的结果。例如，如果用下面的事件过程调用：

```
Private Sub Form1_Click(ByVal sender As Object, ByVal e As System.EventArgs) Handles
                        MyBase.Click
    abc(10, 20)
End Sub
```

则结果为 200。而如果用下面的过程调用：

```
Private Sub Form1_Click(ByVal sender As Object, ByVal e As System.EventArgs) Handles
                        MyBase.Click
    abc(2, 2, 3)
End Sub
```

则结果为 12。

注意：

（1）可选参数必须放在所有必选参数的后面。

（2）可选参数必须以 Optional 开头。

（3）跟在可选参数后的每个参数也都必须是可选的。

2. 可变参数

可变参数过程通过 ParamArray 命令来定义，一般格式为：

    Sub 过程名(ParamArray 数组名)

【例4-6】定义一个可变参数的过程，求任意多个数的乘积。

```
Sub K(ByVal ParamArray Numbers( ) As Integer)
    Dim m, x As Integer
    m= 1
    For Each x In Numbers
        m = m * x
    Next x
    MsgBox(m)
End Sub
Private Sub Form1_Click(ByVal sender As Object, ByVal e As System.EventArgs) Handles
                    MyBase.Click
    abc(1, 2, 3, 3, 2, 1)
End Sub
```

输出结果为：36。

4.1.6 变量和过程的作用域

在 VB.NET 的应用程序中，变量和过程可被访问的范围称为变量和过程的作用域，任何一个变量或过程都会随所处位置及定义方式的不同，造成可被访问范围的不同。

1．过程的作用域

1）局部过程（窗体/模块级）

局部过程主要是指在某窗体（也可以在标准模块）内用 Private 定义的过程，这种过程只能被本窗体（或本标准模块）中的过程调用。

2）全局过程

全局过程主要是指在标准模块（也可以在窗体）内用 Public 定义（也可默认定义）的过程，全局过程可供该应用程序的所有窗体和所有标准模块中的过程调用。在标准模块定义的过程，外部过程均可随时调用。在窗体中定义的全局过程，外部过程要调用时，必须在过程名前加该过程所处的窗体名，如 Form1.k，其中 Form1 表示窗体名，k 表示过程名。过程作用范围见表 4-1。

表 4-1　过程作用范围

作 用 范 围	模 块 级		全 局 级	
	窗　体	标 准 模 块	窗　体	标 准 模 块
定义方式	过程名前加 Private		过程名前加 Public 或省略	
能否被本模块其他过程调用	能	能	能	能
能否被本应用程序其他模块调用	否	否	能，但必须在过程名前加窗体名	能，但过程名必须唯一，否则要加标准模块名

2．变量的作用域

变量的作用域影响变量在程序中的生命周期，正确掌握应用程序中变量的作用域，能够提高程序的运行效率并达到预期的各种功能。

1）局部变量

在过程内定义的变量称为"局部变量"，只能在定义它的过程中使用。一般用 Dim 或 Static 语句声明局部变量。由于过程执行完成后局部变量占用的内存将被释放，其他过程不可访问局部变量。在不同的过程中，允许有同名的局部变量，这些同名变量之间彼此独立。

2）窗体或模块级变量

窗体或模块级变量是指在窗体或模块的"通用声明"段中，用 Dim 或 Private 语句声明的变量。此类变量可在本窗体或模块的任何过程中使用。

3）全局变量

全局变量又称"外部变量"，常用 Public 语句声明全局变量。全局变量可被应用程序的任何过程或函数访问，全局变量的值在整个应用程序中始终不会消失和重新初始化，只有当整个应用程序执行结束时，才会消失。

注意：当局部变量与全局变量重名时，起作用的是局部变量。

4）静态变量

静态变量是在过程中用 Static 定义的，它是一种特殊的局部变量，只能在一个过程内部定义和引用。在定义变量时，如果把 Dim 语句改为 Static 语句就可以把变量声明为静态变量。静态变量在本过程运行结束时可保留变量的值，也就是说，每次调用过程后，用 Static 说明的变量不会消失，它会保留本次运行后的结果，在下次调用本过程时，静态变量不再重新建立和初始化，可直接使用上次保留的结果。

静态变量定义形式如下。

    Static   变量名 **[As 类型]**

    Static   **Function**   函数名**([参数列表])[As 类型]**

    Static   **Sub**   过程名 **[(参数列表)]**

如果在函数名、过程名前加 Static，并不表示这个函数或过程是静态的，而是表示该函数、过程内部的局部变量都是静态变量。

【例 4-7】使用静态变量实现记录一个事件被触发的次数。

在窗体中添加一个按钮，定义静态变量 Static count，用于记录被触发的次数。

```
Private Sub Button1_Click(ByVal sender As System.Object, ByVal e As System.EventArgs)
                          Handles Button1.Click
    Static count As Integer
    Dim n As Integer
    count = count + 1
    n = n + 1
    Debug.Print("静态变量:" & count)'反复单击按钮，观察静态变量count与普通变量n的变化
    Debug.Print("普通变量:" & n)
End Sub
```

4.2　实例探析

4.2.1　【实例 1】Sub 过程的应用

1. 实验目的

编程实现，输入两个正整数 x、n，计算 $x/(1!+2!+3!+\cdots+n!)$ 的值。程序设计界面与程序运行界

面如图 4-1 所示。

$$S(x, n)=x/(1!+2!+3!+\cdots+n!)$$

知识点：Sub 过程的应用。

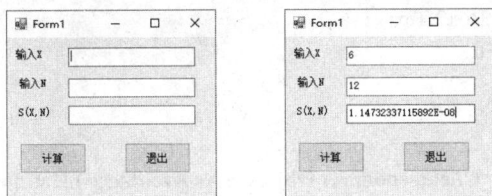

（a）程序设计界面　　　　　（b）程序运行界面

图 4-1　Sub 过程的应用

2．实验内容

在相应的文本框中输入 x、n 的值，然后单击"计算"按钮。

3．界面设计

启动 VS 2015，创建工程，按照图 4-1，在窗体上添加 3 个 Label 控件、3 个 TextBox 控件、2 个 Button 控件。属性设置及其作用见表 4-2。

表 4-2　属性设置及其作用

对 象 名	属 性 名	属 性 值	说 明
Form1	Text	S(x, n)	显示文本
Label1~3	Text	输入 x，输入 n，S(x, n)	显示文本
TextBox1~3	Text	""	
Button1~2	Text	计算、退出	显示文本

4．程序代码

1）操作步骤

通过 Sub 过程求阶乘的综合应用，前提条件：自定义一个 Sub 过程。操作步骤如下。

（1）自定义一个 Sub 过程，用于实现求任何参数的阶乘之和，并被整型变量 x 整除。过程名为 jc，该过程带有一个整型参数 m，并且该参数按传值方式传送，如 ByVal m As Integer。

（2）在"计算"按钮的事件过程中，通过 For…Next 循环控制主调函数 jc(n)中实参 n 的传值次数。

2）编写代码

```
Option Explicit Off
Public Class Form1
    Private Sub jc(ByVal m As Integer)  '定义 Sub 过程
        sum = 0
        Dim i As Integer
        s = 1
        For i = 1 To m
            s = s * i
            sum = sum + s
        Next
```

```
            x = Val(TextBox1.Text)
            TextBox3.Text = x / sum
        End Sub
    Private Sub Button1_Click(sender As Object, e As EventArgs) Handles Button1.Click
            n = Val(TextBox2.Text)
            For i = 1 To n
                jc(n)
            Next i
        End Sub
    Private Sub Button2_Click(sender As Object, e As EventArgs) Handles Button2.Click
            End
        End Sub
    End Class
```

4.2.2 【实例 2】比较全局变量、局部变量与静态变量

1. 实验目的

编程实现全局变量、局部变量与静态变量的灵活应用，程序设计界面与程序运行界面如图 4-2 所示。

知识点：Static 的应用。

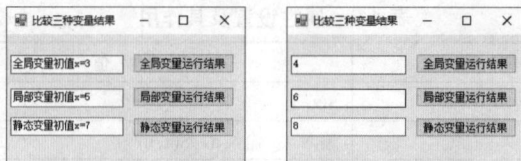

(a) 程序设计界面　　　　(b) 程序运行界面

图 4-2　比较全局变量、局部变量与静态变量

2. 实验内容

编写程序，比较区分全局变量、局部变量及静态变量的应用。

3. 界面设计

启动 VS 2015，创建工程，按照图 4-2，在窗体上添加 Label、TextBox、Button 控件。属性设置及其作用见表 4-3。

表 4-3　属性设置及其作用

对　象　名	属　性　名	属　性　值	说　明
TextBox1~3	Text	""	
Button1~3	Text	全局变量运行结果、局部变量运行结果、静态变量运行结果	显示文本

4. 程序代码

1）操作步骤

变量综合应用的前提条件：定义变量。操作步骤如下。

（1）定义一个全局整型变量 x。

（2）在窗体的加载事件中初始化全局变量 x 的值为 3。

（3）执行"全局变量运行结果"Button1 的单击事件，可以显示其变量加 1 后的结果。

（4）执行"局部变量运行结果"Button2 的单击事件，可以显示其局部变量加 1 后的结果。

注意：当全局变量与局部变量同名时，局部变量会屏蔽全局变量，在局部变量的作用范围内，起作用的是局部变量。

（5）执行"静态变量运行结果"Button3 的单击事件，可以显示其静态变量加 1 后的结果，静态变量也会屏蔽全局变量，在静态局部变量的作用范围内，起作用的是静态变量，静态变量区别于局部变量在于静态变量保留每次执行的值。

2）编写代码

```
Public Class Form1
    '定义全局变量
    Public x As Integer
    Private Sub Form1_Load(sender As Object, e As EventArgs) Handles MyBase.Load
        x = 3
        TextBox1.Text = "全局变量初值 x=3"
        TextBox2.Text = "局部变量初值 x=5"
        TextBox3.Text = "静态变量初值 x=7"
    End Sub
    '执行全局变量加 1 后的结果
    Private Sub Button1_Click(sender As Object, e As EventArgs) Handles Button1.Click
        x = x + 1
        TextBox1.Text = x          '显示全局变量加 1 的结果
    End Sub
    '执行局部变量加 1 后的结果
    Private Sub Button2_Click(sender As Object, e As EventArgs) Handles Button2.Click
        Dim x As Integer = 5
        x = x + 1
        TextBox2.Text = x          '显示局部变量加 1 的结果
    End Sub
    '执行局部静态变量加 1 后的结果
    Private Sub Button3_Click(sender As Object, e As EventArgs) Handles Button3.Click
        Static x As Integer = 7
        x = x + 1
        TextBox3.Text = x          '显示静态变量加 1 的结果，重复执行得到每次累加 1 的结果
    End Sub
End Class
```

4.2.3 【实例 3】领柚子问题的实现

1．实验目的

若干个人排队领柚子，每个人领取编号按顺序依次为 1,2,3,…,n，已知第 1 个人领的柚子数为 1 个，从第 2 个开始每个人领的柚子数是前一个人领的柚子数的 3 倍再加 2，问第 n 个人领了多少个柚子？

根据题意判断：领柚子问题直接或间接地调用该子程序本身，称为递归。程序设计界面与程

序运行界面如图 4-3 所示。

知识点：Form、Label、Button、TextBox 控件的属性、方法与事件。

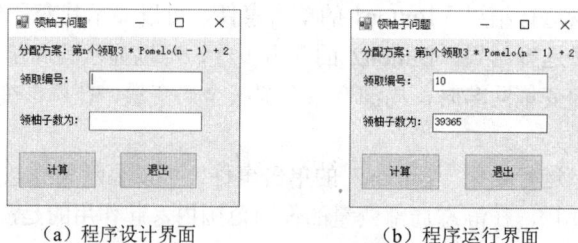

(a) 程序设计界面　　　　(b) 程序运行界面

图 4-3　领柚子问题的实现

2．实验内容

在文本框 TextBox1 和 TextBox2 中，分别输入领取编号，单击"计算"按钮，就可知道该人可以领取的柚子。计算结束后单击"退出"按钮即可。

3．界面设计

启动 VS 2015，创建工程，按照图 4-3，在窗体上添加 Label、TextBox 和 Button 控件。窗体和控件对象属性设置及其作用见表 4-4。

表 4-4　窗体和控件对象属性设置及其作用

对　象　名	属　性　名	属　性　值	说　　明
Form1	Text	领柚子问题	显示窗体标题
Label1~3	Text	分配方案：第 n 个领取 3*Pomelo(n-1)+2，领取编号、领柚子数	显示文本
TextBox1	Text	""	领取编号
TextBox2	Text	""	用来显示相应的人领取的柚子数
Button1	Text	计算	单击它将计算出该人领取的柚子数并显示
Button2	Text	退出	单击它将退出应用程序

4．程序代码

1）操作步骤

递归方法：在函数或子过程的内部，直接或间接地调用自己的算法。递归过程一般通过函数或子过程来实现，根据题意（从第 2 个开始每个人领的柚子数是前一个人领的柚子数的 3 倍再加 2）：本题可定义一个函数或者过程来处理。操作步骤如下。

（1）根据题意需要返回结果，所以应定义一个函数 Private Function Pomelo(ByVal n As Integer) As Integer…End Function 来处理，函数名为 Pomelo，函数带有一个传值的整型参数 n，根据题意（从第 2 个开始每个人领的柚子数是前一个人领的柚子数的 3 倍再加 2），转化为函数体执行的语句，即 k = 3 * Pomelo(n - 1) + 2。

（2）根据在 TextBox1 中输入编号，然后赋予 k，执行"计算"，通过主调函数 a = Pomelo(k) 执行把 k 的值传给同名函数 Pomelo 的形参 n，进行计算。

2）编写代码

Public Class Form1

```
'自定义函数 Function
Private Function Pomelo(ByVal n As Integer) As Integer
    Dim k As Integer
    If n = 1 Then
        k = 1
    Else
        k = 3 * Pomelo(n - 1) + 2
    End If
    Return k
End Function
'执行主调函数 a = Pomelo(k)，把实参 k 的值传给形参 n 进行计算
Private Sub Button1_Click(ByVal sender As System.Object, ByVal e As System.EventArgs)
            Handles Button1.Click
    Dim a As Integer, k As Integer
    k = Val(TextBox1.Text)
    a = Pomelo(k)
    TextBox2.Text = CStr(a)
End Sub
Private Sub Button2_Click(ByVal sender As System.Object, ByVal e As System.EventArgs)
        Handles Button2.Click
    End
End Sub
End Class
```

4.2.4 【实例 4】比较按值与按址传递

1．实验目的

编程实现输入参数求它的立方并显示其参数值的改变。传值结果与传址结果如图 4-4 所示。
知识点：按值传递，按址传递，过程。

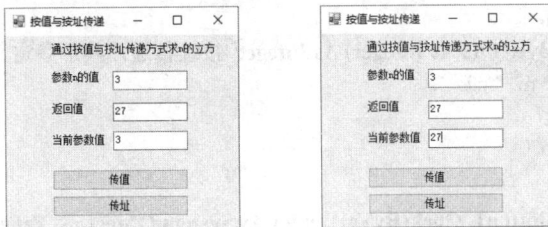

（a）传值结果　　　　　　（b）传址结果

图 4-4　比较按值与按址传递

2．实验内容

在文本框 TextBox1 中，输入一个整数，单击"传值"或"传址"按钮。在 TextBox2 中显示
该整数的立方和该参数的改变值。

3．界面设计

启动 VS 2015，创建工程，按照图 4-4，在窗体上添加 Label、TextBox 和 Button 控件。窗体
和控件对象属性设置及其作用见表 4-5。

表 4-5 窗体和控件对象属性设置及其作用

对 象 名	属 性 名	属 性 值	说 明
Form1	Text	按值与按址传递	显示窗体标题
Label1~4	Text	通过按值与按址传递方式求 n 的立方，参数 n 的值，返回值，当前参数值	对文本的说明
TextBox1~3	Text	"", "", ""	输入参数
Button1, 2	Text	传值，传址	计算按钮

4．程序代码

1）操作步骤

根据题意，由于需要返回一个值给主调函数，所以应定义 Function 过程求 n 的立方。操作步骤如下。

（1）定义两个 Function 过程，分别为 t1、t2，用于实现求任意整数的立方。其中 t1 过程的参数采用按值传递方式，t2 过程的参数采用按址传递方式。

（2）参数 n 的值由 TextBox1 的 Text 属性输入。

（3）执行"传值"Button1 的单击事件，可以显示其参数的立方和，以及参数原值与变化后的值一致（按值传递的原理）。

（4）执行"传址"Button2 的单击事件，可以显示其参数的立方和，以及参数原值与变化后的值不一致（按址传递的原理）。按址传递形参的值改变，其实参也随之改变。

2）编写代码

```
Public Class Form1
    '定义两个 Function 过程
    Function t1(ByVal n1 As Integer) As Integer '按值传递，其形参定义前加"ByVal"关键字
        n1 = n1 * n1 * n1
        t1 = n1
    End Function
    Function t2(ByRef n2 As Integer) As Integer '按址传递，其形参定义前加"ByRef"关键字
        n2 = n2 * n2 * n2
        t2 = n2
    End Function
    '输入参数值
    Private Sub Button1_Click(ByVal sender As System.Object, ByVal e As System.EventArgs)
            Handles Button1.Click
        Dim i As Integer
        i = Val(TextBox1.Text)
        TextBox2.Text = t1(i)
        TextBox3.Text = i          '按值递后，参数不变的值
    End Sub
    '注意两种函数调用前后实参与形参的变化
    Private Sub Button2_Click(ByVal sender As System.Object, ByVal e As System.EventArgs)
            Handles Button2.Click
        Dim i As Integer
        i = Val(TextBox1.Text)
        TextBox2.Text = t2(i)
        TextBox3.Text = I                    '按址传递后，参数变化的值
```

```
        End Sub
End Class
```

4.2.5　【实例 5】比较有参传递与无参传递的 Sub 过程

1．实验目的

比较有参数传递与无参数传递的子过程。程序设计界面以及程序运行过程与运行界面如图 4-5 所示。

知识点：有参与无参 Sub 过程的调用。

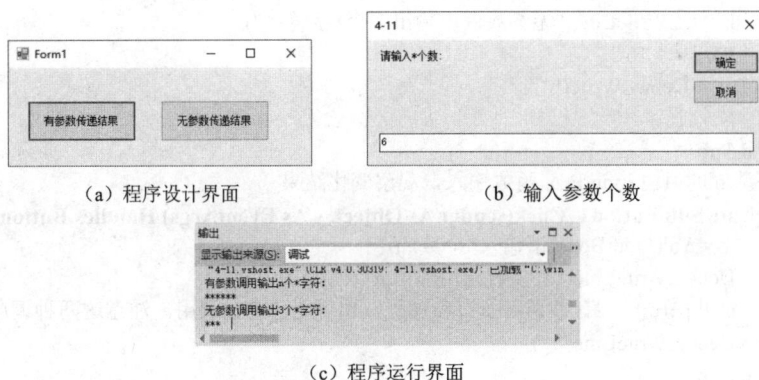

（a）程序设计界面　　　　　　　　　　　　　（b）输入参数个数

（c）程序运行界面

图 4-5　比较有参传递与无参传递的 Sub 过程

2．实验内容

编写一个无参数传递的子过程，当单击"无参数传递结果"按钮时调用其子过程，实现在一行上输出 3 个"*"字符。同时编写一个有参数传递的子过程，当单击"有参数传递结果"按钮时调用其子过程，根据参数的个数，实现在一行上输出 n 个"*"字符。

3．界面设计

启动 VS 2015，创建工程，按照图 4-5，在窗体上添加 2 个 Button 控件。窗体和控件对象属性设置及其作用见表 4-6。

表 4-6　窗体和控件对象属性设置及其作用

对　象　名	属　性　名	属　性　值	说　　明
Button1, 2	Text	有参数传递结果，无参数传递结果	文字显示

4．程序代码

1）操作步骤

根据题意，由于不需要返回值，所有应定义 Sub 过程来求解。操作步骤如下。

（1）定义两个 Sub 过程，分别为 p1、p2，用于实现输出任意个*符号。其中 p1 过程定义为有参数过程，p2 过程为无参过程。

（2）参数 n 的值由 InputBox 函数输入。

（3）执行"有参数传递结果"Button1 的单击事件，可以根据输入 n 的值输出 n 个*号。

（4）执行"无参数传递结果"Button2 的单击事件，主调函数调用被调用函数输出固定个数的*号。

2）编写代码

```
Option Explicit Off
Public Class Form1
    '定义两个 Sub 过程
        Private Sub p1(ByVal n As Integer)        '定义有参数子过程 p
            For i = 1 To n
                Debug.Write("*")
            Next i
        End Sub
        Private Sub p2( )        '定义无参数子过程 p
            Debug.WriteLine("无参数调用输出 3 个*字符：")
            For i = 1 To 3
                Debug.Write("*")
            Next i
        End Sub
    '参数 n 的值由 InputBox 函数输入，观察变化结果
        Private Sub Button1_Click(sender As Object, e As EventArgs) Handles Button1.Click
            m = Val(InputBox("请输入*个数:"))
            Debug.WriteLine("有参数调用输出 n 个*字符：")
            Call p1(m)     '有参调用子有参过程，也可用 p1(m)调用，注意这两种调用方式
            Debug.WriteLine(" ")
        End Sub

        Private Sub Button2_Click(sender As Object, e As EventArgs) Handles Button2.Click
            Call p2( )        '无参调用子无参过程，也可用 p2( )调用，注意这两种调用方式
            Debug.WriteLine("    ")
        End Sub
    End Sub
End Class
```

4.3 拓展训练

4.3.1 【任务 1】Function 过程的实现

1．实验目的

编写程序，输入并计算 $M!/[N!*(M-N)!]$ 的值，程序设计界面以及程序运行界面如图 4-6 所示。

知识点：Form、Label、Button 控件的属性、方法与事件 Function 过程应用。

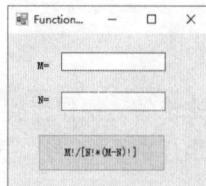

（a）程序设计界面　　　　　　（b）程序运行界面

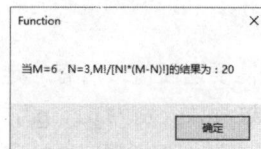

图 4-6　Function 过程的实现

2．实验内容

需要添加 2 个 Label 控件用于提示输入，2 个 TextBox 控件用于接收 *M* 和 *N* 的值，还有一个 Button 控件用于执行运算。

3．界面设计

启动 VS 2015，创建工程，按照图 4-6，在窗体上添加控件。窗体和控件对象属性设置及其作用见表 4-7。

表 4-7　窗体和控件对象属性设置及其作用

对 象 名	属 性 名	属 性 值	说 明
Label1, 2	Text	M, N	显示文本
Button1	Text	M!/[N!*(M-N)!]	计算

4．程序代码

```
Option Explicit Off
Public Class Form1
    Function F1(ByVal N As Integer) As Double
        K = 1
        For i = 1 To N
            K = K * i
        Next
        F1 = K
    End Function
    Private Sub Button1_Click(ByVal sender As System.Object, ByVal e As System.EventArgs)
                    Handles Button1.Click
        Dim M, N, K As Integer
        M = Val(TextBox1.Text)
        N = Val(TextBox2.Text)
        If (M < N) Then
            MsgBox("M 必须大于 N")
            TextBox1.Text = ""
            TextBox2.Text = ""
            Exit Sub
        End If
        K = F1(M) / (F1(N) * F1(M - N))
        MsgBox("当 M=" & M & "，N=" & N & "，M!/[N!*(M-N)!]的结果为：" & K)
    End Sub
End Class
```

4.3.2　【任务 2】比较 Sub 与 Function 递归过程的实现

1．实验目的

编写程序，比较 Sub 与 Function 递归过程，程序设计界面以及程序运行界面如图 4-7 所示。

知识点：Form、Label、Button 控件的属性、方法与事件。

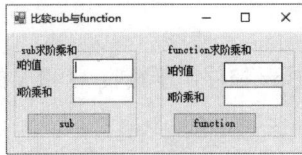

（a）程序设计界面　　　　　　　　　（b）程序运行界面

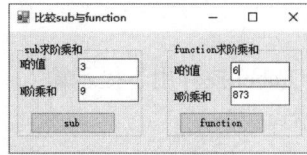

图 4-7　比较 Sub 与 Function 递归过程的实现

2．实验内容

比较区分 Sub 过程以及 Function 过程的应用。

3．界面设计

启动 VS 2015，创建工程，按照图 4-7，在窗体上添加 Label、Button 控件和 GroupBox 控件。控件对象属性设置及其作用见表 4-8。

表 4-8　控件对象属性设置及其作用

对 象 名	属 性 名	属 性 值	说 明
Label1~4	Text	n 的值，n 阶乘和	显示文本
GroupBox1, 2	Text	Sub 求阶乘和，Function 求阶乘和	显示文本
Button1, 2	Text	Sub，Function	显示文本

4．程序代码

```
Option Explicit Off
Public Class Form1
    Private Sub j(ByVal n As Integer)
        s = 1 : sum = 0
        For i = 1 To n
            s = s * i
            sum = s + sum
        Next i
        TextBox2.Text = sum
    End Sub
    Private Function j1(ByVal n As Integer)
        s = 1 : sum = 0
        For i = 1 To n
            s = s * i
            sum = s + sum
        Next i
        Return sum
    End Function
    Private Sub Button1_Click(ByVal sender As System.Object, ByVal e As System.EventArgs)
                Handles Button1.Click
        k = TextBox1.Text
        j(k)
    End Sub
    Private Sub Button2_Click(ByVal sender As System.Object, ByVal e As System.EventArgs)
                Handles Button2.Click
```

```
            k1 = TextBox3.Text
            TextBox4.Text = j1(k1)
        End Sub
    End Class
```

4.3.3 【任务 3】Sub 与 Function 统计 You 的个数

1. 实验目的

编写程序，实现统计 You 的个数。程序设计界面以及程序运行界面如图 4-8 所示。

知识点：Form、Label、Button、TextBox 控件的属性、方法与事件。

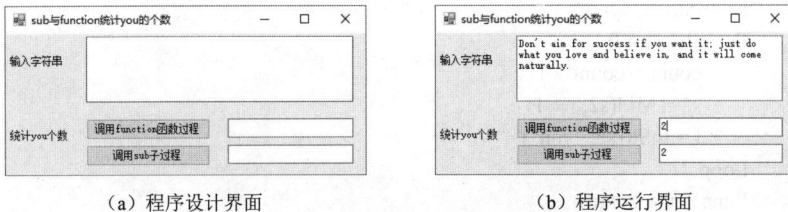

（a）程序设计界面   （b）程序运行界面

图 4-8   Sub 与 Function 统计 You 的个数

2. 实验内容

需要添加 2 个 Label 控件、2 个 Button 控件、3 个 TextBox 控件，1 个显示字符串，另外 2 个显示用不同调用方法实现统计并显示出 You 的个数。

3. 界面设计

启动 VS 2015，创建工程，按照图 4-8，在窗体上添加 Label、TextBox、Button 控件。窗体和控件对象属性设置及其作用见表 4-9。

表 4-9   窗体和控件对象属性设置及其作用

对 象 名	属 性 名	属 性 值	说 明
Form1	Text	统计 You 的个数	显示窗体标题
Label1	Text	输入字符串	显示文本
Label2	Text	显示统计结果	显示文本
TextBox1	Text	初始值为""，运行时为 Don't aim for success if you want it; just do what you love and believe in, and it will come naturally	运行时录入
TextBox2	Text	""	显示 You 的个数
TextBox3	Text	""	显示 You 的个数
Button1~2	Text	调用 Function 函数过程，调用 Sub 子过程	显示文本

4. 程序代码

```
Public Class Form1
    Sub ProcYou(ByVal s$, ByRef count%)
        Dim i%, s1$
        count = 0
```

```
        s1 = Trim(s)
        i = InStr(s1, "you")
        Do While i > 0
            count = count + 1
            s1 = Mid(s1, i + 1)
            i = InStr(s1, "you")
        Loop
    End Sub
    Function FuncYou(ByVal s$) As Integer
        Dim count%, i%, s2$
        count = 0
        s2 = Trim(s)
        i = InStr(s2, "you")
        Do While i > 0
            count = count + 1
            s2 = Mid(s2, i + 1)
            i = InStr(s2, "you")
        Loop
        FuncYou = count
    End Function
    Private Sub Button1_Click(ByVal sender As System.Object, ByVal e As System.EventArgs)
                    Handles Button1.Click
        TextBox2.Text = FuncYou(TextBox1.Text)
    End Sub
    Private Sub Button2_Click(ByVal sender As System.Object, ByVal e As System.EventArgs)
                    Handles Button2.Click
        Dim z%
        Call ProcYou(TextBox1.Text, z)
        TextBox3.Text = z
    End Sub
End Class
```

4.3.4 【任务 4】招考成绩统计器

1. 实验目的

给应聘人员面试评分：去除最高分和最低分，求出面试成绩。根据笔试（100 分）以及面试成绩（100 分）比例（4:6），得出笔试与面试总成绩。程序设计界面以及程序运行界面如图 4-9 所示。

知识点：数组，过程。

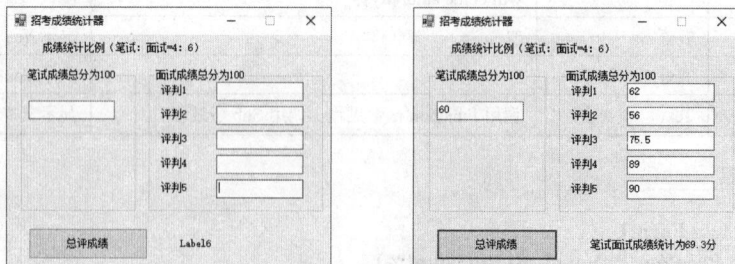

(a) 程序设计界面   (b) 程序运行界面

图 4-9   招考成绩统计器

2．实验内容

在文本框 TextBox1~5 中分别输入上述成绩，选择"总评成绩"按钮，调用评分过程，计算分数，并在 Label6 中显示。

3．界面设计

启动 VS 2015，创建工程，按照图 4-9，在窗体上添加 Label、TextBox、Button 控件。窗体和控件对象属性设置及其作用见表 4-10。

表 4-10　窗体和控件对象属性设置及其作用

对　象　名	属　性　名	属　性　值	说　　明
Form1	Text	招考成绩统计器	显示窗体标题
Label1~5	Text	评判分数	显示文本
TextBox1~5	Text	""	录入评判分数
TextBox6	Text	""	笔试成绩分数
Button1	Text	总评成绩	显示文本

4．程序代码

```
Public Class Form1
    Private Function sum(ByVal f1 As Double, ByVal g1 As Double, ByVal h1 As Double, ByVal i1
                        As Double, ByVal k1 As Double) As Double
        Dim i, min, min_i, j, t As Double
        Dim s1( ) As Double = {f1，g1，h1，i1，k1}
        For i = 0 To 2
            min = s1(i) : min_i = i
            For j = i + 1 To 4
                If (min > s1(j)) Then
                    min = s1(j) : min_i = j
                End If
            Next j
            If (min_i <> i) Then
                t = s1(min_i) : s1(min_i) = s1(i) : s1(i) = t
            End If
        Next
        Return ((s1(1) + s1(2) + s1(3)) / 3)
    End Function
    Private Sub Button1_Click(ByVal sender As System.Object, ByVal e As System.EventArgs)
                        Handles Button1.Click
        Label6.Text = "笔试面试成绩统计为" + Convert.ToString(Convert.ToSingle(sum(TextBox1.Text,
                        TextBox2.Text, TextBox3.Text, TextBox4.Text, TextBox5.Text) * 0.6) +
                        Convert.ToSingle(TextBox7.Text * 0.4)) + "分"
    End Sub
End Class
```

4.3.5 【任务5】客户通讯录

1. 实验目的

制作一个客户信息记录应用程序，实现通过文本框记录客户名以及电话号码，对文本框内容进行添加、删除和清除操作时，文本框中显示列表框中的客户数都会更新。程序设计界面以及程序运行界面如图4-10所示。

知识点：Form、Label、Button、ListBox、TextBox控件的属性、方法与事件。

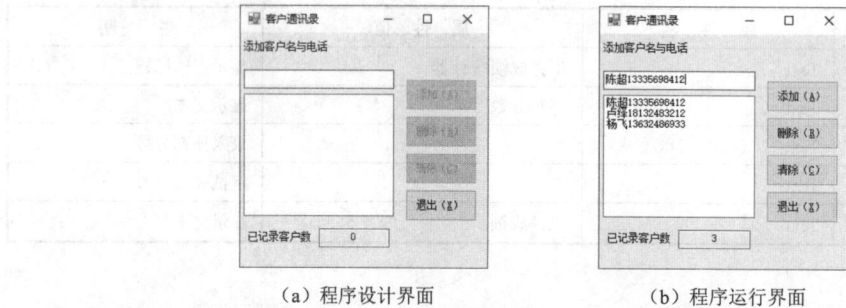

（a）程序设计界面　　　　　　　　　（b）程序运行界面

图4-10　客户通讯录

2. 实验内容

用户可把客户名输入文本框中，然后单击"添加"按钮将输入项添加到列表框中。要删除当前列表项目，可选定项目并单击"删除"按钮；要清除列表框中所有的项目，可单击"清除"按钮。在下面的只读文本框中显示列表框中的客户数。每次添加一个客户或删除一个客户后，在只读文本框中显示的客户数都会更新。列表框的Sorted属性设置为True，会自动按字母顺序添加项目。

3. 界面设计

启动VS 2015，创建工程，按照图4-10，在窗体上添加Label、TextBox、ListBox和Button控件。窗体和控件对象属性设置及其作用见表4-11。

表4-11　窗体和控件对象属性设置

对 象 名	属 性 名	属 性 值
Label1	Text	添加客户名与电话
Label2	Text	已记录客户数
TextBox1	MaxLength	20
TextBox2	Text	0
ListBox1	Sorted	True
Button1	Text	添加(&A)
	Name	Add
Button2	Text	删除(&R)
	Name	Remove
Button3	Text	清除(&C)
	Name	Clear

对 象 名	属 性 名	属 性 值
Button4	Text	退出(&X)
	Name	btnExit

4. 程序代码

```vb
Public Class Form1
    Private Sub TextBox1_TextChanged(ByVal sender As System.Object, ByVal e As
                System.EventArgs) Handles TextBox1.TextChanged
        Add.Enabled = (Len(TextBox1.Text) > 0)
    End Sub
    Private Sub Add_Click(ByVal sender As System.Object, ByVal e As System.EventArgs)
                Handles Add.Click
        Dim name As Object
        name = TextBox1.Text
        ListBox1.Items.Add(name)
        TextBox2.Text = ListBox1.Items.Count.ToString
        Remove.Enabled = True
        Clear.Enabled = True
    End Sub
    Private Sub Remove_Click(ByVal sender As System.Object, ByVal e As System.EventArgs)
                Handles Remove.Click
        Dim Ind As Integer
        Ind = ListBox1.SelectedIndex
        If Ind >= 0 Then
            ListBox1.Items.RemoveAt(Ind)
            TextBox2.Text = ListBox1.Items.Count.ToString
        Else
            Beep( )
        End If
        If (ListBox1.Items.Count <= 0) Then
            Remove.Enabled = False
            Clear.Enabled = False
        End If
    End Sub
    Private Sub Clear_Click(ByVal sender As System.Object, ByVal e As System.EventArgs)
                Handles Clear.Click
        ListBox1.Items.Clear( )
        TextBox2.Text = ListBox1.Items.Count.ToString
        Remove.Enabled = False
        Clear.Enabled = False
    End Sub
    Private Sub Exit_Click(ByVal sender As System.Object, ByVal e As System.EventArgs)
                Handles btnExit.Click
        Me.Close( )
    End Sub
    Private Sub ListBox1_SelectedIndexChanged(ByVal sender As System.Object,
                ByVal e As System.EventArgs) Handles ListBox1.SelectedIndexChanged
        Remove.Enabled = (ListBox1.SelectedIndex <> -1)
    End Sub
```

Private Sub Form1_Load(ByVal sender As System.Object, ByVal e As System.EventArgs)
Handles MyBase.Load

```
        Add.Enabled = False
        Remove.Enabled = False
        Clear.Enabled = False
    End Sub
End Class
```

4.3.6 【任务 6】抽奖箱的实现

1. 实验目的

制作一个 Window 窗体，单击"开始抽奖"按钮，实现抽奖箱抽出抽奖球。程序设计界面以及程序运行界面如图 4-11 所示。

知识点：PictureBox 控件属性的应用，Label、Button、TextBox 控件的属性、方法与事件。

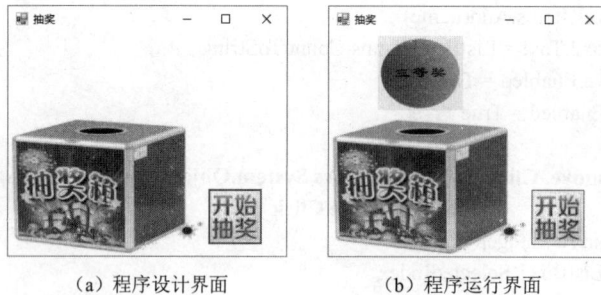

（a）程序设计界面　　　　　　（b）程序运行界面

图 4-11　抽奖箱的实现

2. 实验内容

一共需要添加 6 个 PictureBox 控件，其中包含 1 个 PictureBox 控件，用于添加抽奖箱图像；5 个 PictureBox 控件用于图像切换，并把 PictureBox2~6 的 Name 属性设置为 P0~P4，与之相对应的图像分别为：特等奖、一等奖、二等奖、三等奖、谢谢惠顾。单击"开始抽奖"按钮实现抽奖。

3. 界面设计

启动 VS 2015，创建工程，按照图 4-11，在窗体上添加 PictureBox、Button 控件。窗体和控件对象属性设置及其作用见表 4-12。

表 4-12　窗体和控件对象属性设置及其作用

对 象 名	属 性 名	属 性 值	说 明
PictureBox1	SizeMode	StretchImage	根据相框整体调整大小
	Image	选择图像	抽奖箱图像
P0	SizeMode	StretchImage	根据相框整体调整大小
	Image	选择图像	特等奖图像
P1	SizeMode	StretchImage	根据相框整体调整大小
	Image	选择图像	一等奖图像
P2	SizeMode	StretchImage	根据相框整体调整大小

对 象 名	属 性 名	属 性 值	说 明
P2	Image	选择图像	二等奖图像
P3	SizeMode	StretchImage	根据相框整体调整大小
	Image	选择图像	三等奖图像
P4	SizeMode	StretchImage	根据相框整体调整大小
	Image	选择图像	谢谢惠顾图像
Button1	Image	选择图像	开始抽奖图像

4．程序代码

```
Public Class Form1
    Private Sub hj( )
        Dim I As Integer
        Randomize( )
        I = Int(Rnd( )* 100)
        Select Case I
            Case 1
                P0.Show( )
                P1.Hide( )
                P2.Hide( )
                P3.Hide( )
                P4.Hide( )
            Case 2 To 5
                P1.Show( )
                P0.Hide( )
                P2.Hide( )
                P3.Hide( )
                P4.Hide( )
            Case 6 To 15
                P2.Show( )
                P1.Hide( )
                P0.Hide( )
                P3.Hide( )
                P4.Hide( )
            Case 16 To 35
                P3.Show( )
                P1.Hide( )
                P0.Hide( )
                P2.Hide( )
                P4.Hide( )
            Case Else
                P4.Show( )
                P1.Hide( )
                P0.Hide( )
                P3.Hide( )
                P2.Hide( )
        End Select
    End Sub
    Private Sub Button1_Click(ByVal sender As System.Object, ByVal e As System.EventArgs)
```

Handles Button1.Click

```
        hj( )
End Sub
Private Sub Form1_Load(ByVal sender As System.Object, ByVal e As System.EventArgs)
                          Handles MyBase.Load
        P0.Hide( )
        P1.Hide( )
        P2.Hide( )
        P3.Hide( )
        P4.Hide( )
End Sub
End Class
```

第 5 章　结构化程序设计语句

本章要点

- 顺序结构。
- 选择控制结构。
- 循环控制语句。
- 其他辅助控制语句。

5.1　理论知识

本章主要介绍结构化程序设计语句，其中包括选择控制语句、循环控制语句、其他辅助控制语句，并通过实例探析阐述结构化程序设计的应用。

结构化程序由顺序结构、选择结构和循环结构 3 种基本结构组成。顺序结构程序设计是最简单的，根据需要解决问题的顺序编写相应的语句，程序执行过程自上而下，依次执行。例如，计算圆的周长，其程序的语句顺序就是输入圆的半径 r，计算 $c = 2*3.14*r$，输出圆的周长 c。选择结构程序根据条件表达式的判定，执行相应的程序流程。这里的条件表达式主要指关系表达式和逻辑表达式。条件表达式的取值为逻辑值（也称布尔值）：真（True）和假（False）。循环结构用来解决重复执行某段算法的问题，提高代码的重用性。循环结构包含三要素：循变量、循环体和循环终止条件。例如，求 5! 或者 1~100 之间所有整数之和，都可以用循环结构来编写相应的语句，提高程序的执行效率以及减少源程序重复书写的工作量。

顺序结构、选择结构和循环结构并不彼此孤立，在实际编程过程中，常将这 3 种结构相互结合以实现各种算法，设计出相应的程序。

5.1.1　顺序结构

顺序结构程序设计语句较为简单，根据需要解决问题的顺序编写相应的语句，程序执行过程自上而下，依次执行。

1．赋值语句

赋值语句常用于为变量提供数据，或者将问题中的已知数据和数据的中间运算结果保存起来，以备处理调用。

（1）赋值语句语法格式。

格式一：变量=表达式

格式二：对象名.属性=表达式

（2）赋值语句的功能。将赋值号（"="）右边表达式的值赋给左边的变量或者对象的属性。一般来说，赋值语句可以兼具计算和赋值的双重功能，通过计算赋值号右边的值，然后把结果赋给左边的变量或者对象的属性。

例如，描述下列语句的作用。

```
M=100                    '把 100 赋给 M
M=100+M                  '计算 100+M 的值，得 200，把 200 再次赋给 M
M$="VB2015"             '把字符串赋给字符串变量 M
Label1.Text="欢迎大家"  '把字符串"欢迎大家"赋给 Label1 的 Text 属性
```

如果 M=10，N=20，则执行 X=M:M=N:N=X 后，M=20，N=10。

注意：赋值符号"="与数学中的等号"=="意义不同。例如：

```
M=M+1                    '这是一个赋值语句
```

2．程序结束语句

当在程序中执行结束语句时，程序将终止运行，所有的变量将重置，并关闭所有的数据文件。程序结束语句用来结束程序的运行。

格式一：Application.Exit   '停止所有线程，并关闭应用程序的所有窗口

格式二：End

5.1.2 选择控制结构

选择结构也称条件语句，主要由单分支的 If 语句、双分支的 If 语句、多分支的 If 语句与 Select Case 等语句组成。

1．单分支选择语句

在 VB.NET 2015 语言中，用 If…Then…End IF 语句实现单分支选择结构，其特点是根据所给定条件的真假，来决定不同操作。其格式如下。

（1）形式 1：条件与执行语句写在不同行。

其格式如下：

If   <条件>   Then
　　　<语句组>
End   If

（2）形式 2：条件与执行语句写在同一行。

其格式如下：

If   <条件>   Then   <语句>

说明：

If Then 语句中的"条件"一般是逻辑表达式或关系表达式，如果是数值表达式，当表达式值非零时为 True。

例如，用 If Then 语句判断 m 和 n 变量值的大小，若 m 的值大于 n，则输出 m。下面用 If Then 语句的"形式 1"和"形式 2"分别编制判断和输出的程序语句。

形式 1：   形式 2：

```
If  m>n  then                         If  m>n  then MsgBox("m")
    MsgBox("m")
End If
```

2．双分支选择语句

用 If…Then…Else…End IF 语句实现双分支选择结构，其格式如下。

（1）形式 1：条件与执行语句写在不同行。

其格式如下：

    If   **<条件>**   **Then**

        <语句组 1>

    Else

        <语句组 2>

    End   **If**

（2）形式 2：条件与执行语句写在同一行。

其格式如下：

    If   **<条件>**   **Then**   **<语句 1>**   **Else**   **<语句 2>**

【例 5-1】创建应用程序，在 Form_Load 事件过程中通过输入框输入验证密码，如果密码输入正确，则输出"通过密码验证"，否则，输出"密码错误，请重新输入"。

```
Private Sub Form_Load()
    Dim pw As String
    pw= InputBox("请输入验证密码")
      If pw = "85369" Then
          MsgBox "通过密码验证"
      Else
          MsgBox "密码错误，请重新输入"
      End If
End Sub
```

3．多分支选择语句

用 If…Then…ElseIf…Else…End IF 语句实现多分支选择结构，其格式如下：

    If   **<条件 1>**   **Then**

        <语句组 1>

    ElseIf   **<条件 2>**   **Then**

        <语句组 2>

    ElseIf   **<条件 3>**   **Then**

        <语句组 3>

    …

    [Else

        语句组 n+1]

    End if

【例 5-2】创建应用程序，在 Form_Load 事件过程中通过输入框输入数字 1~7，如果数字为 1，则输出"今天是星期一"，以此类推，可判断出一周的星期。

```
Private Sub Form_Load()
    Dim w As Integer
    w =Val( InputBox("请输入 1~7 的数字"))
    If w = 1 Then
        MsgBox "今天是星期一"
    ElseIf w= 2 Then
        MsgBox "今天是星期二"
    ElseIf w = 3 Then
        MsgBox "今天是星期三"
    ElseIf w = 4 Then
        MsgBox "今天是星期四"
    ElseIf w = 5 Then
        MsgBox "今天是星期五"
    ElseIf w = 6 Then
```

```
        MsgBox "今天是星期六"
    ElseIf w = 7 Then
        MsgBox "今天是星期日"
    Else
        MsgBox "请重新输入 1 到 7 之间的数字"
    End If
End Sub
```

4．Select Case 语句

在 VB.NET 2015 中，实现多分支还可以用 Select Case 语句结构，其格式如下：

```
Select Case  <测试表达式>
    Case  表达式列表 1
        <语句组 1>
    Case  表达式列表 2
        <语句组 2>
    ……
    Case  表达式列表 n
        <语句组 n>
    [Case  Else
        语句组 n+1]
End Select
```

说明：

（1）测试表达式：可以是数值表达式或字符串表达式，通常为变量。

语句块 1、语句块 2、…：每个语句块由一行或多行合法的 VB.NET 语句组成。

表达式表列 1、表达式表列 2、…：称为域值，可以是下列形式之一：

① 表达式[, 表达式]…，例如：

    Case 2, 4, 6, 8

② 表达式 To 表达式，例如：

    Case 1 To 5

③ Is 关系运算表达式，使用的运算符包括：<、<=、>、>=、<>、=。

例如：

    Case Is = 10
    Case Is < k

"表达式表列"中的表达式必须与测试表达式的数据类型相同。

（2）执行过程：先对"测试表达式"求值，然后测试该值与哪一个 Case 子句中的"表达式表列"相匹配；如果找到了，则执行与该 Case 子句有关的语句块，然后把控制转移到 End Select 后面的语句；如果没有找到，则执行与 Case Else 子句有关的语句块，然后把控制转移到 End Select 后面的语句。

【例 5-3】创建应用程序，在 Form_Load 事件过程中用 Select Case…End Select 语句实现，根据输入框输入的数字 1~7，判断如果数字为 1，则输出"今天是星期一"，以此类推，可判断输出一周的星期。

```
Private Sub Form_Load()
    Dim w As Integer
    w= Val(InputBox("请输入 1~7 之间的数字"))
    Select Case w                    '测试表达式
        Case 1                       '表达式列表 1
            MsgBox "今天是星期一"
```

```
        Case 2
           MsgBox "今天是星期二"
        Case 3
           MsgBox "今天是星期三"
        Case 4
           MsgBox "今天是星期四"
        Case 5
           MsgBox "今天是星期五"
        Case 6
           MsgBox "今天是星期六"
        Case 7
           MsgBox "今天是星期日"
        Case Else
           MsgBox "请重新输入 1~7 之间的数字"
        End Select
     End Sub
```

5.1.3 循环控制语句

VB.NET 提供了 3 种不同风格的循环结构，包括：当循环（While…End While 循环）、计数循环（For…Next 循环）和 Do 循环（Do…Loop 循环）。其中 For…Next 循环按规定的次数执行循环体，而 While 循环和 Do 循环则是在给定的条件满足时执行循环体。

1．While 语句

While 语句实现的循环是当型循环，先测试循环条件，然后根据循环条件是否满足来判断是否执行循环体。While 语句的格式如下：

While <表达式>
　<循环体>
[Exit　While]

【例 5-4】创建应用程序，在 Form_Load 事件过程中用 While 循环语句实现求 1！+2！+3！+…+ n!，（其中 n 为小于 13 的整数，如果 n 取值为 13 则会导致算术运算溢出）。

```
     Private Sub Form_Load()
        Dim j As Long = 1              'j 变量用于累乘用
        Dim n, i, s As Integer     's 变量用于累加阶乘和，n 变量用于接收输入的变量值
        i = 1 : s = 0    'i 为循变量
        n = Val(InputBox("请输入小于 13 的整数"))
        While i <= n     '循环条件
           j = j * i
           i += 1'控制循环的变量
           s += j
        End While
        MsgBox(n & "的阶乘和为：" & s)
     End Sub
```

2．For…Next 语句

当已知循环次数时，使用计数循环语句（For…Next 语句）来实现循环将更为简便，格式如下：

For <循环变量>=<初值> **To** <终值> **[Step 步长]**
　<语句组 1>
[Exit　For]

<语句组 **2**>

      Next   [循环变量]

注意：若省略"Step 步长"选项，系统默认步长为 1。

【例 5-5】创建应用程序，在 Form_Load 事件过程中用 For…Next 语句实现例 5-4。

```
Private Sub Form_Load()
    Dim j As Long = 1              'j 变量用于累乘用
    Dim n, i, s As Integer    's 变量用于累加阶乘和，n 变量用于接收输入的变量值
    i = 1 : s = 0   'i 为循变量
    n = Val(InputBox("请输入小于 13 的整数"))
    For i = 1 To n   '循环条件
        j = j * i
        s += j
    Next i                  '控制循环的变量
    MsgBox(n & "的阶乘和为：" & s)
End Sub
```

3. Do…Loop 语句

Do…Loop 循环语句在执行时先判断循环条件，若循环条件为真，则执行循环体内的语句，否则终止循环，格式如下。

（1）结构 1：先执行后判断。

其格式如下：

```
Do
    [语句组 1]
    [Exit Do]
    [语句组 2]
Loop <While | Until   循环条件>
```

（2）结构 2：先判断后执行。

其格式如下：

```
Do <While | Until   循环条件>
    [语句组 1]
    [Exit Do]
    [语句组 2]
Loop
```

【例 5-6】创建应用程序，在 Form_Load 事件过程中用 Do…Loop 循环语句实现例 5-4。

```
Private Sub Form_Load()
    Dim j As Long = 1   'j 变量用于累乘用
    Dim n, i, s As Integer    's 变量用于累加阶乘和，n 变量用于接收输入的变量值
    i = 1 : s = 0   'i 为循变量
    n = Val(InputBox("请输入小于 13 的整数"))
    Do
        j = j * i
        i += 1 '控制循环的变量
        s += j
    Loop Until   i > n        '循环条件
    MsgBox(n & "的阶乘和为：" & s)
End Sub
```

5.1.4 其他辅助控制语句

GoTo 是早期 BASIC 语言中的语句，VB.NET 保留了 GoTo 语句，但取消了 On…GoTo 语句。尽管 GoTo 语句会影响程序质量，但在某些情况下还是有用的。

GoTo 语句可以改变程序执行的顺序，跳过程序的某一部分去执行另一部分，或者返回已经执行过的某语句使之重复执行。因此，用 GoTo 语句可以构成循环。

1. GoTo 语句

GoTo 语句的作用是无条件地转移到行号或标号指定的语句行，语句格式：

    GoTo <行号|标号>

注意：在 VB 程序设计中要尽量少用或不用 GoTo 语句，以保证所编程序的结构化。

2. With…End With 语句

With…End With 语句用于在不重复指出对象名称的情况下，对某对象执行一系列的语句。语句格式：

    With <对象>
      <语句组>
    End With

5.2 实例探析

以下通过实例探析结构化程序设计的综合应用。

5.2.1 【实例1】计算三角形面积

1. 实验目的

从键盘上输入三角形三边的值，判断是否是三角形。如果是，再通过三边长判断是什么三角形，然后计算三角形的面积；如果不是，显示错误信息。程序设计界面与程序运行结果如图 5-1 所示。

知识点：If 语句、MsgBox、If…End If 语句。

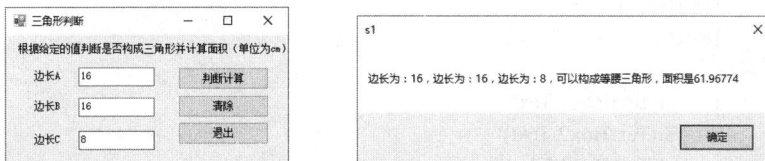

（a）程序设计界面   （b）程序运行结果

图 5-1   计算三角形面积

2. 实验内容

在文本框 TextBox1、TextBox2 和 TextBox3 中，分别输入三角形的三边边长，单击"计算"按钮，先判断输入的是否为数字，然后判断这三边是否可以组成三角形，如果是，则继续判断是什么类型的三角形，最后计算出此三边形成的三角形的面积；如果不是，则弹出错误提示窗体。

3．界面设计

启动 VS 2015，创建工程，为窗体添加 3 个 Label、3 个 TextBox 和 3 个 Button 控件。

表 5-1　窗体和控件对象属性设置及其作用

对　象　名	属　性　名	属　性　值	说　　明
Label1~3	Caption	根据给定的值判断是否构成三角形并计算面积（单位为 cm），边长 A，边长 B，边长 C	输入
TextBox1~3	Text		显示
Button1	Caption	判断计算	开始判断计算
Button2	Caption	清除	清除三边边长
Button3	Caption	退出	退出程序

4．程序代码

1）操作步骤

实现计算三角形面积的前提条件：需要判定三边是否构成三角形。操作步骤如下。

（1）根据题意，可以应用选择结构程序求解问题。首先需要定义一个 3 个整型变量，分别为 a，b，c 代表三角形的 3 条边长。根据三角形判定原理：三角形任意两边的和都大于或等于第三边。

（2）为"判断计算"按钮添加事件代码，通过 3 个文本框获取三角形的三边长，根据判定原理判定能否构成三角形；如能构成三角形，根据已知三边长，调用数学函数 Sqrt 的求面积公式 Math.Sqrt(p * (p - a) * (p - b) * (p - c))，用于求三角形的面积。

（3）为"清除"按钮添加事件代码，三边长都置为空。

2）编写代码

```
Public Class Form1
    Private Sub Button1_Click(sender As Object, e As EventArgs) Handles Button1.Click
        '定义变量
        Dim a, b, c, s, p As Single
        If Not IsNumeric(TextBox1.Text) Or Not IsNumeric(TextBox2.Text) Or Not
                IsNumeric(TextBox3.Text) Then
            MsgBox("请输入整数")
            TextBox1.Text = ""
            TextBox2.Text = ""
            TextBox3.Text = ""
        Else
            a = Val(TextBox1.Text)
            b = Val(TextBox2.Text)
            c = Val(TextBox3.Text)
            If a + b <= c Or b + c <= a Or c + a <= b Then
                MsgBox("不能构成三角形，重新输入")
                TextBox1.Text = ""
                TextBox2.Text = ""
                TextBox3.Text = ""
            Else
                p = (a + b + c) / 2
                s = Math.Sqrt(p * (p - a) * (p - b) * (p - c))
                If a = b Or b = c Or c = a Then
```

```
        MsgBox("边长为：" & a & "，边长为：" & b & "，边长为：" & c & "，
                可以构成等腰三角形，" & "面积是" & s)
        End If
        If a = b = c Then
          MsgBox("边长为：" & a & "，边长为：" & b & "，边长为：" & c & "，可以构成
                等边三角形，" & "面积是" & s)
        End If
        If a ^ 2 + b ^ 2 = c ^ 2 Or b ^ 2 + c ^ 2 = a ^ 2 Or c ^ 2 + a ^ 2 = b ^ 2 Then
          MsgBox("边长为：" & a & "，边长为：" & b & "，边长为：" & c & "，可以构成
                直角三角形，" & "面积是" & s)
          End If
        End If
      End If
    End Sub
'为"清除"按钮添加事件代码，三边长都置为空
Private Sub Button2_Click(sender As Object, e As EventArgs) Handles Button2.Click
    TextBox1.Text = ""
    TextBox2.Text = ""
    TextBox3.Text = ""
    End Sub
Private Sub Button3_Click(sender As Object, e As EventArgs) Handles Button3.Click
    End
  End Sub
End Class
```

5.2.2 【实例2】双11优惠方案

1. 实验目的

网上某商城进行购物打折双 11 优惠促销活动，根据每位顾客一次性购物的消费额给予不同的折扣，具体方法如下。

购物 500 元（含）以下的无优惠；

购物 500 元以上至 1000 元（含）之间的九五折优惠；

购物 1000 元以上至 1500 元（含）之间的九折优惠；

购物 1500 元以上至 2000 元（含）之间的八五折优惠；

购物 2000 元以上至 3000 元（含）之间的八折优惠。

请用 Select Case 语句编写程序，输入购物消费额，计算出优惠后应收款。程序设计界面与程序运行结果如图 5-2 所示。

知识点：Select Case 语句。

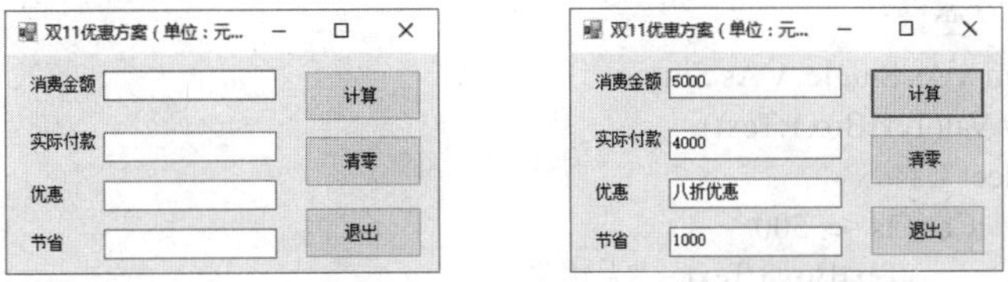

（a）程序设计界面　　　　　（b）程序运行结果

图 5-2　双 11 优惠方案

2. 实验内容

窗体需要添加 4 个 Label 控件、4 个 TextBox 控件和 3 个 Button 控件。

3. 界面设计

启动 VS 2015，创建工程，并为窗体添加相应控件。窗体和 PictureBox 对象属性设置及其作用见表 5-2。

表 5-2　窗体和 PictureBox 对象属性设置及其作用

对 象 名	属 性 名	属 性 值	说　明
Label1	Caption	消费金额	
Label2	Caption	实际付款	
Label3	Caption	优惠	
Label4	Caption	节省	
TextBox1	Text	""	输入消费额
TextBox2	Text	""	输出实际付款金额
TextBox3	Text	""	输出折扣优惠
TextBox4	Text	""	输出共节省金额
Button1	Text	计算	开始计算
Button2	Text	清零	数据清零
Button3	Text	退出	退出程序

4. 程序代码

1）操作步骤

实现双 11 优惠方案的前提条件：需要引入条件选择语句 Select Case…End Select 语句进行折扣选择。操作步骤如下。

（1）根据题意，可以应用选择结构来求解问题。首先需要定义 2 个单精度型变量 x、y，x 用于获取 TextBox1 中用户输入消费金额的值，y 用于计算实际付款的值，并把 y 赋予 TextBox2 的文本属性显示出来。

（2）为"计算"按钮添加事件代码，根据优惠方案以及用户输入的消费金额，选择折扣，通过公式：实际付款=消费金额*优惠折扣可以计算出实际付款，并用 TextBox2.Text 显示实际付款的值；通过公式：优惠折扣=消费金额-实际付款可以计算出折扣，并用 TextBox3.Text 显示折扣。

（3）为"清零"按钮添加事件代码，4 个文本框的文本值都置为 0.0。

2）编写代码

```
Public Class Form1
    Private Sub Button1_Click(sender As Object, e As EventArgs) Handles Button1.Click
        '定义变量
        Dim x As Single, y As Single
        x = Val(TextBox1.Text)
        Select Case x
            Case Is <= 500
                TextBox3.Text = "无优惠"
                y = x
            Case Is <= 1000
                TextBox3.Text = "九五折优惠"
```

```
                y = x * 0.95
            Case Is <= 1500
                TextBox3.Text = "九折优惠"
                y = x * 0.9
            Case Is <= 2000
                TextBox3.Text = "八五折优惠"
                y = x * 0.85
            Case Is >= 3000
                TextBox3.Text = "八折优惠"
                y = x * 0.8
        End Select
        TextBox2.Text = y
        TextBox4.Text = x - y
    End Sub
    '为"清零"按钮添加事件代码，4 个文本框的文本值都置为 0.0
    Private Sub Button2_Click(sender As Object, e As EventArgs) Handles Button2.Click
        TextBox1.Text = "0.0"
        TextBox2.Text = "0.0"
        TextBox3.Text = "0.0"
        TextBox4.Text = "0.0"
    End Sub
    Private Sub Button3_Click(sender As Object, e As EventArgs) Handles Button3.Click
        End
    End Sub
End Class
```

5.2.3　【实例 3】球类用品采购方案

1．实验目的

某单位需要采购一批球类用品，网球 4 元/个，羽毛球 2 元/个，乒乓球 1 元/3 个。用 100 元买 100 只球，编程计算可以采购的方案，每种方案的网球、羽毛球、乒乓球各多少只？程序设计界面与程序运行结果如图 5-3 所示。

知识点：For…Next 语句的应用。

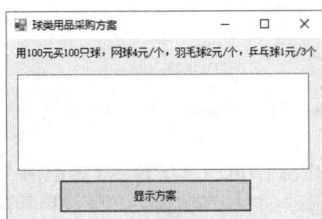

（a）程序设计界面　　　　　（b）程序运行结果

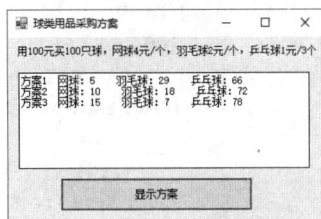

图 5-3　球类用品采购方案

2．实验内容

窗体需要添加 1 个 TextBox 控件和 1 个 Button 控件。

3．界面设计

启动 VS 2015，创建工程，为窗体添加 1 个 TextBox 控件、1 个 Button 控件。窗体控件属性设置及其作用见表 5-3。

表 5-3　窗体控件属性设置及其作用

对　象　名	属　性　名	属　性　值	说　　明
Label	Text	用 100 元买 100 只球，网球 4 元/个，羽毛球 2 元/个，乒乓球 1 元/ 3 个	内容说明
TextBox1	Text	""	用来显示各种方案
	Multiline	True	
Button1	Text	显示方案	单击它将求出所有方案并显示出来

4．程序代码

1）操作步骤

实现球类用品采购方案的前提条件：需要了解采购球的种类以及价格。操作步骤如下。

（1）首先需要定义 3 个整型变量 w1、y1、p1，w1 代表网球可购买的数量（如果 100 元全部买网球，可买的个数为 100 /4=25 个），y1 代表羽毛球可购买的数量（如果 100 元全部买羽毛球，可买的个数为 100/2=50 个），那么用于可购买的乒乓球的数量 p1=100-w1-y1。

（2）根据题意，用 100 元购买 3 类球，需要求出采购方案。这时需要定义整型变量 i 用于存放方案次数。由于 3 类球都需要采购，所以要引入 For…Next 循环的嵌套语句来控制采购的量。

（3）为"显示方案"按钮添加事件代码，通过 If 条件语句判定所有成立的方案，如 If (w1 * 4 + y1 * 2 + p1 / 3 = 100)，然后累加到变量 i，并把所有方案显示在 TextBox1 文本框中。

2）编写代码

```
Public Class Form1
    Private Sub Button1_Click(sender As Object, e As EventArgs) Handles Button1.Click
        Dim w1, y1, p1 As Integer
        Dim i As Integer = 0
        For w1 = 1 To 24
            For y1 = 1 To 49
                p1 = 100 - w1 - y1
                If (p1 Mod 3 = 0) Then
                    If (w1 * 4 + y1 * 2 + p1 / 3 = 100) Then
                        i = i + 1
                        TextBox1.Text = TextBox1.Text + "方案" + CStr(i) + "  网球："+
                        CStr(w1) + "  羽毛球："+ CStr(y1) + "  乒乓球："+ CStr(p1) +
                        Chr(13) + Chr(10)
                    End If
                End If
            Next y1
        Next w1
    End Sub
End Class
```

5.2.4　【实例 4】体积计算器

1．实验目的

编程实现求出球体、圆柱体、正方体的体积。程序设计界面与程序运行结果如图 5-4 所示。

知识点：Form、Label、Button、TextBox 控件的属性、方法与事件。

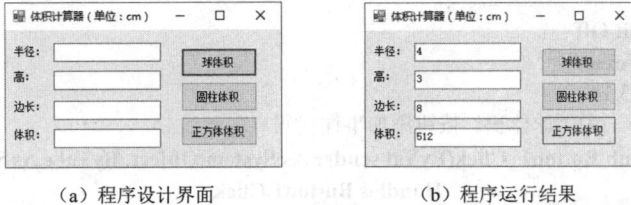

（a）程序设计界面　　　　（b）程序运行结果

图 5-4　体积计算器

2．实验内容

体积计算器需要添加 4 个 Label、4 个 TextBox、3 个 Button 控件，并通过按钮单击事件控制体积的计算。

3．界面设计

启动 VS 2015，创建工程，为窗体添加 4 个 Label、4 个 TextBox、3 个 Button 控件。窗体和控件对象属性设置及其作用见表 5-4。

表 5-4　窗体和控件对象属性设置及其作用

对 象 名	属 性 名	属 性 值	说　　明
Form1	Form1	求体积	显示窗体标题
Label1	半径：		
Label2	高：		
Label3	边长：		
Label4	体积：		
TextBox1	Text	""	
TextBox2	Text	""	
TextBox3	Text	""	
TextBox4	Text	""	
Button1	球	计算球的体积	显示文本
Button2	圆柱	计算圆柱的体积	显示文本
Button3	正方体	计算正方体的体积	显示文本

4．程序代码

1）操作步骤

实现求体积的前提条件：需要了解球体积、圆柱体积、正方体体积公式。操作步骤如下。

（1）根据题意，本题可以应用顺序结构程序来解决求面积问题。首先加入 Option Explicit Off 语句，开启显示声明变量，后面程序中用到的变量可不用声明。半径 r 变量用于获取 TextBox1.Text 的值，通过 Val()函数实现由数值字符串转化为数值参与运算。

（2）为"球体积"按钮添加事件代码，根据球体积公式：v = (4 / 3 * Pi * r ^ 3)，求出体积并通过 TextBox4.Text 显示结果。

（3）为"圆柱体积"按钮添加事件代码，根据圆柱体积公式：v = 2 * Pi * r * h，求出体积并通过 TextBox4.Text 显示结果。

（4）为"正方体体积"按钮添加事件代码，根据正方体体积公式：v = n * n * n，求出体积并通过 TextBox4.Text 显示结果。

2）编写代码

```
Option Explicit Off
Public Class Form1
    Dim Pi = 3.14
    '定义变量，为"球体积"按钮添加事件代码
    Private Sub Button1_Click(ByVal sender As System.Object, ByVal e As System.EventArgs)
                    Handles Button1.Click
        r = Val(TextBox1.Text)
        v = (4 / 3 * Pi * r ^ 3)
        TextBox4.Text = v
    End Sub
    '为"圆柱体积"按钮添加事件代码
    Private Sub Button2_Click(ByVal sender As System.Object, ByVal e As System.EventArgs)
                    Handles Button2.Click
        r = Val(TextBox1.Text)
        h = Val(TextBox2.Text)
        v = 2 * Pi * r * h
        TextBox4.Text = v
    End Sub
    '为"正方体体积"按钮添加事件代码
    Private Sub Button3_Click(ByVal sender As System.Object, ByVal e As System.EventArgs)
                    Handles Button3.Click
        n = Val(TextBox3.Text)
        v = n * n * n
        TextBox4.Text = v
    End Sub
End Class
```

5.2.5 【实例 5】从 1~n 任意整数中找出与 15 的倍数关系

1. 实验目的

编程实现能求出 1~n 任意整数中找出 15 的倍数个数和这些数之和与之积。程序设计界面与程序运行结果如图 5-5 所示。

知识点：If 条件语句。

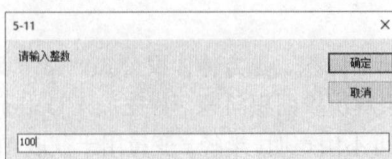

（a）调用 InputBox 函数产生的界面　　　　（b）程序运行界面

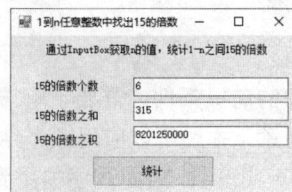

图 5-5　从 1~n 任意整数中找出与 15 的倍数关系

2．实验内容

选择"统计"按钮，在文本框 TextBox1~3 中，分别显示出 15 的倍数个数、15 的倍数之和、15 的倍数之积。

3．界面设计

启动 VS 2015，创建工程，为窗体添加 TextBox 和 Button 控件。窗体和控件对象属性设置及其作用见表 5-5。

表 5-5　窗体和控件对象属性设置及其作用

对 象 名	属 性 名	属 性 值	说 明
Form1	Text	1 到 n 任意整数中找出 15 的倍数	显示窗体标题
Label1	Text	通过 InputBox 获取 n 的值,统计 1-n 之间 15 的倍数	
Label2	Text	15 的倍数个数	
Label3	Text	15 的倍数之和	
Label4	Text	15 的倍数之积	
TextBox1	Text	""	
TextBox2	Text	""	
TextBox3	Text	""	
Button1	Text	统计	显示文本

4．程序代码

1）操作步骤

实现求 15 的倍数前提条件：需要用户输入一个整数，用于判断能否整除 15。操作步骤如下。

（1）定义 5 个整型变量 i、n、num、s1、s2：i 用于判断能否与 15 整除，n 用于接收用户输入的整数，num 用于累计 15 倍数的个数，s1 用于累计 15 倍数的数字之和，s2 用于累计 15 倍数的数字之积。

（2）接着用 TextBox1.Text 显示 num 结果，TextBox2.Text 显示 s1 结果，TextBox3.Text 显示 s2 结果。

2）编写代码

```
Public Class Form1
    Private Sub Button1_Click(sender As Object, e As EventArgs) Handles Button1.Click
        Dim s1, s2 As Long
        Dim n, num As Integer
        Dim i As Integer
        Me.Show()
        s1 = 0
        num = 0
        s2 = 1
        n = Val(InputBox("请输入整数"))
        For i = 1 To n
            If i Mod 15 = 0 Then
                num = num + 1
                s1 = s1 + i
                s2 = s2 * i
```

```
                End If
            Next i
            TextBox1.Text = num
            TextBox2.Text = s1
            TextBox3.Text = s2
        End Sub
    End Class
```

5.3 拓展训练

以下通过拓展训练，提升并加强对结构化程序设计的综合应用。

5.3.1 【任务1】华氏/摄氏温度转换器

1. 实验目的

编程实现华氏温度与摄氏温度之间转换的转换器。程序设计界面与程序运行结果如图 5-6 所示。

知识点：Form、Label、Button、TextBox 控件的属性、方法与事件。

（a）程序设计界面   （b）程序运行结果

图 5-6 华氏/摄氏温度转换器

2. 实验内容

温度切换需要添加 2 个 Label、2 个 TextBox、2 个 Button 控件，并通过按钮单击事件控制温度的转换。

3. 界面设计

启动 VS 2015，创建工程，为窗体添加 2 个 Label、2 个 TextBox、2 个 Button 控件。窗体和控件对象属性设置及其作用见表 5-6。

表 5-6 窗体和控件对象属性设置及其作用

对 象 名	属 性 名	属 性 值	说 明
Form1	Form1	温度转换器	显示窗体标题
Label1	华氏温度为：		
Label2	摄氏温度为：		
TextBox1	Text	""	
TextBox2	Text	""	
Button1	转换成摄氏	温度的转换	显示文本
Button2	转换成华氏	温度的转换	显示文本

4．程序代码

```
Public Class Form1
    Private Sub Button1_Click(ByVal sender As System.Object, ByVal e As System.EventArgs)
                        Handles Button1.Click
        Dim f1 As Single, f2 As Single
        f1 = TextBox1.Text
        f2 = 5 / 9 * (f1 - 32)
        TextBox2.Text = f2
    End Sub
    Private Sub Button2_Click(ByVal sender As System.Object, ByVal e As System.EventArgs)
                        Handles Button2.Click
        TextBox1.Text = 9 / 5 * Val(TextBox2.Text) + 32
    End Sub
End Class
```

5.3.2　【任务 2】身体质量指数测试

1．实验目的

由用户输入身高、体重，通过 BMI 值计算公式：BMI = 体重（kg）/（身高^2）（m^2），单击按钮计算并得出结果，程序设计界面与程序运行结果如图 5-7 所示。身体质量指数 BMI 中国标准见表 5-7。

知识点：If…Then…ElseIf…Else…End If 语句实现多分支选择结构。

表 5-7　身体质量指数 BMI 中国标准

分　　类	BMI 范围
偏瘦	BMI≤18.4
正常	18.5≤BMI≤23.9
过重	24.0≤BMI≤27.9
肥胖	BMI≥28.0

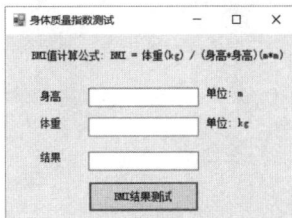

（a）程序设计界面　　　　　　（b）程序运行结果

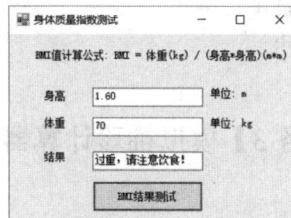

图 5-7　身体质量指数测试

2．实验内容

在文本框 TextBox1 和 TextBox2 中，分别输入用户的身高和体重，并单击"BMI 结果测试"按钮，测试结果显示在 TextBox3 中。

3．界面设计

启动 VS 2015，创建工程，为窗体添加 6 个 Label、3 个 TextBox 和 1 个 Button 控件。控件对象及其属性见表 5-8。

表 5-8   控件对象及其属性

对 象 名	属 性 名	属 性 值	说 明
Form1	Text	""	显示窗体标题
Label1~6	Text	BMI = 体重(kg) / (身高*身高)(m*m)，身高，体重，结果，（单位: m），（单位: kg）	显示文本
TextBox1	Text	""	用来输入身高
TextBox2	Text	""	用来输入体重
TextBox3	Text	""	用来显示 BMI 测试结果
Button1	Text	BMI 结果测试	单击它计算并显示结果

4．程序代码

```
Public Class Form1
    Private Sub Button1_Click(ByVal sender As System.Object, ByVal e As System.EventArgs)
            Handles Button1.Click
        Dim cm As Single
        Dim kg As Single
        cm = Val(TextBox1.Text)
        kg = Val(TextBox2.Text)
        If kg / (cm * cm) <= 18.4 Then
            TextBox3.Text = "偏瘦，请多吃点！"
        ElseIf kg / (cm * cm) <= 23.9 Then
            TextBox3.Text = "BMI 正常！"
        ElseIf kg / (cm * cm) <= 27.9 Then
            TextBox3.Text = "过重，请注意饮食！"
        Else
            TextBox3.Text = "肥胖，请控制饮食！"
        End If
    End Sub
End Class
```

5.3.3   【任务 3】模拟袖珍计算器

1．实验目的

编程模拟袖珍计算器，实现加法、减法、乘法、除法、取整、取余运算。程序设计界面与程序运行结果如图 5-8 所示。

知识点：分支结构的 Select 语句。

2．实验内容

创建一个项目，将其命名为 S1，默认窗体为 Form1，将其标题属性修改为"模拟袖珍计算器"。

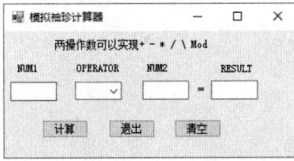

（a）程序设计界面　　　　　　　（b）程序运行结果

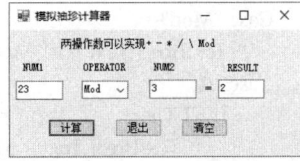

图 5-8　模拟袖珍计算器

3．界面设计

从工具箱中向 Form1，窗体中添加 TextBox 和 Label 控件，添加 Button 按钮并修改其标题属性。控件对象及其属性见表 5-9。

表 5-9　控件对象及其属性

对 象 名	属 性 名	属 性 值	说 明
Label1~5	Text	两操作数可以实现+－* / \ Mod，NUM1，OPERATOR，NUM2，RESULT	显示文本
TextBox1	Text	""	输入一个自然数
TextBox2	Text	""	输入一个自然数
TextBox3	Text	""	显示最后的运算结果
ComboBox1	Text	""	选择运算符进行运算
Button1~3	Text	计算、退出、清空	单击它显示运算结果

4．程序代码

```
Option Explicit Off
Public Class Form1
    Private Sub Form1_Load(ByVal sender As System.Object, ByVal e As System.EventArgs)
                    Handles MyBase.Load
        ComboBox1.Items.Add("+")
        ComboBox1.Items.Add("-")
        ComboBox1.Items.Add("*")
        ComboBox1.Items.Add("/")
        ComboBox1.Items.Add("\")
        ComboBox1.Items.Add("Mod")
    End Sub
    Private Sub Button1_Click(ByVal sender As System.Object, ByVal e As System.EventArgs)
                    Handles Button1.Click
        Dim n1 As Single, n2 As Single
        n1 = Val(TextBox1.Text)
        n2 = Val(TextBox2.Text)
        Select Case ComboBox1.Text
            Case "+"
                TextBox3.Text = n1 + n2
            Case "-"
                TextBox3.Text = n1 - n2
            Case "*"
                TextBox3.Text = n1 * n2
            Case "\"
                TextBox3.Text = n1 \ n2
```

```
            Case "Mod"
                TextBox3.Text = n1 Mod n2
            Case "/"
                If n2 Then
                    TextBox3.Text = n1 / n2
                Else
                    i = MsgBox("分母不能为零", vbRetryCancel)
                    If i = vbRetry Then
                        TextBox2.Text = ""
                        TextBox2.Focus()
                    Else
                        End
                    End If
                End If
        End Select
    End Sub
    Private Sub Button2_Click(ByVal sender As System.Object, ByVal e As System.EventArgs)
            Handles Button2.Click
        End
    End Sub
    Private Sub Button3_Click(sender As Object, e As EventArgs) Handles Button3.Click
        TextBox1.Text = ""
        TextBox2.Text = ""
        TextBox3.Text = ""
    End Sub
End Class
```

5.3.4 【任务 4】话费计算程序

1. 实验目的

制作一个话费计算程序，单击"通话"按钮，把开始时间显示在第一个文本框中，单击"挂机"按钮表示通话结束，将显示出通话结束时的时间、通话时间和通话费用，程序设计界面与程序运行结果如图 5-9 所示。

知识点：If 条件语句、Select Case 语句。

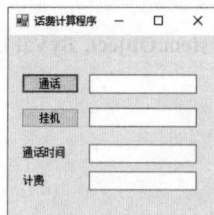

（a）程序设计界面　　　　　（b）程序运行结果

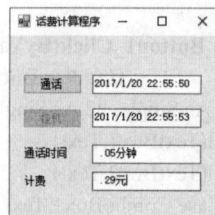

图 5-9　话费计算程序

2. 实验内容

通话时间在 3 分钟以下的，收费 0.29 元/分钟；3 分钟以上的，每超过 1 分钟加收 0.2 元；在 11:00~24:00（不包括 24:00）之间的通话者，按上述标准全价计费；在其他时间通话者，一律按收费标准半价计费。

3．界面设计

启动 VS 2015，创建工程，为窗体添加 2 个 Label、4 个 TextBox 和 2 个 Button 控件。窗体和控件对象属性设置及其作用见表 5-10。

表 5-10　窗体和控件对象属性设置及其作用

对　象　名	属　性　名	属　性　值	说　明
Form1	Text	话费收费程序	显示窗体标题
Label1~2	Text	通话时间	显示文本
	Text	计费	
TextBox1~4	Text	""	
	Text	""	
	Text	""	
	Text	""	
Button1~2	Text	通话	显示文本
	Text	挂机	

4．程序代码

```
Public Class Form1
    Dim t1, t2 As Date
    Private Sub Button1_Click(sender As Object, e As EventArgs) Handles Button1.Click
        TextBox1.Text = Now()
        t1 = Now()
        TextBox2.Text = ""
        Button1.Enabled = False
        Button2.Enabled = True
    End Sub
    Private Sub Button2_Click(sender As Object, e As EventArgs) Handles Button2.Click
        Dim h1，h2 As Integer
        Dim m1，m2 As Integer
        Dim s1，s2 As Integer
        Dim th1，th2 As Integer
        Dim th As Integer
        Dim price1，price2 As String
        Dim price As String = 0
        TextBox2.Text = Now()
        t2 = Now()
        h1 = Hour(t1) : h2 = Hour(t2)
        m1 = Minute(t1) : m2 = Minute(t2)
        s1 = Second(t1) : s2 = Second(t2)
        Select Case h1
          Case Is < 11
            Select Case h2
              Case Is < 11
                th2 = (h2 - h1) * 3600 + (m2 - m1) * 60 + s2 - s1
                If th2 < 180 Then
                    price2 = 0.29
```

```
              Else : price2 = 0.29 + ((th2 - 180) \ 60) * 0.2
                  If th2 Mod 60 <> 0 Then
                       price2 = price2 + 0.2
                  End If
              End If
              th = th2
              price = price2 * 0.5
          Case Else
              th2 = (11 - h1) * 3600 + (0 - m1) * 60 + (0 - s1)
              th2 = (h2 - 11) * 3600 + m2 * 60 + s2
              If th2 < 180 Then
                  price2 = 0.29
              Else
                  price2 = 0.29 + ((th2 - 180) \ 60) * 0.2
                  If th2 Mod 60 <> 0 Then
                       price2 = price2 + 0.2
                  End If
              End If
              price2 = price2 * 0.5
              If th2 < 180 Then
                  th1 = th1 - (180 - th2)
              End If
              price1 = (th1 \ 60) * 0.2
              If th1 Mod 60 <> 0 Then
                  price1 = price1 + 0.2
              End If
              price = price1 + price2
              th = th1 + th2
      End Select
  Case 11 To 24
      Select Case h2
          Case Is <= 23
              th1 = (h2 - h1) * 3600 + (m2 - m1) * 60 + s2 - s1
              If th1 < 180 Then
                  price1 = 0.29
              Else
                  price1 = 0.29 + ((th1 - 180) \ 60) * 0.2
                  If th1 Mod 60 <> 0 Then
                       price1 = price1 + 0.2
                  End If
              End If
              price = price1
              th = th1
          Case Else
              th1 = (24 - h1) * 3600 + (0 - m1) * 60 + (0 - s1)
              If th1 < 180 Then
                  price1 = 0.29
              Else
                  price1 = 0.29 + ((th1 - 180) \ 60) * 0.2
                  If th1 Mod 60 <> 0 Then
                       price1 = price1 + 0.2
```

```
                    End If
                End If
                th2 = (h2 - 24) * 3600 + m2 * 60 + s2
                If th1 < 180 Then
                    th2 = th2 - (180 - th1)
                End If
                price2 = (th2 \ 60) * 0.2
                If th2 Mod 60 <> 0 Then
                    price2 = price2 * 0.5
                    price = price1 + price2
                    th = th1 + th2
                End If
            End Select
        Case Else
            th2 = (h2 - h1) * 3600 + (m2 - m1) * 60 + s2 - s1
            If th2 < 180 Then
                price2 = 0.29
            Else
                price2 = 0.29 + ((th2 - 180) \ 60) * 0.2
                If th2 Mod 60 <> 0 Then
                    price2 = price2 + 0.2
                End If
            End If
            price = price2 * 0.5
            th = th2
    End Select
    TextBox3.Text = Str(Int(th / 60 * 100 + 0.5) / 100) + "分钟"
    TextBox4.Text = Str(Int(price * 100 + 0.5) / 100) + "元"
    Button1.Enabled = True
    Button2.Enabled = False
    End Sub
End Class
```

第6章 程序调试和异常处理

本章要点
● VB.NET 程序中错误的类型。
● 应用程序的 3 种工作模式。
● VB.NET 中常用的调试窗口。

6.1 理论知识

本章主要介绍 VB.NET 程序调试方法和异常处理。

6.1.1 VB.NET 程序中错误的类型

程序中的错误可分为语法错误、运行错误或逻辑错误 3 种类型，系统会在语法错误的下面加上波浪线，比较容易查找和排除，而逻辑错误或运行错误排除则比较困难。当程序中出现了逻辑错误或运行错误而又难以解决时，就应该借助于程序调试工具对程序进行调试。

所谓程序调试就是在应用程序中查找并修改错误的过程。通过程序的调试，可以纠正程序中的错误。为了更正程序中发生的不同错误，VB.NET 提供了多种调试工具，如设置断点、插入观察变量、逐行执行和过程跟踪、各种调试窗口等。

1. 语法错误

程序中语句不符合 VB.NET 语法而产生的错误，如拼错单词、标点符号遗漏、变量未声明、过程或函数未定义、函数缺少必要参数等。当用户在窗口内编写代码时，VB.NET 会对程序进行语法检查，发现有错误时会弹出一个对话框，提示出错信息，同时系统会将出错的语句行标识为红色，提示用户进行修改，如图 6-1 所示。

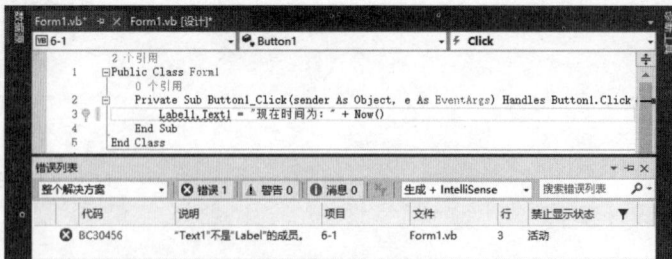

图 6-1 语法错误提示

2. 运行出错

运行错误是指 VB 在编译通过后，程序运行时发生的错误，运行时错误也称异常。例如，执行除数为零的除法运算、打开已损坏的文件、数据类型不匹配或数组的索引超出了数组界限等。此时系统会弹出一个对话框，用户可单击"调试"按钮，进入中断模式来修改错误的代码，如

图 6-2 所示。

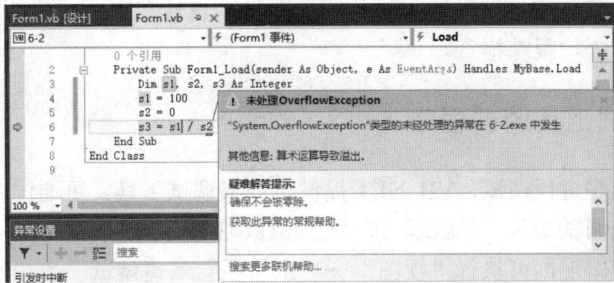

图 6-2　运行时错误提示

3．逻辑错误

程序运行后，得不到预期的结果，说明程序存在逻辑错误。通常这类错误不产生错误提示信息，错误较难排除，较为隐蔽，只能由人工发现错误。有逻辑错误的程序虽然有时能正常运行，但无法得到预期的结果。常见的逻辑错误有：运算符使用不当、循环语句的初值或终值取值错误等。

6.1.2　应用程序的 3 种工作模式

VB.NET 的 3 种模式：设计模式、运行模式、中断模式。为了测试和调试应用程序，程序员在任何时候都应知道应用程序正处在何种模式之下。在这 3 种模式中，中断模式是程序员调试程序、检查数据与修改代码的常用模式。

1．设计模式

在设计模式下，用户可以设计项目。使用 VB.NET 新建一个项后，系统将自动进入设计模式，此时，IDE 的标题栏将显示"[设计]"字样。处于设计模式时，可进行应用程序的窗体设计、为窗体添加控件、设置对象属性、编写程序代码等操作。在设计模式下可以为程序设置断点。

2．运行模式

项目设计完成后，运行项目，系统就进入了运行模式。此时，在 IDE 的标题栏上将显示"[运行]"字样。处于运行模式时，程序设计人员可以与程序交互、可以查阅程序代码，但不能修改程序代码。执行"调试"→"停止调试"命令，或者单击工具栏上的"停止调试"按钮图标"▐▐"就可以中止程序运行。

3．中断模式

当系统处于运行模式时，单击工具栏中的"全部中断"按钮"■"，或者执行"调试"→"全部中断"命令，都将暂停程序的运行，进入中断模式。此时，在 IDE 的标题栏中将显示"[中断]"字样。中断模式主要用于程序调试和排除错误，可以查看代码，也可编辑代码。同时，可以检查或修改数据。当想结束中断重新从中断处继续执行程序时，只需单击"继续"按钮"▶"即可。如果程序中设有断点或代码中含有 Stop 语句，则程序运行到断点或 Stop 语句处也将进入中断模式。

VB 程序调试的方法主要是运用插入断点和逐行语句跟踪的方法进行。设置或删除断点可在中断模式或设计模式下进行，通常在代码窗口中选择可能存在问题处设置断点。设置断点可中断程序的运行进入中断模式，程序员此时可进行相关变量、属性和表达式值的检查，还可以按 F8 键单步运行程序以便逐语句跟踪检查。

6.1.3 使用调试工具调试程序

为了方便用户对程序进行调试，VB .NET 提供了一组调试工具。可通过"调试"菜单和"调试"工具栏来调用这些调试工具，"调试"工具栏如图 6-3 所示，"调试"菜单如图 6-4 所示。如果"调试"工具栏没有出现，可执行"视图"→"工具栏"→"调试"命令使之出现。

图 6-3   "调试"工具栏

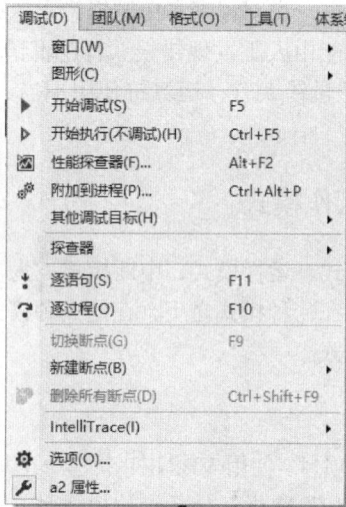

图 6-4   "调试"菜单

1．设置和删除断点

断点是应用程序暂时停止执行的位置，也是让应用程序进入中断模式的地方。在程序设计中，可以在中断模式和设计模式下设置和删除断点。在调试程序时，按照程序的功能，可在怀疑有错误的语句处设置断点，这样，有利于测试程序的功能和发现程序的逻辑错误。

设置断点的方法主要有以下几种。

（1）在代码窗口中，单击要设置断点的那一行代码，然后按 F9 键。

（2）在代码窗口中，在要设置断点的那一行代码上，右击并选择"插入断点"命令。

（3）在代码窗口中，在要设置断点的那一行代码的左边界上的竖条上单击。

被设置成断点的代码行显示为红色，并在其左边显示一个红点，如图 6-5 所示。若要删除一个断点，只需重复上面步骤即可。

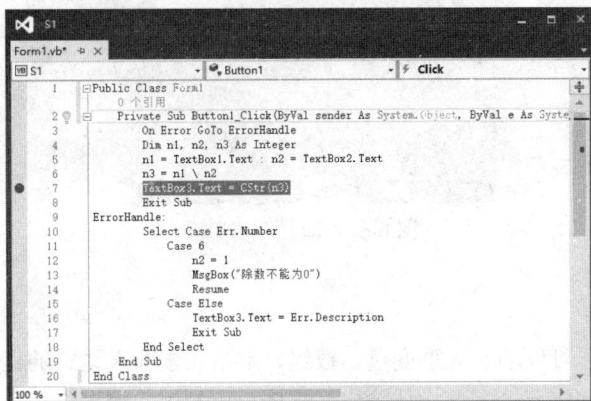

图 6-5　设置断点

2．跟踪程序的执行

在 VB.NET 中，提供了"逐语句"、"逐过程"、"跳出"等几种跟踪程序执行的方式。

（1）逐语句执行："逐语句"执行方式是一次执行一条语句，这种方式又称为单步执行。每执行一条语句之后，程序设计人员可以使用"即时"窗口、"局部变量"窗口或"巡视"窗口，来查看语句的执行结果，借此分析程序中存在的问题。

（2）逐过程执行："逐过程"执行与逐语句执行类似，差别在于当前语句如果包含过程调用，"逐语句"将进入被调用过程，而"逐过程"则把整个被调用过程当作一条语句来执行。

（3）跳出："跳出"命令是连续执行当前过程的剩余语句部分，并在调用该过程的下一个语句行处中断执行。

以上 3 种命令均可以通过执行"调试"菜单中的相应菜单命令或单击"调试"工具栏上的相应按钮来实现。

6.1.4　VB.NET 中常用的调试窗口

在调试应用程序时，经常要分析应用程序的程序段或语句的运行结果，并希望能够看到变量、属性、表达式等值的变化，以便找出错误所在处。为便于观察程序块或语句的运行结果，在 VB.NET 提供了很多调试窗口，充分利用这些窗口，可以提高程序调试的效率。下面将一一介绍主要调用窗口的功能。

在中断模式下，程序员可利用"命令"窗口、"监视"窗口和"局部变量"窗口观察相关变量的值。这 3 个窗口可通过单击"视图"菜单的对应命令打开。

1．"命令"窗口

在 VB.NET 中，有一个"命令"窗口，在该窗口中可以直接使用 VB.NET 的各种命令与系统交互。"命令"窗口有两种不同的模式：命令模式和即时模式。命令模式主要用来执行命令，即时模式主要用于调试程序。在调试应用程序执行函数或语句等操作时，可使用即时模式查看，并更改变量的值。通过执行"调试"→"窗口"→"即时"命令，可以以立即模式打开"命令"窗口。当命令窗口处于即时模式时，标题栏显示"即时窗口"，如图 6-6 所示。

图 6-6 "即时"窗口

2. "监视"窗口

利用"监视"窗口，可以动态观察变量、数组、数组元素和表达式的值，从而可以观察程序的运行情况，找到错误的所在处。在设计阶段，程序员可利用"调试"菜单的"添加监视命令"或"快速监视"命令，添加监视表达式及设置监视类型，以便在程序运行时将表达式的值显示在"监视"窗口中。

在"监视"窗口观察的变量或表达式称为监视表达式。"监视"窗口只能在运行模式或中断模式下打开，打开方法是执行"调试"→"窗口"→"监视"命令，打开的"监视"窗口如图 6-7 所示。

图 6-7 "监视"窗口

若要在"监视"窗口中添加监视表达式，只需在"监视"窗口"名称"列最下面单元格上单击，在其中输入监视表达式即可。"监视"窗口是最重要的调试用窗口之一，在逐语句运行的情况下，通过该窗口可以看到每执行一条语句后，监视表达式值的变化情况，从而可以找到错误的所在处。

3. "局部变量"窗口

在"局部变量"窗口可以显示当前过程中所有局部变量的值。当程序从一个过程执行到另一个过程时，"局部变量"中显示的变量及其值也会随之改变，因为该窗口只显示当前正在执行的过程中所有局部变量的值。打开"局部变量"窗口的方法是执行"调试"→"窗口"→"局部变量"命令，打开的"局部变量"窗口如图 6-8 所示。

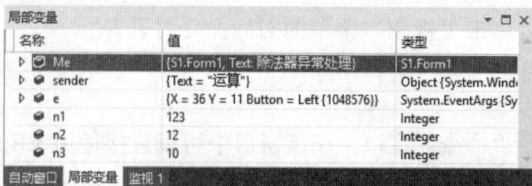

图 6-8 "局部变量"窗口

"局部变量"窗口只显示当前过程的"局部变量"的值，模块级变量和全局变量的值不会显示在该窗口中。

除了上述窗口外，还有"任务列表"窗口、"输出"窗口、"Me"窗口等调试窗口。

6.1.5　异常处理

VB.NET 沿用.NET 框架结构的错误处理机制，也就是所谓的结构化异常处理，它根据异常来报告程序中出现的错误。异常也就是一些能够捕捉到错误信息的类。为了恰当地使用.NET 的异常处理机制，程序设计人员需要编写执行代码来处理这些异常。

与 VB 语言相比，VB.NET 有许多特色。其中最值得注意的变化就是引入了 VB.NET 结构化异常处理。虽然 VB.NET 仍然支持 On Error Goto 类型的异常处理，但在程序错误处理当中仍有不足之处，应当充分运用 VB.NET 提供的结构化异常处理。

6.1.6　结构化异常处理

结构化异常处理也被称为错误处理，在 VB 6.0 中，常用 On Error Goto 和 On Error Resume Next 语句处理错误，这种类型的错误处理被称为非结构化异常处理（Unstructured Exception Handling）。而在 VB.NET 中，Microsoft 推出了结构化异常处理机制。

在 VB.NET 中，支持类似 C++的 Try…Catch…Finally…End Try 控制语句，专门用于处理结构化异常。从而使 VB.NET 与 C++、C#等语言并列起来。在 VB.NET 结构中的异常处理分为 3 个语句块。

（1）Try 块负责错误代码的捕获。

（2）Catch 进行错误的处理。

（3）Finally 负责错误处理后的后续工作，如释放对象、清理资源等的工作。

使用这些语句块的目的是允许执行 Try 模块中被保护的代码，对 Catch 语句块中可能的任何错误做出反应，并且在随后的 Finally 块中还有清理代码。无论 Try 代码块是否有错误发生，Finally 块的代码都会被执行到，这样可以很方便地保证分配的资源会被释放，并可以方便地提供那些不论错误控制细节如何，都需要被执行的各种功能的函数。但是，Catch 语句块不一定运行，如果 Try 块内的代码没有错误，没有抛出异常的话，Catch 语句块中的代码是不运行的，而是跳过 Catch 块直接运行 Finally 块中的清理工作。反之，如果遇到了异常，Catch 语句块中的处理工作就要进行。

1. Try…Catch…Finally…End Try 结构

Try…Catch…Finally…End Try 结构的语法格式如下：

```
Try
    '可能导致异常的代码，并且总是能够被执行到的代码段
Catch
    '试图对一个异常做出处理，当异常发生时就会被执行的代码段
Finally
    '清理现场，并且总能被执行到的代码段
End Try
```

2. 异常类

在上述语句中通过 Catch 块捕获异常，需要用到各异常类。.NET 中的每一个异常类都是由 System.Exception 类派生的。Catch 语句中的 System.OverflowException、System.ArgumentException、System.FormatException 和 System.Exception 均是 VB.NET 提供的异常类名。在 VB.NET 中，所有的异常都派生于 System.Exception 类，该类包含在公共语言运行库中。该类有如下两个重要的属性。

Message 属性：该属性是只读属性，包含对异常原因的描述信息。

InnerException 属性：该属性也是一个只读属性，包含这个异常的"内部异常"。

如果它不是 Null，就指出当前的异常是作为对另外一个异常的回答而被抛出。产生当前异常的异常可以在 InnerException 属性中得到。上述两个属性可以在 System.Exception 构造函数中赋值。为了对异常进行更细致的划分，VB.NET 还提供了一些通用异常类，使用这些异常类时，均需在类前加上"System."。

各种异常类代表的含义如下。

Exception 类：应用程序执行期间发生任何错误时，均会产生该类异常。

SystemException 类：该类是为 System 命名空间中的预定义异常定义的基类。

ArithmeticException 类：该类代表因算术运算、类型转换或转换操作中的错误而引发的异常。

ArrayTypeMismatchException 类：该类代表当试图在数组中存储类型不正确的元素时引发的异常。

ArgumentException 类：该类代表当向过程提供参数时，其中一个或多个无效时引发的异常。

ArgumentNullException 类：该类代表当将空引用（在 Visual Basic 中为 Nothing）传递给不接受它作为有效参数的方法时引发的异常。

ArgumentOutOfRangeException 类：该类代表当参数值超出调用的过程所定义的允许取值范围时引发的异常。

DivideByZeroException 类：该类代表试图用零除整数值或 Decimal 数值时引发的异常。

OverflowException 类：该类代表进行算术运算、类型转换或转换操作导致溢出时引发的异常。

NotFiniteNumberException 类：该类代表当浮点值为正无穷大、负无穷大或非数字（NaN）时引发的异常。

NullReferenceException 类：该类代表尝试取消引用空对象的引用时引发的异常。

OutOfMemoryException 类：该类代表没有足够的内存继续执行程序时引发的异常。

StackOverflowException 类：该类代表挂起的过程调用过多而导致执行堆栈溢出时引发的异常。

FormatException 类：该类代表当参数格式不符合调用过程的参数规范时引发的异常。

IndexOutOfRangeException 类：该类表示试图访问下标超出数组界限的数组元素时引发的异常。

NotSupportedException 类：该类表示当调用的过程不受支持，或者试图读取、查找或写入不支持调用功能的流时引发的异常。

注意，一般在处理异常时，使用若干个 Catch 块把感兴趣的异常处理完，再用一个 Catch 块处理剩余的其他异常，此时 Catch 块中的变量应是"System.Exception"类的变量，因为所有的异常由该类派生。

也可以通过不带参数的 Catch 来捕获 Try 块中的所有异常。程序中的语句"Catch Exam As System.Exception"，也可以直接写成"Catch"，其效果是一样的。

6.1.7　非结构化异常处理

除了结构化异常处理外，VB.NET 还支持非结构化异常处理。常用于处理非结构化异常的对象有 Err 对象、On Error 语句、Resume 语句。

1．Err 对象的属性与方法

在"ErrorPro"行号指定的错误处理程序块中，通过 Select Case…End Select 语句测试错误号，然后决定相应的操作。错误号通过 Err 对象的 Number 属性值取得。Err 对象包含与运行时错误相关的信息，在错误处理代码中通用对 Err 对象属性值的检测可以知道发生的错误。

（1）Err 对象的属性值由刚发生的错误决定，Err 对象的主要属性如下。

Number 属性：该属性包含了错误代码，即导致错误的原因。

Description 属性：该属性包含了发生的错误的描述信息，是一个字符串属性。

（2）Err 对象的常用方法有 Raise 和 Clear。

① Raise 方法的格式与功能如下。

Public Sub Raise(ByVal Number As Integer, Optional ByVal Source As Object = Nothing,
Optional ByVal Description As Object = Nothing,
Optional ByVal HelpFile As Object = Nothing,
Optional ByVal HelpContext As Object = Nothing)

功能：产生一个错误。

说明：参数 Number 为必选参数，是用于标识错误特性的 Long 型数据。Visual Basic 错误范围在 0~65535 内：范围 0~512 保留用于系统错误，范围 513~65535 则用于用户定义的错误。当在类模块中将 Number 属性设置为自己的错误代码时，向 vbObjectError 常数添加错误代码号。例如，若要生成错误号 513，应分配 vbObjectError + 513 给 Number 属性。参数 Source 是一个可选参数，用来命名生成错误的对象或应用程序的 String 表达式。参数 Description 也是一个可选参数，是用来设定描述错误的信息，是一个字符串型表达式。例如，下列的程序代码是生成一个代号为 513 的用户定义的错误。

Err.Raise(vbObjectError + 513, "SimpleCalCulator", "本运算器现在不能用！")

② Clear 方法：该方法用来清除 Err 对象的所有属性值。

任何错误处理程序都应该在其他错误发生之前，测试或保存 Err 对象的相关属性值。在错误处理例程中的 Exit Sub、Exit Function、Exit Property 或 Resume Next 语句执行之后，Err 对象的属性重置为零或零长度字符串（""）。在错误处理例程以外，使用任何形式的 Resume 语句都不会重置 Err 对象的属性。但可使用 Clear 方法显式地重置 Err。

2．On Error 语句

On Error 语句有以下 4 种形式：On Error GoTo Line、On Error Resume Next、On Error GoTo 0、On Error GoTo -1。

1）On Error GoTo Line

该语句假定错误处理代码在 Line 参数指定的行处开始。该语句的作用是：如果发生运行时错误，则将流程跳转到该 Line 参数中指定的行号和行标签，并激活错误处理程序。指定行必须与 On Error GoTo Line 语句位于同一过程中，否则 Visual Basic 将生成编译器错误。请看下面的示例。

```
Sub ErrTest
    On Error GoTo ErrorHandler
        '可能包含错误的代码
    Exit Sub
    ErrorHandler:
        '用于处理错误的代码
    Resume
End Sub
```

本例包含一个名为 ErrorHandler 的错误处理程序。如果 ErrTest 过程中的任何代码生成错误，VB.NET 将立即执行 ErrorHandler 标签后面的代码。在错误处理程序块的结尾处，Resume 语句将把程序流程转移到最先发生错误的代码行，重新执行发生错误的代码行及以后的代码。

需要注意的是，必须将 Exit Sub 语句放在错误处理块的前面，否则，VB.NET 在到达子例程的结尾时将运行错误处理代码，从而导致不可意料的结果。

2）On Error Resume Next

该语句的作用是：如果在过程中出现运行错误，将把流程跳到发生错误的语句的下一条语句，再继续进行。使用该语句可以将错误处理过程放置错误可能发生的地方，从而不需要在发生错误时将程序流程跳转到其他位置。

如果在过程中调用了其他过程，则 On Error Resume Next 语句将在执行被调用的过程时被禁止。因此，应该将 On Error Resume Next 语句放置每个被调用的过程中。

3）On Error GoTo 0

该语句用于禁止当前过程中任何可用的错误处理代码块。如果不包含 On Error Go To 0 语句，则当退出过程时，其中的所有异常处理代码块都将被自动禁止。

On Error GoTo 0 语句并不表示第 0 行是错误处理代码的起始，即使过程中包含第 0 行。

4）On Error GoTo -1

该语句用来禁止当前过程中任何可用的异常。如果不包含 On Error GoTo -1 语句，则当退出它的过程时，异常将被自动禁止。与 On Error GoTo 0 语句类似，该语句也并不表示第-1 行是错误处理代码的起始，即使过程中包含第-1 行。

下面通过一个实际的例子来说明 On Error 语句的使用。例子的作用是把异常处理程序命名为 DivideByZero 并处理除数为 0 的错误。如果发生不同的错误，VB.NET 引发运行时错误并停止应用程序。

示例代码如下。

```
Sub ErrorTestExam ()
    Dim m As Integer, m As Integer, k As Integer
    On Error GoTo DivideByZero        '捕获错误，异常处理程序被命名为 DivideByZero
    '下面是代码的主体部分，可能产生错误
    m = 8  ：  n = 0
    k = m \ n
    On Error GoTo 0                    '禁止异常处理
        Console.WriteLine(m & "/" & n & " = " & k)
    '在执行错误代码之前应退出过程，如果该操作失败将产生意想不到的结果
    Exit Sub
    '异常处理程序
    DivideByZero:
    Console.WriteLine("You have attempted to divide by zero!")        '输出错误提示信息
        n = 1                                '处理错误的代码
    Resume        '该语句将返回到首次发生错误的语句重新执行，应用程序可以继续执行下去
End Sub
```

注意：使用 On Error 的非结构化错误处理会降低应用程序性能，并导致代码难以调试和维护。建议使用结构化错误处理方法。

3．Resume 语句

错误处理程序块完成之后想要使程序继续执行，可使用 Resume 语句，该语句的形式主要有3 种，下面分别讲述。

1）Resume [0]

如果错误发生在错误处理程序所在的同一过程中，在错误处理程序中执行到该语句时，程序将由产生错误的语句处继续执行。如果错误发生在被调用的过程中，在错误处理程序中执行到

该语句时，程序将从最近过程（该过程含有错误处理例程）调用的语句处继续执行。参数 0 可以缺省。

2）Resume Next

如果错误发生在错误处理程序所在的同一过程中，在错误处理程序中执行到该语句时，程序将从引发错误的语句的下一条语句处继续执行。如果错误发生在被调用的过程中，在错误处理程序中执行到该语句时，程序将从过程（该过程含有错误处理例程）调用的语句的下一条语句继续执行。

3）Resume line

在错误处理程序中执行到该语句时，程序将从必选参数 line 指定的代码行处继续执行。line 参数是一个行标签或行号，必须位于错误处理程序所在的同一过程中。

4．使用该语句有以下两点需注意

（1）在错误处理程序中，还可以通过 Exit Sub、Exit Function、Exit Property 等语句退出发生错误的过程。

（2）如果在错误处理例程以外的任何位置使用 Resume 语句，将会引发错误。Resume 语句不能用在含有 Try-Catch-Finally 语句的过程中。

下面看一个 Resume 语句的使用示例，该示例的作用是使用 Resume 语句来结束过程中的错误处理，然后继续执行导致错误的语句。

示例代码如下。

```
Sub ResumeStatementDemo()
    On Error GoTo ErrorHandler  '激活错误处理程序
        Dim m As Integer = 68
        Dim n As Integer = 0
        Dim k As Integer
        k = m \ n                '产生被 0 除的异常
    Exit Sub                     '退出过程
ErrorHandler:                    '程序处理程序
    Select Case Err.Number       '测试错误号
        Case 6                   '处理被 0 除的错误
            n = 1                '设置 n 的值为 1，以便重新除
        Case Else
            '此处放置处理其他错误的代码
    End Select
    Resume                       '返回发生错误的语句执行
End Sub
```

6.2 实例探析

以下通过实例探析 Windows 应用程序程序调试和异常处理的应用。

6.2.1 【实例 1】除法器异常处理

1．实验目的

制作一个除法器，出现除数为零的异常。

知识点：Resume 语句的应用。

2．实验内容

用非结构化异常处理方法处理中的除数为零的异常和所有其他异常。当除数为零时，自动把除数设置为 1，再重新执行除法运算，并给出不可靠的信息。如果发生了异常则给出异常的提示信息，并退出过程。程序设计界面与程序运行界面如图 6-9 所示。

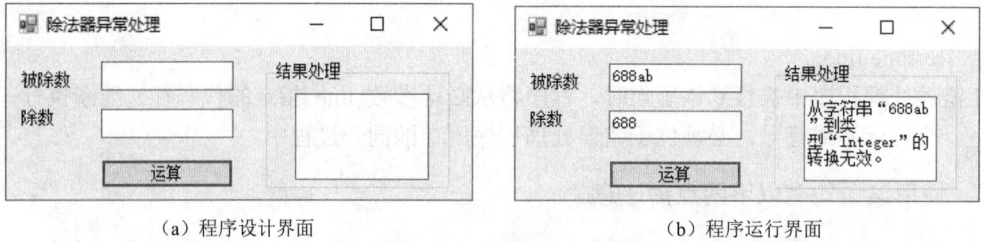

<table>
<tr><td>（a）程序设计界面</td><td>（b）程序运行界面</td></tr>
</table>

图 6-9　除法器异常处理

3．界面设计

启动 VS 2015，创建工程，为窗体添加 2 个 Label、3 个 TextBox 和 1 个 Button 控件。窗体和控件对象属性设置及其作用见表 6-1。

表 6-1　窗体和控件对象属性设置及其作用

对　象　名	属　性　名	属　性　值	说　　明
Form1	Text	除法器异常处理	显示窗体标题
Label1~2	Text	被除数，除数	显示文本
TextBox1	Text	""	被除数
TextBox2	Text	""	除数
TextBox3	Text	""	
	Multiline	True	
GroupBox1	Text	结果处理	
Button1	Text	运算	运算

4．程序代码

1）操作步骤

除法器异常处理的前提条件：可采用非结构化异常处理的 On Error GoTo ErrorHandler 语句进行处理。操作步骤如下。

（1）分别定义 3 个整型变量为 n1、n2、n3。n1 存放被除数，n2 存放除数，n3 用于接收前两者相除的结果。

（2）接着引用 On Error GoTo ErrorHandler 语句激活错误处理程序，运用 Select Case Err.Number 语句测试错误号，处理被 0 除的错误并输出错误的描述信息。

2）编写代码

```
Public Class Form1
    Private Sub Button1_Click(ByVal sender As System.Object, ByVal e As System.EventArgs)
        Handles Button1.Click
        On Error GoTo ErrorHandler              '激活错误处理程序
```

```
            Dim n1, n2, n3 As Integer
            n1 = TextBox1.Text : n2 = TextBox2.Text
            n3 = n1 \ n2
            TextBox3.Text = CStr(n3)
        Exit Sub                                '退出过程
    ErrorHandler:                               '程序处理程序
        Select Case Err.Number                  '测试错误号
            Case 6                              '处理被 0 除的错误
                n2 = 1                          '设置 n2 的值为 1，以便重新除
                MsgBox("除数不能为 0")
                Resume
            Case Else
                TextBox3.Text = Err.Description  '输出错误的描述信息
                Exit Sub
        End Select
    End Sub
End Class
```

6.2.2 【实例 2】加法器异常处理

1．实验目的

制作一个加法器，处理异常。程序设计界面与程序运行界面如图 6-10 所示。

知识点：Try…Catch…Finally…End 语句。

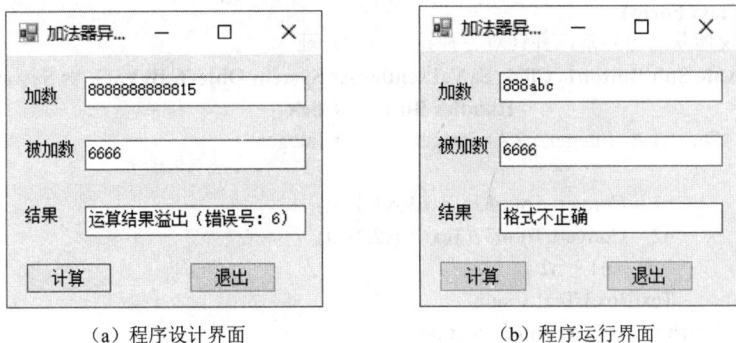

（a）程序设计界面 　　　　　　（b）程序运行界面

图 6-10　加法器异常处理

2．实验内容

采用 Try…Catch…Finally…End 语句处理结构化异常，把可能产生异常的语句放在 Try 中，通过 Catch 来捕获异常。溢出异常类为 System.OverflowException，在 Catch 后指定。其他异常可使用 System.SystemException 类，该异常的捕获应该在溢出异常之后进行。

3．界面设计

启动 VS 2015，创建工程，为窗体添加 2 个 Button 控件，3 个 TextBox 控件，3 个 Label 控件。窗体对象属性设置及其作用见表 6-2。

表 6-2　窗体对象属性设置及其作用

对 象 名	属 性 名	属 性 值	说　明
Form1	Text	加法器异常处理	
TextBox1~3	Text	""	
Button1	Text	计算	显示文本
Button2	Text	退出	显示文本
Label1~3	Text	加数，被加数，结果	

4．程序代码

1）操作步骤

加法器溢出异常处理的前提条件：可采用 Try…Catch…Finally…End 语句处理结构化异常。操作步骤如下。

（1）分别定义 3 个整型变量为 n1、n2、sum。n1 存放加数，n2 存放被加数，sum 用于接收前两者相加的结果。

（2）由于处理的是溢出异常，所以引用结构化异常处理语句 Try…Catch…Finally…End Try 来捕获异常，处理异常，并测试错误号。

（3）Catch ex As OverflowException：用于捕获算术运算、类型转换或转换操作导致溢出时引发的异常；Catch ex As System.FormatException 用于捕获格式异常；Catch ex As System.Exception 用于捕获其他异常。

2）编写代码

```
Public Class Form1
    '实现捕获溢出异常，并针对各种异常进行处理
    Private Sub Button1_Click(ByVal sender As System.Object, ByVal e As System.EventArgs)
                    Handles Button1.Click
        Dim n1 As Integer, n2 As Integer, sum As Integer
        Try
            n1 = Convert.ToInt32(TextBox1.Text)
            n2 = Convert.ToInt32(TextBox2.Text)
            sum = n1 + n2
            TextBox3.Text = sum
        Catch ex As OverflowException
            TextBox3.Text = "运算结果溢出（错误号：" & Err.Number & ") "
            Exit Sub
        Catch ex As System.FormatException
            TextBox3.Text = "格式不正确"
            Exit Sub
        Catch ex As System.Exception
            TextBox3.Text = "其他异常（错误号：" & Err.Number & "）"
            Exit Sub
        End Try
    End Sub
    Private Sub Button2_Click(ByVal sender As System.Object, ByVal e As System.EventArgs)
                    Handles Button2.Click
        End
    End Sub
End Class
```

6.2.3 【实例3】乘法器异常处理

1. 实验目的

算术运算溢出异常处理，程序设计界面与程序运行界面如图 6-11 所示。

知识点：结构化异常处理。

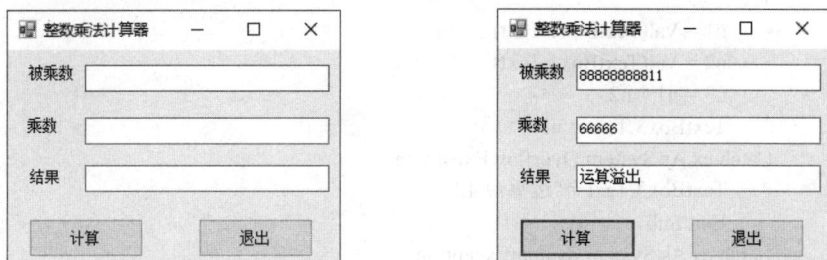

（a）程序设计界面   （b）程序运行界面

图 6-11 乘法器异常处理

2. 实验内容

当乘数或被乘数不是整型时，"算术运算溢出"就会显示在结果框中。

3. 界面设计

启动 VS 2015，创建工程，为窗体添加 2 个 Button 控件，3 个 TextBox 控件，3 个 Label 控件。窗体对象属性设置及其作用见表 6-3。

表 6-3 窗体对象属性设置及其作用

对 象 名	属 性 名	属 性 值	说 明
Form1	Text	整数乘法计算器	
TextBox1~3	Text	""	
Button1	Text	计算	显示文本
Button2	Text	退出	显示文本
Label1~3	Text	被乘数，乘数，结果	

4. 程序代码

1）操作步骤

乘法器溢出异常也是属于算术溢出异常处理的一种，其处理的前提条件：也可采用 Try…Catch…Finally…End 语句处理结构化异常。操作步骤如下。

（1）分别定义 3 个整型变量为 n1、n2、n3。n1 存放被乘数，n2 存放乘数，n3 用于接收前两者相乘的结果。

（2）由于处理的是溢出异常，所以引用结构化异常处理语句 Try…Catch…Finally…End Try 来捕获异常，处理异常，并测试错误号。

（3）Catch ex As OverflowException：用于捕获算术运算、类型转换或转换操作导致溢出时引发的异常；Catch ex As System.Exception 用于捕获其他异常。

2）编写代码

实现捕获溢出异常，并针对各种异常进行处理。针对步骤（1）、（2）、（3）描述。

```
Public Class Form1
    Private Sub Button1_Click(ByVal sender As System.Object, ByVal e As System.EventArgs)
                            Handles Button1.Click
        Dim n1, n2, n3 As Integer
        Try
            n1 = Val(TextBox1.Text)
            n2 = Val(TextBox1.Text)
            n3 = n1 * n2
            TextBox3.Text = n3
        Catch ex As System.OverflowException
            TextBox3.Text = "运算溢出"
            Exit Sub
        Catch ex As System.SystemException
            TextBox3.Text = "其他异常"
            Exit Sub
        End Try
    End Sub
    Private Sub Button2_Click(sender As Object, e As EventArgs) Handles Button2.Click
        End
    End Sub
End Class
```

6.3　拓展训练

以下通过拓展训练，提升并加强对 Windows 应用程序异常处理的应用。

6.3.1　【任务1】验证身份证号

1．实验目的

编写程序，输入身份证号后，对其进行验证。程序设计界面与程序运行界面如图 6-12 所示。

知识点：Form、Label、Button、TextBox 控件的属性、方法与事件。

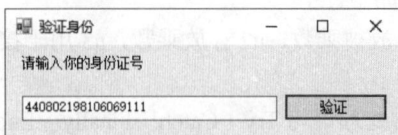

（a）程序设计界面　　　　　　　　　　（b）程序运行界面

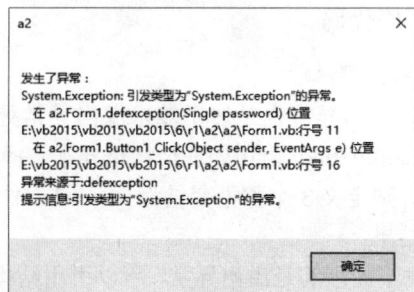

图 6-12　验证身份证号

2．实验内容

在文本框 TextBox1 中，输入用户身份证号，单击"验证"按钮，判断身份证号长度正确，并显示异常信息。若错误，则会显示异常窗口。

3．界面设计

启动 VS 2015，创建工程，为窗体添加 1 个 Label、1 个 TextBox 和 1 个 Button 控件。窗体和控件对象属性设置及其作用见表 6-4。

表 6-4　窗体和控件对象属性设置及其作用

对 象 名	属 性 名	属 性 值	说 明
Form1	Text	登录界面	显示窗体标题
Label11	Text	身份证号	显示文本
TextBox1	Text	""	输入身份证号
Button1	Text	验证	显示文本

4．程序代码

```
Public Class Form1
    Private Sub defexception(ByVal password As Single)
        If password <> 18 Then
            Dim M1 As New Exception
            M1.Source = "defexception"
            Throw M1
        End If
    End Sub
    Private Sub Button1_Click(ByVal sender As System.Object, ByVal e As System.EventArgs)
                Handles Button1.Click
        Try
            defexception(TextBox1.Text)
        Catch ex As Exception
            MsgBox("发生了异常：" & vbCrLf & ex.ToString & vbCrLf & "异常来源于:" &
                ex.Source & vbCrLf & "提示信息:" & ex.Message)
        End Try
    End Sub
End Class
```

6.3.2 【任务 2】测试 n/0 调试异常

1．实验目的

制作一个数值计算界面，测试 n/0 的异常结果。程序设计界面与程序运行界面如图 6-13 所示。知识点：Form、Label、Button 控件的属性、方法与事件。

2．实验内容

在文本框直接单击"开始测试"按钮测试 n/0 异常结果，并显示异常信息。若错误，则会显示异常窗口。

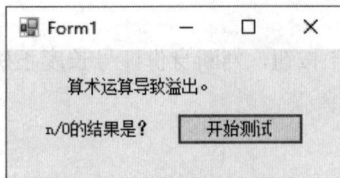

| (a) 程序设计界面 | (b) 程序运行界面 |

图 6-13　测试 n/0 调试异常

3. 界面设计

启动 VS 2015，创建工程，为窗体添加 2 个 Label、1 个 Button 控件。对象属性设置及其作用见表 6-5。

表 6-5　对象属性设置及其作用

对　象　名	属　性　名	属　性　值	说　　明
Label1	Text	""	显示文本
Label2	Text	n/0 的结果是？	显示文本
Button1	Text	开始测试	显示文本

4. 程序代码

```
Public Class Form1
    Private Sub Button1_Click(ByVal sender As System.Object, ByVal e As System.EventArgs)
                    Handles Button1.Click
        Dim a As Integer
        a = InputBox("请输入 1~n 之间任意一个整数")
        Dim b As Integer = 0
        Try
            a = a / b
        Catch n As SystemException
            Label1.Text = n.Message
        End Try
    End Sub
End Class
```

6.3.3　【任务 3】简单计算器调试与异常处理

1. 实验目的

制作一个简单计算器，有+、-、*、/按钮，单击按钮就会进行计算，并且输出结果。程序设计界面与程序运行界面如图 6-14 所示。

2. 实验内容

输入两个数，进行运算，就会显示出结果。如果出现特殊情况，如除数为 0，就会弹出一个界面显示"除数不能为零，请重新计算"。

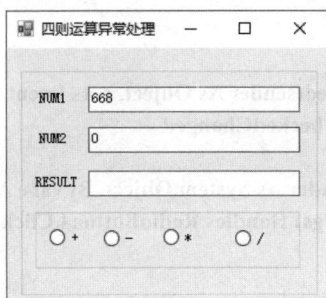

（a）程序设计界面　　　　　　　（b）程序运行界面

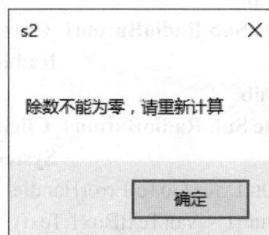

图 6-14　简单计算器调试与异常处理

3. 界面设计

启动 VS 2015，创建工程，为窗体添加 3 个 TextBox、3 个 Label、2 个 GroupBox、4 个 RadioButton 控件，窗体和对象属性设置及其作用见表 6-6。

表 6-6　窗体和对象属性设置及其作用

对 象 名	属 性 名	属 性 值	说 明
TextBox1~3	TextBox	""、""、""	输入一个数
Label1~3	Label	NUM1，NUM2，RESULT	显示文本
RadioButton1~4	Text	+、-、*、/	显示文本
GroupBox1~2	GroupBox	""	容器

4. 程序代码

```
Public Class Form1
    Dim num1, num2 As Integer
    Dim result As Integer
    Private Sub Button1_Click(ByVal sender As System.Object, ByVal e As System.EventArgs)
    End Sub
    Private Sub RadioButton1_Click(ByVal sender As System.Object, ByVal e As
                    System.EventArgs) Handles RadioButton1.Click
        num1 = Val(TextBox1.Text)
        num2 = Val(TextBox2.Text)
        result = num1 + num2
        TextBox3.Text = CStr(result)
    End Sub
    Private Sub RadioButton2_Click(ByVal sender As System.Object, ByVal e As
                    System.EventArgs) Handles RadioButton2.Click
        num1 = Val(TextBox1.Text)
        num2 = Val(TextBox2.Text)
        result = num1 - num2
        TextBox3.Text = CStr(result)
    End Sub
    Private Sub RadioButton3_Click(ByVal sender As System.Object, ByVal e As
                    System.EventArgs) Handles RadioButton3.Click
        num1 = Val(TextBox1.Text)
        num2 = Val(TextBox2.Text)
        result = num1 * num2
```

```vb
            TextBox3.Text = CStr(result)
    End Sub
    Private Sub RadioButton1_CheckedChanged(sender As Object, e As EventArgs) Handles
                        RadioButton1.CheckedChanged
    End Sub
    Private Sub RadioButton4_Click(ByVal sender As System.Object, ByVal e As
                        System.EventArgs) Handles RadioButton4.Click
        On Error GoTo ErrorHandler
        num1 = Val(TextBox1.Text)
        num2 = Val(TextBox2.Text)
        result = num1 / num2
        TextBox3.Text = CStr(result)
        Exit Sub
    ErrorHandler:
        Select Case Err.Number
            Case 6
                num2 = 1
                MsgBox("除数不能为零，请重新计算")
                Resume
            Case Else
                TextBox3.Text = Err.Description
                Exit Sub
        End Select
    End Sub
End Class
```

第 7 章　Windows 窗体与控件

本章要点

- 窗体的概述。
- 文本类控件的应用。
- 命令按钮类控件的应用。
- 列表类与组合类控件的应用。
- 进度条与滚动条控件的应用。
- 时钟、日期、月历控件的应用。
- 图相控件的应用。

7.1 窗体

本章主要介绍 Windows 窗体与控件，并通过实例应用阐述 VB.NET 文本类控件、命令按钮类控件、列表类与组合类控件、图片与图相框类控件的应用与进度条、滚动条、时钟等控件的应用。

7.1.1 窗体的概述

窗体是 VB.NET 中最常见的对象，是应用程序的基本组成部分，也是包括用户界面或对话框所需的各种控件对象的容器。所谓容器，就是可以在其上放置其他控件对象的一种对象。容器内的所有控件成为一个组合，随容器一起移动、显示、隐藏等。在 VB.NET 的标准控件中只有 3 个对象或控件具有容器功能，它们是窗体、图片框和框架。新建项目后，VB.NET 会产生一个空白窗体（默认的窗体名称为 Form1），并以此作为创建应用程序的起点。

1．窗体属性

窗体除了具有通用属性 Name、Caption、Enabled、Top、Left、Font、ForeColor 和 BackColor 外，还有自己独特的属性。

BorderStyle 属性：确定窗体或控件的边框类型，取值范围为 0~5。

Picture 属性：设置控件对象中显示的图形。默认值为空，表示控件对象中无图形。

WindowState 属性：窗体开始运行时的初始显示状态。其中 0 表示正常状态；1 表示最小化；2 表示最大化。

Text 属性：显示窗体的标题，系统默认的 Text 属性与 Name 属性相同。

Size 属性：用来改变窗体的大小。其中 Width 代表窗体的宽度；Height 代表窗体的高度。

MinButton、MaxButton 属性：分别决定窗体是否有最小化按钮或最大化按钮。

ControlBox 属性：确定窗体上是否显示 3 个控制按钮（最大化、最小化、关闭按钮）和控制菜单。

Visible 属性：设置对象在程序运行时是否可见。若为 True，则对象显示在屏幕上；若为 False，则对象被隐藏。

StartUpPosition 属性：设置窗体首次显示时的位置。

BackGroundImage 属性：将文件对应的图像设置为窗体背景。

2. 窗体事件

窗体事件是指窗体能够响应的动作，以下为常用的事件。

Click（单击）事件：在窗体任意位置单击，都会触发窗体的 Click 事件。

DbClick（双击）事件：在窗体任意位置双击，触发窗体的 DbClick 事件。

注意："双击"实际上触发两个事件，第一次单击时产生 Click 事件，第二次单击时产生 DblClick 事件。

Load 事件：运行程序将窗体读入内存（加载窗体），VB 系统自动触发 Load 事件，此时窗体为不活动窗体。Load 事件一般用于在运行程序时对属性和变量进行初始化。

Unload 事件：关闭窗口时才发生。把窗体从内存中删除（即卸载窗体）。

Activate 事件：窗体的激活事件，当加载窗体时，窗体变为活动窗体，系统自动触发 Activate 事件，此后才能响应用户在界面上的交互操作。

Deactivate 事件：与 Activate 事件相反，当窗体由活动变为非活动时瞬间发生。

Resize 事件：当首次加载窗体或用户改变窗体的大小时都会触发 Resize 事件。

Disposed 事件：当窗体关闭并从屏幕中消失时发生的事件。

【例 7-1】创建窗体应用程序，通过单击窗体事件实现改变窗体的显示。每单击窗体一次，窗体便缩小为当前窗体的 3/5。

Private Sub Form1_Load(sender As Object, e As EventArgs) Handles MyBase.Load

      Me.Height = Me.Height * 3/5

      Me.Width = Me.Width *3/5

   End Sub

7.1.2 文本类控件的应用

文本类控件包含标签（Label）控件和文本框（TextBox）控件。标签控件提供显示文本功能，而文本框控件为用户实现文本的交互，支持输入文本和显示文本双重功能。

在 VB.NET 工具箱（"Windows 窗体"选项卡，下同）中，标签的默认名称（Name）和标题（Text）为 LabelX（X 为 1, 2, 3, …），文本框的默认名称和标题为 TextBoxX（X 为 1, 2, 3, …）。

1. Label 标签控件

Label 标签主要用来显示文本信息，所显示的文本只能用 Text 属性来设置或修改，不能直接编辑。有时候，标签常用来标注本身不具有 Text 属性的控件，例如，可以用标签对文本框、列表框、组合框等控件附加描述性信息。

1）Label 标签控件的属性

Label 标签除了具有通用属性 Name、Caption、Enabled、Visible、Height、Width、Top、Left、Font、ForeColor 和 BackColor 外，还有自己独特的属性。

Text 属性：改变 Label 控件中显示的文本。默认情况下，当文本超过控件宽度时，文本会自动换行；当文本超过控件高度时，超出部分会被裁掉。

TextAlign 属性：该属性用来确定标签中文本的放置方式，该属性可取值为 TopCenter、MiddleCenter、BottomCenter。

BorderStyle 属性：设置标签控件的边框模式。None 为无边框（默认值）；FixedSingle 表示边框为单直线型；Fixed3D 表示边框为凹陷型。

Autosize 属性：确定标签是否会随标题内容自动改变大小（即调节水平方向的长度），恰好显示全部内容。该属性值为 True，表示能自动调节且不换行；若为 False，则表示不能自动调节（默认值），超出尺寸范围的内容不予显示。

Enabled 属性：该属性确定是否已启用该控件，格式为：

对象.Enabled[= Boolean]

这里的"对象"可以是窗体或控件。Enabled 属性的值为 Boolean 类型，当该值为 True 时，允许对象对事件做出反应；如果为 False，则禁止对事件做出反应，在这种情况下，对象变为灰色。

Image 属性：用来设置标签的背景图像。当在属性窗口中设置该属性时，可单击该属性条，然后单击右端的"..."，显示"打开"对话框，在该对话框中选择所需要的图形文件。如果通过代码设置，则格式为：

Label1.Image = Image.FromFile("图形文件名")

例如：

Label1.Image = Image.FromFile("C:\Users\Administrator\Desktop\ss\s6 \res\1.jpg")

2）Label 标签的事件

Label 标签可触发单击 Click 和双击 DblClick 事件。此外，标签主要用来显示文本，通过 Text 属性定义。当标签的内容发生改变时，产生 Change 事件，一般情况不对标签进行编程。

2. TextBox 文本框控件

1）TextBox 文本框的属性

TextBox 文本框主要用于在窗体中显示和接收文本信息，也就是输入、输出功能。除具有通用属性 Name、Enabled、Visible、Height、Width、Top、Left、Font、ForeColor 和 BackColor 外，还有自己独特的属性。

SelectionStart 属性：设置文本框中选定文本的起始位置，第一个字符的位置为 0。如果没有选择文本，则返回插入点位置。

SelectionLength 属性：返回文本框中选定文本字符串长度。

SelectedText 属性：返回当前选定文本中的文本字符串。

MaxLength 属性：文本框中可接收和显示字符的最大长度，在一般情况下，该属性使用默认值（32767）。如果把长度超过 MaxLength 属性设置值的文本赋给文本框，VB.NET 并不产生错误，但会截去多余的字符。

Multiline 属性：设置文本框显示多行文本。如果把该属性设置为 False，则在文本框中只能输入单行文本，文本框的高度不能调整；当 Multiline 属性设置为 True 时，可以使用多行文本，即在文本框中输入或输出文本时可以自动换行，并在下一行接着输入或输出。按 Ctrl+Enter 组合键可以插入一个空行。

PasswordChar 属性：指定显示在文本中的字符，用于隐藏输入的文字。无论用户在文本框中输入什么字符，文本框中都显示 PasswordChar 属性指定的字符。

ScrollBars 属性：设置文本框的水平或垂直滚动条，可以取 4 个值：None 表示无滚动条、Horizontal 表示只有水平滚动条、Vertical 表示只有垂直滚动条、Both 表示同时具有水平和垂直滚动条。当 MultiLine 设置为 True 时，文本框才具有滚动条。

如果通过代码设置 ScrollBars 属性，则格式如下：

TextBox1.ScrollBars = 设置值

这里的"设置值"是枚举类型 ScrollBars，可以取 4 个值：ScrollBars.None 表示文本框中没有滚动条、ScrollBars.Horizontal 表示文本框中只有水平滚动条、ScrollBars.Vertical 表示文本框中只有垂直滚动条、ScrollBars.Both 表示文本框中同时具有水平和垂直滚动条。

例如：

    TextBox1.ScrollBars = ScrollBars.Vertical

Locked 属性：该属性用来指定文本框是否可以移动。当设置值为 False（默认值）时，在设计阶段可以移动文本框；如果设置值为 True，则不能移动文本框。

TextAlign 属性：用来设置文本框中文本的对齐方式，可以取 3 个值：Left 表示左对齐、Right 表示右对齐、Center 表示居中。

上述设置值可以在属性窗口中设置（通过下拉列表选择）。如果通过代码设置，则格式如下。

TextBox1.TextAlign = 设置值

这里的"设置值"是枚举类型 HorizontalAlignment，可以取 3 个值：HorizontalAlignment.Left 表示左对齐、HorizontalAlignment.Right 表示右对齐、HorizontalAlignment.Center 表示居中。

ReadOnly 属性：设置文本框是否为只读。如果把该属性设置为 False（默认），则在运行期间文本框可以接收用户的输入，并可对文本框中的文本进行编辑；而如果把该属性设置为 True，则在运行期间不能对文本框中的文本进行编辑，在这种情况下，文本框中的文本可以显示，也可以滚动，但不能编辑。

WordWrap 属性：用来确定多行文本框是否自动换行。当文本框的 MultiLine 属性设置为 True 时，如果把 WordWrap 属性设置为 True（默认），则在文本框中输入或输出文本时可以自动换行，并在下一行接着输入或输出；而如果把该属性设置为 False，则即使把 MultiLine 属性设置为 True，也不能使文本框的输入或输出自动换行。

CharacterCasing 属性：获取或设置文本框控件是否在字符输入时修改其大小写格式，其取值有：Normal（大小写保持不变）、Upper（全部转变成大写）、Lower（全部转换为小写）。

2）TextBox 文本框的事件

TextBox 文本框的事件除了能响应事件 Click、DblClick 外，还可响应其他事件。

Change 事件：当 Text 属性发生变化时，触发 Change 事件。

GetFocus 事件：当对象获得焦点（即指光标）时，触发 GetFocus 事件。

LostFocus 事件：当对象失去焦点（即指光标）时，触发 LostFocus 事件。

3）TextBox 文本框的方法

TextBox 文本框能使用的方法不多，其中常用的是 SetFocus 方法。SetFocus 方法的作用是把焦点移到指定的对象上，使之获得焦点。

【例 7-2】创建窗体应用程序，添加 5 个 Label 控件和 5 个 TextBox 控件，2 个 Botton 控件。设置文本框中文本选择操作，选择字符的起始位置，显示字符的长度。其中在文本框 TextBox1 中输入一段文字，并用鼠标选择文字，选定文字后，在 TextBox2 中显示。同时在 TextBox3 中显示起始位置，在 TextBox4 中显示选择字符的长度，通过 TextBox5 逆序输出选择的文本。

（1）程序设计界面以及程序运行界面如图 7-1 所示。

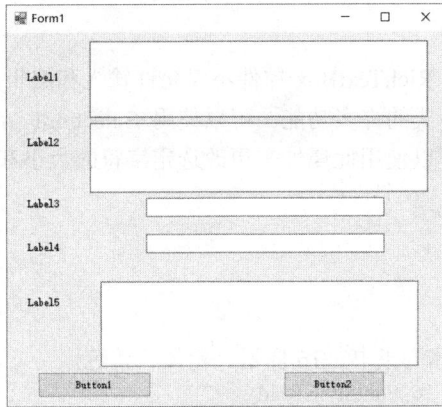

（a）程序设计界面　　　　　　　　　　（b）程序运行界面

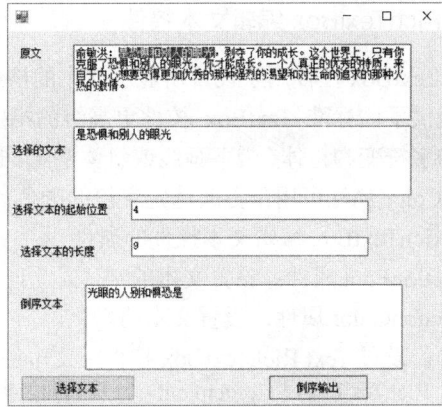

图 7-1　创建窗体应用程序示例

（2）窗体和控件对象属性设置及其作用见表 7-1。

表 7-1　窗体和控件对象属性设置及其作用

对 象 名	属 性 名	属 性 值	说 明
Label1~5	Text	原文、选择的文本、选择文本的起始位置、选择文本的长度、倒叙文本	显示文本
TextBox1~5	Text		显示文本
Button1~2	Text	选择文本、倒序输出	显示文本

（3）代码分析。

```
Option Explicit Off
Public Class Form1
    Private Sub Button1_Click_1(ByVal sender As System.Object, ByVal e As System.EventArgs)
                Handles Button1.Click
        '鼠标操作决定 SelStart 和 SelLength，进而决定 SelText
        S = TextBox1.SelectionStart '选定的文本起始位置
        L = TextBox1.SelectionLength '显示被选定的文本长度
        TextBox2.Text = TextBox1.SelectedText '显示被选定的文本
        TextBox3.Text = S
        TextBox4.Text = L
    End Sub
    Private Sub Button2_Click(ByVal sender As System.Object, ByVal e As System.EventArgs)
                Handles Button2.Click
        Dim str, dstr As String
        dstr = ""
        str = TextBox1.SelectedText
        For i = str.Length - 1 To 0 Step -1 '倒序输出
            dstr = dstr + str.Substring(i1) '截取字符串，从第 i 位到第 i+1 位
        Next i
        TextBox5.Text = dstr
        TextBox5.SelectAll()
    End Sub
End Class
```

3．RichTextBox 编辑文本控件

RichTextBox 控件用于设置所显示文本的格式。RichTextBox 控件不仅允许输入和编辑文本，同时还提供了比标准 TextBox 控件更高级的指定格式的许多功能。可以使用 SelectionFont 属性使选定的字符变为粗体、带下画线或斜体格式。也可以使用此属性来更改选定字符的大小和字样。SelectionColor 属性可用于更改选定字符的颜色。

1）RichTextBox 编辑文本控件的属性

SelectionFont 属性：设置文本的字体。

SelectionColor 属性：设置文本的颜色。

例如，设置 Text RichTextBox 控件中文本的字体为隶书、16 像素、粗体、蓝色。

```
RichTextBox1.SelectionFont = New Font("隶书", 16, FontStyle.Bold)
RichTextBox1.SelectionColor = System.Drawing.Color.Blue
```

2）RichTextBox 编辑文本控件的常用方法

LoadFile 方法：可以加载显示纯文本、Unicode 纯文本和 RTF 格式在内的多种文件。

SaveFile 方法：把 RichTextBox 中的信息保存到指定的文件中。

Find 方法：查找文本字符串或特定字符。

Undo 和 Redo 方法：撤销和重复大多数编辑操作。

CanRedo 方法：确定用户撤销的上一操作是否可以重新应用于控件。

7.1.3　命令按钮类控件的应用

1．命令按钮

命令按钮是以按钮的形式出现在窗体上的，用鼠标单击命令按钮，会触发该命令按钮的 Click 事件，进而执行 Click 事件过程中的代码。

1）属性

命令按钮除具有通用属性 Name、Caption、Enabled、Visible、Height、Width、Top、Left、Font、ForeColor 和 BackColor 外，还有自己独特的属性。

Style 属性：设置控件的外观是标准的文本样式，还是图形样式。

Picture 属性：设置在命令按钮表面显示的图形。

DownPicture 属性：当按下鼠标键时，命令按钮表面显示的图形。

DisabledPicture 属性：当命令按钮暂不起作用时，命令按钮显示的图形。当 Style 为 1，并且 Enabled 为 False 时，该属性才起作用。

Cancel 属性：设置的取消按钮。

Default 属性：设置默认的确定按钮。

2）事件

命令按钮控件的最主要、最常用的事件是 Click 事件。在程序运行时，以下情况可以触发命令按钮的 Click 事件。

（1）用鼠标单击命令按钮。

（2）按 Tab 键或调用 SetFocus 方法，将焦点移到命令按钮上，然后按 Enter 键。

（3）按 Alt+带有下画线的字母键。

（4）当命令按钮的 Default 属性为 True 时，按 Enter 键。

（5）当命令按钮的 Cancel 属性为 True 时，按 Esc 键。

2．单选按钮与复选框控件

单选按钮和复选框控件是应用程序的用户界面上常用的两类控件。这两类控件单个使用通常是没有意义的，实际应用中总是成组出现的。

1）复选框和单选按钮属性

它们除了具有通用属性 Name、Caption、Enabled、Visible、Height、Width、Top、Left、Font、ForeColor 和 BackColor 外，还有自己独特的属性。

Value 属性：设置或返回选择的状态。复选框和单选按钮的默认属性均为 Value。注意复选框和单选按钮的值是有区别的。

复选框：Value=0，表示未被选定；Value=1，表示被选定，被选中项目左侧小方框中会显示√；Value=2，变为灰色，表示禁止用户选择。

单选按钮 Value=True，表示被选定，圆圈中会出现一黑点；Value=False，表示未被选定。

Style 属性：设置控件的外观是标准的文本样式，还是图形样式。

2）复选框和单选按钮事件

单选按钮和复选框的最常用事件是 Click 事件。

7.1.4 列表类与组合类控件的应用

1．ListBox 列表框与 ComboBox 组合框控件

列表框用于显示项目列表，用户可从中选择一个或多个项目，实现交互操作。如果选项内容不能全部显示，则会自动加上滚动条。

组合框是一种兼具文本框和列表框特性的控件，或者说它是由一个文本框和一个列表框组合而成的。

2．列表框和组合框的常用公共属性

Items 属性：用来存放列表框或组合框中的项目，通过此属性，用户可以实现增加或移除列表项内容等操作。

Sorted 属性：决定选项是否按字母顺序排列，返回一个逻辑值。如果 Sorted 属性为 True，则选项按字母顺序排列显示；如果为 False，则按选项加入的先后顺序排列，该属性只能在设计时设置。

3．列表框常用的特有属性

MultiColumn 属性：设置是否支持多列。具体设置如下。

（1）当 MultiColumn 值为 True 时，支持多列显示。

（2）当 MultiColumn 值为 False 时，不支持多列显示。

SelectionMode 属性：指示列表框将是单项选择、多项选择，还是不可选择。当值为 None 时，表示不可选择；当值为 One 时，表示单项选择；当值为 MultiSimple 时，表示多项选择；当值为 MultiExtended 时，表示扩展选择。

ScrollAlwaysVisible 属性：指示列表框中是否始终显示滚动条，而不管列表框中有多少项。

4．组合框的特有属性

MaxDropDownItems 属性：指示组合框中下拉列表显示的最多项数，默认值为 8。

MaxLength 属性：指示组合框中可输入的最多字符数。

FormatString 属性：指示显示值的方式，可选格式类型为无格式设置、数字、货币、日期时间、科学型、自定义等格式。

5．列表框和组合框的重要方法

1）Add 方法

用于将项目添加到列表框控件或组合框控件的 List 属性中。

格式：列表框/组合框对象. Items .Add（项目）

例如，ComboBox1.Items.Add(89)表示在组合框最后一项添加 89。

2）Insert 方法

在项目的前面插入一个新项目。

格式：列表框/组合框对象. Items.Insert（索引位置，项目）

例如，ListBox1.Items.Insert(1, 23)表示在索引为 1 的位置，插入 23，索引从 0 开始。

3）Remove 方法

用于从列表框控件或组合框控件 List 属性中删除一项。

格式：列表框/组合框对象. Items.Remove（项目）

例如，ListBox1. Items.Remove(89)表示移除列表框中所有的 89。

4）RemoveAt 方法

按索引位置删除列表框控件或组合框控件某个位置的项目。

格式：列表框/组合框对象. RemoveAt .Add（索引位置）

例如，ComboBox1.Items.RemoveAt(1) 表示移除组合框中索引为 1 的项目。

5）Clear 方法

用于清除的 List 属性中的所有项目。

格式：列表框/组合框对象.Items.Clear()

例如，ComboBox1.Items.Clear()表示清除组合框中所有的项目。

6）FindString 方法

查找列表框控件或组合框控件指定的字符串，并返回索引值，返回值为整型。

格式一：列表框/组合框对象.FindString(项目)

例如，

```
Dim i As Integer
i = ComboBox1.FindString(1)
MsgBox(i)
```

表示在组合框中查找项目1的索引，把索引赋给整形变量i输出。

格式二：列表框/组合框对象.FindString(项目，索引)

例如，

```
Dim i As Integer
i = ComboBox1.FindString(1，1)
MsgBox(i)
```

表示在组合框中查找项目1，从索引为1开始查找，并返回查找到的项目的索引号。

如果需要精确查找，可用FindStringExact方法，其调用格式与FindString一致。

7.1.5 进度条与滚动条控件的应用

1. ProgressBar 进度条控件

进度条用于直观地显示某个任务完成的状态、速度以及完成度，剩余未完成文件的大小和可能需要处理时间，是一个水平放置的指示器。进度条常用属性如下。

Maximum 属性：用于设置进度条控件对象的最大值。

Minimum 属性：用于设置进度条控件对象的最小值。

Value 属性：用于设置进度条控件对象的当前值。该值应介于 Maximum 属性值和 Minimum 属性值之间。

Step 属性：用于设置进度条每次增加的幅值。

2. 滚动条控件

在工具箱中提供了水平滚动条（Horizontal Scroll Bar）和垂直滚动条（Vertical Scroll Bar），两者只是表现形式不同，其实功能是完全一样的。滚动条通常用来附在窗口上帮助观察数据或确定位置，也可用来作为数据输入的工具，被广泛地用于 Windows 应用程序中。

滚动条分为两种，即水平滚动条和垂直滚动条，其默认名称分别为 HScrollBarX 和 VScrollBarX（X 为 1, 2, 3, …）。

1）滚动条属性

Value 属性：设置或返回滚动条中滚动块当前位置的整数值。当用户拖动滚动块，或者单击滚动条两端的滚动箭头时，Value 属性值随之改变。在程序中改变 Value 属性赋值，可改变滚动块的位置。

Maxmum、Minmum 属性：设置滚动条所能表示的最大范围，极限取值范围为[−32768, +32767]。

LargeChange、SmallChange 属性：设置滚动块滚动时 Value 属性的增量，默认值均为 1。LargeChange 属性用来设置当鼠标单击滚动箭头与滚动块之间区域时 Value 属性的增量。SmallChange 属性用来设置鼠标单击滚动箭头时 Value 属性的增量。

2）滚动条事件

Scroll 事件：当拖动滚动块移动时，会触发此事件。

ValueChanged 事件：当单击滚动条两端的三角箭头或滚动时，先发生 ValueChanged 事件，再发生 Scroll 事件。水平滚动条 HScroll 控件与垂直滚动条 VScroll 控件的属性、事件和方法完全一致，其区别仅在于它们在窗体中的显示方向不同。

7.1.6 时钟、日期、月历控件的应用

1. 时钟控件

1）常用属性

Enable 属性：用于设置定时器是否可用。当属性值为 True 时，定时器（Timer）控件可用。

Interval 属性：用于设置定时器的时间间隔。单位为毫秒，当属性值设置为 1000 时，代表 1 秒。最大不超过 10 秒，若要进行较长时间的定时，则要设置一个变量，结合条件语句才能实现长时间的定时。

2）常用事件

定时器（Timer）控件的常用事件为 Tick 事件。当到达属性 Interval 所设置的时间间隔时触发。

2. DateTimePicker 控件

DateTimePicker 控件为用户提供日期和时间的设置，支持直观图形界面。

1）常用属性

Value 属性：设置和返回日期和时间值。

MaxDate 属性：用于设置最大日期。

MinDate 属性：用于设置最小日期。

Enable 属性：用于表示该控件是否可用。

ShowUpDown 属性：用于决定是否设置该控件的上下按钮。

Format 属性：用于设置显示的格式（时间格式、长日期格式、短日期格式和自自定义格式）。

2）常用事件

ValueChanged 事件：当该控件的 Value 值发生变化时，触发该事件。此外，该控件还具有 MouseUp、MouseDown、MouseLeave、GotFocus、LostFocus 等事件。

3. MonthCalendar 控件

MonthCalendar 控件允许使用配色、选择显示或隐藏周数和当前日期等多种方法来自定义它的外观。

ShowWeekNumbers 属性：当设置为 True 时，在日历控件的左侧显示周数（1~52）。例如：

```
MonthCalendar1.ShowWeekNumbers = True
```

ShowToday 属性：当设置为 True 时，则在控件的底部显示当天日期，设置为 False 时不显示。

ShowTodayCircle 属性：指示是否在今天的日期上加一个红色的圆圈。例如，在窗体上添加 1 个 MonthCalendar 控件，2 个 Button 按钮，在按钮单击事件中加入代码：

```
'使用 Button1 控件来控制在月历控件底部显示\不显示当天日期
Private Sub Button1_Click(ByVal sender As System.Object, ByVal e As System.EventArgs) Handles
        Button1.Click
    MonthCalendar1.ShowToday = Not MonthCalendar1.ShowToday
    MessageBox.Show(MonthCalendar1.TodayDateSet.ToString)
End Sub
'使用 Button2 控件来控制在是否为当天日期加上红色圆圈
Private Sub Button2_Click(ByVal sender As System.Object, ByVal e As System.EventArgs) Handles
        Button2.Click
    MonthCalendar1.ShowTodayCircle = Not MonthCalendar1.ShowTodayCircle
End Sub
```

FirstDayOfWeek 属性：改变一周开始的第一天。

例如，设置一周开始的第一天是星期一，可以在"属性"窗口中设置 FirstDayOfWeek 属性为 Monday，或者在代码中设置，代码如下：

```
MonthCalendar1.FirstDayOfWeek = Day.Monday
```

Backcolor 属性：月份中显示背景色。

SelectionRange 属性：在月历中显示的起始时间范围，Begin 为开始，End 为截止。

Minmum 属性：最小值，默认为 0。

ShowToday 属性：是否显示今天日期。

ShowTodayCircle 属性：是否在今天日期上加红圈。

TitleBackcolor 属性：设置日历标题背景色。

TitleForcolor 属性：设置日历标题前景色。

TrailingColor 属性：设置上下月颜色。

7.1.7 图像控件的应用

图像控件 PictureBox 具有显示图形图像的功能，支持各种格式的图片加载到此控件，包含位图文件（.bmp）、图标文件（.ico）、JPEG 文件、GIF 文件等。

1）图片框的属性

Image 属性：设置在控件内显示的图像，默认属性。

AutoSize 属性：确定 PictureBox 是否伸展以适合图片大小。

Stretch 属性(Image)：决定图片是否自动调整以适应图像控件的大小（可能会导致图片变形）。

SizeMode 属性：在 PictureBox 控件中伸展、居中对齐或缩放图像。取值如下：

- PictureBoxSizeMode.Normal：Image 置于 PictureBox 的左上角，凡是因过大而不适合 PictureBox 的任何图像部分都将被剪裁掉。
- PictureBoxSizeMode.StretchImage：使图像拉伸或收缩，以便适合 PictureBox 大小。
- PictureBoxSizeMode.AutoSize：调整控件大小，以便总是适合图像的大小。
- PictureBoxSizeMode.CenterImage：使图像居于工作区的中心。
- PictureBoxSizeMode.Zoom：使图像按比例被拉伸或收缩以适应 PictureBox 的大小。

2）图片框的事件

图片框常用的事件有 Click、DblClick、Change 事件。

3）图片框的方法

图片框的方法常用的有 Cls、Print 方法和图形方法等。

【例 7-3】创建窗体应用程序，当用户单击"闪烁"按钮，图片开始闪动，单击"停止"按钮，图片停止闪烁，用滚动条控制闪烁的速度。主要知识点：滚动条、计时器。

（1）程序设计界面以及程序运行界面如图 7-2 所示。

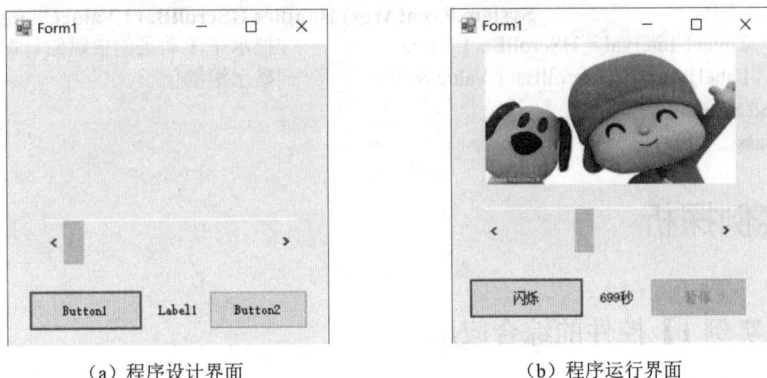

（a）程序设计界面　　　　　　　　　　（b）程序运行界面

图 7-2　图片开始闪动

（2）窗体和控件对象属性设置及其作用见表 7-2。

表 7-2　窗体和控件对象属性设置及其作用

对　象　名	属　性　名	属　性　值	说　　明
PictureBox1	Image	加载图像	
HScrollBar1			
Button1, 2	Text	闪烁，暂停	显示文本
Timer1	Interval	1	

（3）代码分析。

```
Handles Public Class Form1
    Private Sub Form1_Load(ByVal sender As System.Object, ByVal e As System.EventArgs)
                          MyBase.Load
        HScrollBar1.Maximum = 2000          '设置水平滚动条的最大值为2000
        HScrollBar1.Minimum = 1             '设置水平滚动条的最小值为1
        HScrollBar1.LargeChange = 100       '设置水平滚动条的最大变化值为100
        HScrollBar1.SmallChange = 15        '设置水平滚动条的最小变化值为15
        Button2.Enabled = False             '暂停按钮不启用
    End Sub
    Private Sub Button1_Click(ByVal sender As System.Object, ByVal e As System.EventArgs)
                          Handles Button1.Click
        Timer1.Enabled = True               '单击按钮，启用计时器
        Button1.Enabled = False             '闪烁按钮不启用
        Button2.Enabled = True              '暂停按钮启用
    End Sub
    Private Sub Button2_Click(ByVal sender As System.Object, ByVal e As System.EventArgs)
                          Handles Button2.Click
        Timer1.Enabled = False              '暂停计时器
        Button1.Enabled = True
        Button2.Enabled = False
    End Sub
    Private Sub Timer1_Tick(ByVal sender As System.Object, ByVal e As System.EventArgs)
                          Handles Timer1.Tick
        PictureBox1.Visible = Not PictureBox1.Visible    '闪烁的算法
    End Sub
    Private Sub HScrollBar1_ValueChanged(ByVal sender As System.Object, ByVal e As
                          System.EventArgs) Handles HScrollBar1.ValueChanged
        Timer1.Interval = HScrollBar1.Value             '把水平滚动条的值赋给计时器的间隔值
        Label1.Text = HScrollBar1.Value & "秒"          '显示滚动值
    End Sub
End Class
```

7.2 实例探析

7.2.1 【实例1】控件的综合应用

1．实验目的

制作文本界面，并能实现在文本当中复制、粘贴、剪切功能，并改变字体和颜色。程序设计界面以及程序运行界面如图7-3所示。

知识点：RadioButton、GroupBox、CheckBox、RichTextBox方法与事件。

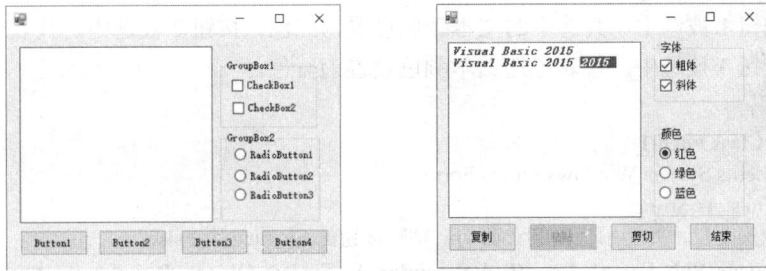

（a）程序设计界面　　　　　　　　　（b）程序运行界面

图 7-3　控件的综合应用

2．实验内容

剪切、复制、粘贴需要添加 1 个 RichTextBox 控件，4 个 Button 控件。并通过在文本中选择文本，按下按钮实现相应的功能。CheckedChanged 事件为复选框按钮控件特有的事件，当复选框按钮控件的 CheckState 属性值变化时该事件触发。

3．界面设计

启动 VS 2015，创建工程，按照程序设计界面为窗体添加控件，窗体和控件对象属性设置及其作用见表 7-3。

表 7-3　窗体和控件对象属性设置及其作用

对 象 名	属 性 名	属 性 值	说 明
RichTextBox1	Multiline	True	实现文本跨越多行
Button1~4	Text	复制、粘贴、剪切、结束	显示文本
GroupBox1	Text	字体	显示文本
CheckBox1	Text	粗体	显示文本
CheckBox2	Text	斜体	显示文本
GroupBox2	Text	颜色	显示文本
RadioButton1~3	Text	红色、绿色、蓝色	显示文本

4．程序代码

1）操作步骤

实现简单文本编辑功能的前提条件：需要添加一个 RichTextBox 控件，并实现复制、粘贴、剪切、改变字体和颜色等操作。操作步骤如下。

（1）首先需要定义一个字符串变量 st，用于获取 RichTextBox 控件 R1 中选定的文本（R1.SelectedText）。

（2）为选定的文本字符串提供复制功能，调用 Copy.Enabled = True 设置其复制功能，调用 Paste.Enabled = True 设置其粘贴功能，调用 Copy.Enabled = True 设置其剪切功能，当其中某一个功能为 True 时，其他按钮的功能设置为 False。

（3）改变文本字体，"粗体"和"斜体"两种功能可以同时兼具，可以自定义一个 Sub 过程（Private Sub Font1()…End Sub），用于实现 Bold 或 Italic 功能。并通过调用 2 个复选框的 CheckedChanged 事件，调用 Sub 过程来实现两种字体功能。

（4）改变文本颜色，颜色之间是独立的功能，所以选择单选按钮，并通过 If…End If 语句判断，如果单选按钮 1 被选中，其选中的文本颜色设置为红色。按钮 2 被选中，代表已选本文颜色设置为绿色，按钮 3 被选中，代表已选文本颜色设置为蓝色。

2）编写代码

```
Public Class Form1
    Inherits System.Windows.Forms.Form
    Dim st As String
    '定义变量，并初始化复制、剪切、粘贴按钮的 Enabled 为 False
    Private Sub Form1_Load(ByVal sender As System.Object, ByVal e As System.EventArgs)
                Handles MyBase.Load
        R1.Text = "Visual Basic 2015"
        Copy.Enabled = False
        Cut.Enabled = False
        Paste.Enabled = False
    End Sub
    Private Sub BtnCut_Click(ByVal sender As System.Object, ByVal e As System.EventArgs)
                Handles Cut.Click
        st = R1.SelectedText
        R1.SelectedText = ""
        Copy.Enabled = False
        Cut.Enabled = False
        Paste.Enabled = True
    End Sub
    '为选定的文本字符串提供复制、粘贴、剪切功能
    Private Sub BtnCopy_Click(ByVal sender As System.Object, ByVal e As System.EventArgs)
                Handles Copy.Click
        st = R1.SelectedText
        Copy.Enabled = False
        Cut.Enabled = False
        Paste.Enabled = True
    End Sub
    Private Sub BtnPaste_Click(ByVal sender As System.Object, ByVal e As System.EventArgs)
                Handles Paste.Click
        R1.SelectedText = st
    End Sub
    Private Sub TxtNote_MouseMove(ByVal sender As System.Object, ByVal e As
                System.Windows.Forms.MouseEventArgs) Handles R1.MouseMove
        If R1.SelectedText <> "" Then
            Copy.Enabled = True
            Cut.Enabled = True
            Paste.Enabled = False
        Else
            Copy.Enabled = False
            Cut.Enabled = False
            Paste.Enabled = True
        End If
    End Sub
    Private Sub BtnEnd_Click(ByVal sender As System.Object, ByVal e As System.EventArgs)
                Handles BtnEnd.Click
        Me.Close()
    End Sub
    '改变已选文本字体，可为粗体、斜体
```

```vb
Private  Sub  CheckBox1_CheckedChanged(sender  As  Object,  e  As  EventArgs)  Handles
        CheckBox1.CheckedChanged
    Font1()
End Sub
Private Sub Font1()
    If CheckBox1.Checked = True Then
        If CheckBox2.Checked = True Then
    R1.Font = New System.Drawing.Font("宋体", 10.0!, System.Drawing.FontStyle.Bold Or
            System.Drawing.FontStyle.Italic)
        Else
    R1.Font = New System.Drawing.Font("宋体", 10.0!, System.Drawing.FontStyle.Bold)
        End If
    Else
        If CheckBox2.Checked = True Then
    R1.Font = New System.Drawing.Font("宋体", 10.0!, System.Drawing.FontStyle.Italic)
        Else
    R1.Font = New System.Drawing.Font("宋体", 10.0!, System.Drawing.FontStyle.Regular)
        End If
    End If
End Sub
Private  Sub  CheckBox2_CheckedChanged(sender  As  Object,  e  As  EventArgs)  Handles
        CheckBox2.CheckedChanged
    Font1()
End Sub
Private  Sub  RadioButton1_CheckedChanged(sender  As  Object,  e  As  EventArgs)  Handles
        RadioButton1.CheckedChanged
    If RadioButton1.Checked = True Then
        R1.ForeColor = Color.Red
    End If
End Sub
'改变已选文本颜色，可为红色、绿色、蓝色
Private  Sub  RadioButton2_CheckedChanged(sender  As  Object,  e  As  EventArgs)  Handles
        RadioButton2.CheckedChanged
    If RadioButton2.Checked = True Then
        R1.ForeColor = Color.Green
    End If
End Sub
Private  Sub  RadioButton3_CheckedChanged(sender  As  Object,  e  As  EventArgs)  Handles
        RadioButton3.CheckedChanged
    If RadioButton3.Checked = True Then
        R1.ForeColor = Color.Blue
    End If
End Sub
End Class
```

7.2.2　【实例 2】窗体与图像的变化

1．实验目的

窗体与图像变化的设置。程序设计界面以及程序运行界面如图 7-4 所示。

知识点：Form 控件的 Opacity、TrackBar、PictureBox、Button。

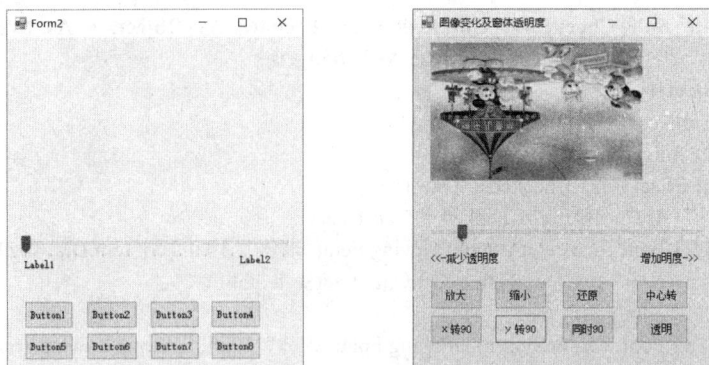

（a）程序设计界面   （b）程序运行界面

图 7-4　窗体与图像的变化

2．实验内容

调节 TrackBar 的刻度值，来控制窗口的透明度，单击"透明"按钮，就会自动调节透明度，并改变图像的大小，以及图像的旋转、还原、窗体透明度的设置。

3．界面设计

启动 VS 2015，创建工程，按照程序设计界面为窗体添加控件，窗体和控件对象属性设置及其作用见表 7-4。

表 7-4　窗体和控件对象属性设置及其作用

对 象 名	属 性 名	属 性 值	说 明
PictureBox1	SizeMode	StretchImage	图片大小等于控件大小
TrackBar1			
Button1~8	Text	放大、缩小、还原、中心转、x 转 90、y 转 90、同时 90、透明度	
Label1,2	Text	<<-减少透明度、增加透明度->>	

4．程序代码

1）操作步骤

实现窗体与图像变化设置的前提条件：需要添加一个 PictureBox 控件，并加载图像。操作步骤如下。

（1）首先需要定义 Size 型变量 s1、s2，用于获取 PictureBox 控件的 Size（原始大小），s1 用于恢复原始图像大小。

（2）为图像实现放大、缩小、还原、中心转功能，调用相应按钮的"单击"事件过程，当设置其宽和高同时扩大 1.1 倍（Width * 1.1，Height * 1.1）时，为放大功能；当设置其宽和高同时为 0.9 倍（Width * 0.9，Height * 0.9）时，为缩小功能；当需要恢复原始图像时，直接设置为 s1 的值（PictureBox1.Size = s1）；当需要中心转图像时，调用 Image 的 RotateFlip 属性，设置其为 (RotateFlipType.Rotate90FlipNone)。

（3）为图像实现 x 转 90、y 转 90、同时 90，可调用 Image 的 RotateFlip 属性，分别设置为 (RotateFlipType.Rotate90FlipX)、(RotateFlipType.Rotate90FlipY)、(RotateFlipType.Rotate90FlipXY)。

（4）为图像实现透明度功能，需要添加 1 个 TrackBar1 控件，并设置 Value 最大与最小值为透明度变化的范围。

2）编写代码

```
Imports System.Drawing
Imports System.Drawing.Drawing2D
Public Class Form1
    '定义变量 s1、s2
    Dim s1 As Size
    Private Sub Form1_Load(ByVal sender As System.Object, ByVal e As System.EventArgs)
                        Handles MyBase.Load
        s1 = PictureBox1.Size
    End Sub
    '为图像实现放大、缩小、还原、中心转功能
    Private Sub Button1_Click(ByVal sender As System.Object, ByVal e As System.EventArgs)
                        Handles Button1.Click
        Dim s2 As Size
        s2 = PictureBox1.Size
        s2.Width = CInt(s2.Width * 1.1)
        s2.Height = CInt(s2.Height * 1.1)
        PictureBox1.Size = s2
    End Sub
    Private Sub Button2_Click(ByVal sender As System.Object, ByVal e As System.EventArgs)
                        Handles Button2.Click
        Dim s2 As Size
        s2 = PictureBox1.Size
        s2.Width = CInt(s2.Width * 0.9)
        s2.Height = CInt(s2.Height * 0.9)
        PictureBox1.Size = s2
    End Sub
    Private Sub Button3_Click(ByVal sender As System.Object, ByVal e As System.EventArgs)
                        Handles Button3.Click
        PictureBox1.Size = s1
    End Sub
    Private Sub Button4_Click(ByVal sender As System.Object, ByVal e As System.EventArgs)
                        Handles Button4.Click
        PictureBox1.Image.RotateFlip(RotateFlipType.Rotate90FlipNone)
        PictureBox1.Refresh()
    End Sub
    '为图像实现 x 转 90、y 转 90 功能
    Private Sub Button5_Click(ByVal sender As System.Object, ByVal e As System.EventArgs)
                        Handles Button5.Click
        PictureBox1.Image.RotateFlip(RotateFlipType.Rotate90FlipX)
        PictureBox1.Refresh()
    End Sub
    Private Sub Button6_Click(ByVal sender As System.Object, ByVal e As System.EventArgs)
                        Handles Button6.Click
        PictureBox1.Image.RotateFlip(RotateFlipType.Rotate90FlipY)
        PictureBox1.Refresh()
    End Sub
    Private Sub Button7_Click(ByVal sender As System.Object, ByVal e As System.EventArgs)
                        Handles Button7.Click
        PictureBox1.Image.RotateFlip(RotateFlipType.Rotate90FlipXY)
        PictureBox1.Refresh()
```

```
        End Sub
    '为图像实现透明度功能
    Private Sub TrackBar1_ValueChanged(sender As Object, e As EventArgs) Handles
                        TrackBar1.ValueChanged
        Dim i, j As Integer
        i = TrackBar1.Value
        j = TrackBar1.Maximum
        Me.Opacity = CDbl(j - i) / j
    End Sub
    Private Sub Button8_Click_1(sender As Object, e As EventArgs) Handles Button8.Click
        TrackBar1.Value = 0
        Button8.Enabled = False
        TrackBar1.Enabled = False
        Dim i As Double = 0.02
        While i < 1
            Me.Opacity = i
            System.Windows.Forms.Application.DoEvents()
            System.Threading.Thread.Sleep(5) 'Thread.Sleep(i)方法用于将当前线程等待 i 毫秒
            i += 0.01
        End While
        Me.Opacity = 1
        Button8.Enabled = True
        TrackBar1.Enabled = True
    End Sub
End Class
```

7.2.3 【实例 3】图像显示隐藏与切换交换的应用

1. 实验目的

图像显示隐藏与切换交换的综合应用。程序设计界面以及程序运行界面如图 7-5 所示。
知识点：PictureBox 控件的 Visible 属性的应用。

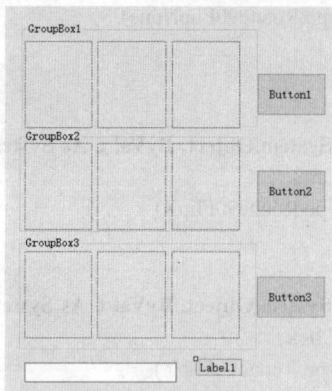

（a）程序设计界面   （b）程序运行界面

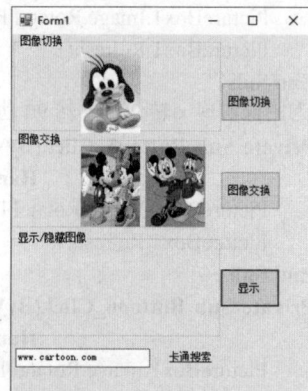

图 7-5　图像显示隐藏与切换交换的应用

2．实验内容

图像切换需要用 3 个 PictureBox 控件，图像交换也需要用 3 个 PictureBox 控件，并通过按钮单击事件控制图像的切换与交换。

3．界面设计

启动 VS 2015，创建工程，按照程序设计界面为窗体添加控件，窗体和控件对象属性设置及其作用见表 7-5。

表 7-5　窗体和控件对象属性设置及其作用

对 象 名	属 性 名	属 性 值	说 明
PictureBox1~9	SizeMode	StretchImage	根据相框整体调整大小
	Image	选择图像	
Button1~3	Text	图像切换，图像交换，隐藏	显示文本
Label1	Text	从	显示文本
TextBox1	Text	""	显示文本
LinkLabel1	Text	转到	显示文本
GroupBox1~3	Text	图像切换，图像交换，显示/隐藏图像	显示文本

4．程序代码

1）操作步骤

图像显示/隐藏与切换交换实现的前提条件：需要添加 9 个 PictureBox 控件，并加载图像。操作步骤如下。

（1）加载图像并进行显示。

（2）为图像实现切换功能，图像切换算法为：3 张图像同一时间只能显示一张图像，所以选择 If 语句的嵌套语句实现。

（3）为图像实现图像交换功能，图像交换算法为：3 张图像实现交换，借助一张空图像位置实现两两交换。

（4）为图像实现显示/隐藏功能，3 张图像同时显示，同时隐藏。

（5）用 LinkLabel 控件实现可以打开检索卡通图像的网址。

2）编写代码

```
'加载图像并进行显示
'为图像实现切换功能
Public Class Form1
    Private Sub Button1_Click(sender As Object, e As EventArgs) Handles Button1.Click
        If PictureBox1.Visible = True Then        '图像切换
            PictureBox1.Visible = False
            PictureBox2.Visible = True
        ElseIf PictureBox2.Visible = True Then
            PictureBox2.Visible = False
            PictureBox3.Visible = True
        Else
            PictureBox3.Visible = False
            PictureBox1.Visible = True
```

```vb
        End If
    End Sub
    Private Sub Form1_Load(sender As Object, e As EventArgs) Handles MyBase.Load
        PictureBox2.Visible = False
        PictureBox3.Visible = False
    End Sub
'为图像实现交换功能
    Private Sub Button2_Click(sender As Object, e As EventArgs) Handles Button2.Click
        PictureBox6.Image = PictureBox4.Image    '典型的图像交换算法
        PictureBox4.Image = PictureBox5.Image
        PictureBox5.Image = PictureBox6.Image
        PictureBox6.Visible = False
    End Sub
'为图像实现显示/隐藏功能
    Private Sub Button3_Click(sender As Object, e As EventArgs) Handles Button3.Click
        If Button3.Text = "隐藏" Then                '显示隐藏图像
            Button3.Text = "显示"
            PictureBox7.Visible = False
            PictureBox8.Visible = False
            PictureBox9.Visible = False
        Else
            Button3.Text = "隐藏"
            PictureBox7.Visible = True
            PictureBox8.Visible = True
            PictureBox9.Visible = True
        End If
    End Sub
'用 LinkLabel 控件可以打开检索卡通图像的网址
    Private Sub LinkLabel1_LinkClicked(sender As Object, e As LinkLabelLinkClickedEventArgs)
            Handles LinkLabel1.LinkClicked
        Dim url As String = TextBox1.Text
        If url.Substring(0, 7) = "http：//" Or url.Substring(0, 7) = "HTTP：//" Then
            System.Diagnostics.Process.Start(Trim(TextBox1.Text))
        Else
            System.Diagnostics.Process.Start("http：//" & TextBox1.Text)
        End If
    End Sub
End Class
```

7.2.4 【实例 4】服饰选购统计程序

1. 实验目的

制作一个界面，根据自身需要自己选择。按确定键把所选的服饰和价格显示出来。程序设计界面以及程序运行界面如图 7-6 所示。

知识点：Form、Label、Button、ComboBox、TextBox 控件的属性、方法与事件。

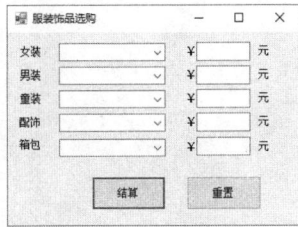

（a）程序设计界面　　　　　　（b）程序运行界面

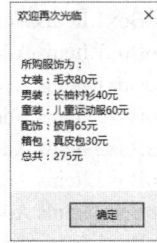

图 7-6　服饰选购统计程序

2．实验内容

在 5 个 ComboBox 中单击选择配置，5 个 TextBox 根据 ComboBox 的选项出现对应的价格，最后把自选结果和价格显示出来。

3．界面设计

启动 VS 2015，创建工程，按照程序设计界面为窗体添加控件，窗体和控件对象属性设置及其作用见表 7-6。

表 7-6　窗体和控件对象属性设置及其作用

对 象 名	属 性 名	属 性 值	说 明
Form1	Text	服饰选购	显示窗体标题
Label1~5	Text	女装、男装、童装、配饰、箱包	显示文本
Label6~10	Text	￥	显示文本
Label11~15	Text	元	显示文本
ComboBox1~5	DropDownStyle	DropDownlist	下拉式菜单
TextBox1~5	Text		显示文本
Button1	Text	确定	显示文本
Button2	Text	重置	显示文本

4．程序代码

1）操作步骤

实现服饰选购统计程序的前提条件：需要添加 5 个 ComboBox 控件，作为选择的条件。操作步骤如下。

（1）首先需要为 ComboBox1~5 中所有 Items 项目的 Add 属性添加需要选购的服饰，其中，每个 ComboBox 添加 4 样同类的服饰。

（2）根据选定的服饰，在右边对应的文本框显示对应服饰的价格。

（3）根据选购服饰以及价格统计价钱。

（4）为需要重新挑选设置"重置"功能。

2）编写代码

```
'为 ComboBox1~5 中所有 Items 项目的 Add 属性添加需要选购的服饰
Public Class Form1
    Private Sub Form1_Load(ByVal sender As System.Object, ByVal e As System.EventArgs)
    Handles MyBase.Load
        ComboBox1.Items.Add("连衣裙")
```

```
        ComboBox1.Items.Add("毛衣")
        ComboBox1.Items.Add("羊绒大衣")
        ComboBox1.Items.Add("针织衫")
        ComboBox2.Items.Add("夹克")
        ComboBox2.Items.Add("长袖衬衫")
        ComboBox2.Items.Add("西服")
        ComboBox2.Items.Add("西裤")
        ComboBox3.Items.Add("儿童裤子")
        ComboBox3.Items.Add("儿童冲锋衣")
        ComboBox3.Items.Add("儿童运动服")
        ComboBox3.Items.Add("儿童外套")
        ComboBox4.Items.Add("围巾")
        ComboBox4.Items.Add("披肩")
        ComboBox4.Items.Add("手套")
        ComboBox4.Items.Add("腰带")
        ComboBox5.Items.Add("真皮包")
        ComboBox5.Items.Add("帆布包")
        ComboBox5.Items.Add("书包")
        ComboBox5.Items.Add("公文包")
        TextBox1.Text = ""
        TextBox2.Text = ""
        TextBox3.Text = ""
        TextBox4.Text = ""
        TextBox5.Text = ""
End Sub
'根据选定的服饰，在右边对应的文本框显示对应服饰的价格
Private Sub ComboBox1_SelectedIndexChanged(ByVal sender As System.Object, ByVal e As
                System.EventArgs) Handles ComboBox1.SelectedIndexChanged
        If ComboBox1.Text = "连衣裙" Then
            TextBox1.Text = 50
        ElseIf ComboBox1.Text = "毛衣" Then
            TextBox1.Text = 80
        ElseIf ComboBox1.Text = "羊绒大衣" Then
            TextBox1.Text = 120
        ElseIf ComboBox1.Text = "针织衫" Then
            TextBox1.Text = 15
        End If
End Sub
Private Sub ComboBox2_SelectedIndexChanged(ByVal sender As System.Object, ByVal e As
                System.EventArgs) Handles ComboBox2.SelectedIndexChanged
        If ComboBox2.Text = "夹克" Then
            TextBox2.Text = 50
        ElseIf ComboBox2.Text = "长袖衬衫" Then
            TextBox2.Text = 40
        ElseIf ComboBox2.Text = "西服" Then
            TextBox2.Text = 70
        ElseIf ComboBox2.Text = "西裤" Then
            TextBox2.Text = 60
        End If
End Sub
Private Sub ComboBox3_SelectedIndexChanged(ByVal sender As System.Object, ByVal e As
```

```
        If ComboBox3.Text = "儿童裤子" Then
            TextBox3.Text = 40
        ElseIf ComboBox3.Text = "儿童冲锋衣" Then
            TextBox3.Text = 59
        ElseIf ComboBox3.Text = "儿童运动服" Then
            TextBox3.Text = 60
        ElseIf ComboBox3.Text = "儿童外套" Then
            TextBox3.Text = 50
        End If
    End Sub
    Private Sub ComboBox4_SelectedIndexChanged(ByVal sender As System.Object, ByVal e As
                        System.EventArgs) Handles ComboBox4.SelectedIndexChanged
        If ComboBox4.Text = "围巾" Then
            TextBox4.Text = 30
        ElseIf ComboBox4.Text = "披肩" Then
            TextBox4.Text = 65
        ElseIf ComboBox4.Text = "手套" Then
            TextBox4.Text = 18
        ElseIf ComboBox4.Text = "腰带" Then
            TextBox4.Text = 15
        End If
    End Sub
    Private Sub ComboBox5_SelectedIndexChanged(ByVal sender As System.Object, ByVal e As
                        System.EventArgs) Handles ComboBox5.SelectedIndexChanged
        If ComboBox5.Text = "真皮包" Then
            TextBox5.Text = 30
        ElseIf ComboBox5.Text = "帆布包" Then
            TextBox5.Text = 20
        ElseIf ComboBox5.Text = "书包" Then
            TextBox5.Text = 35
        ElseIf ComboBox5.Text = "公文包" Then
            TextBox5.Text = 60
        End If
    End Sub
'根据选购服饰以及价格统计价钱
    Private Sub Button1_Click(ByVal sender As System.Object, ByVal e As System.EventArgs)
                        Handles Button1.Click
    Dim a, b As String
    b = Chr(13) & Chr(10) '换行符
    a = "所购服饰为："
    a = a & b & "女装：" & ComboBox1.Text & TextBox1.Text & "元"
    a = a & b & "男装：" & ComboBox2.Text & TextBox2.Text & "元"
    a = a & b & "童装：" & ComboBox3.Text & TextBox3.Text & "元"
    a = a & b & "配饰：" & ComboBox4.Text & TextBox4.Text & "元"
    a = a & b & "箱包：" & ComboBox5.Text & TextBox5.Text & "元"
    a = a & b & "总共：" & Val(TextBox1.Text) + Val(TextBox2.Text) + Val(TextBox3.Text) +
                        Val(TextBox4.Text) + Val(TextBox5.Text) & "元"
    MsgBox(a, , "欢迎再次光临")
End Sub
'为需要重新挑选设置"重置"功能，让所有项目的文本设置为空
```

```
ComboBox1.Text = ""
ComboBox2.Text = ""
ComboBox3.Text = ""
ComboBox4.Text = ""
ComboBox5.Text = ""
TextBox1.Text = ""
TextBox2.Text = ""
TextBox3.Text = ""
TextBox4.Text = ""
TextBox5.Text = ""
```
End Sub
End Class

7.3 拓展训练

7.3.1 【任务 1】计时器的实现

1. 实验目的

制作一个计时器。程序设计界面以及程序运行界面如图 7-7 所示。

知识点：GroupBox 控件和 Timer 控件的属性的应用。

（a）程序设计界面   （b）程序运行界面

图 7-7　计时器的实现

2. 实验内容

在 2 个 TextBox 中分别输入分和秒，在计时结束后，显示计时结束。

3. 界面设计

启动 VS 2015，创建工程，按照程序设计界面为窗体添加控件，窗体和控件对象属性设置及其作用见表 7-7。

表 7-7　窗体和控件对象属性设置及其作用

对 象 名	属 性 名	属 性 值	说　明
GroupBox1, 2	Text	倒计时设置、倒计时开始	作为控件的容器
TextBox1, 2	Text	""	输入时间

对 象 名	属 性 名	属 性 值	说 明
Button1	Text	确定	开始计时
Button2	Text	重置	重置时间
Label3	Text	00:00	显示计时器时间
	Fontsize	10、宋体	
PictureBox1	SizeMode	StretchImage	根据相框整体调整大小
	Image	选择图像	
Timer1	Interval	1000	控制计时器刷新的时间
	Enabled	True	

4．程序代码

```
Public Class Form1
    Public m, s As Short
    Public t As Date
    Private Sub Timer1_Tick(sender As Object, e As EventArgs) Handles Timer1.Tick
        If t = TimeSerial(0, 0, 0) Then
            Timer1.Enabled = False
            Label3.Text = "计时结束"
        Else
            t = DateAdd(Microsoft.VisualBasic.DateInterval.Second, -1, t)
            Label3.Text = Format(t, "mm") & "：" & Format(t, "ss")
        End If
    End Sub
    Private Sub Button2_Click(sender As Object, e As EventArgs) Handles Button2.Click
        TextBox1.Text = ""
        TextBox2.Text = ""
        Label3.Text = "00：00"
        Timer1.Enabled = False
    End Sub
    Private Sub Form1_Load(sender As Object, e As EventArgs) Handles MyBase.Load
        Me.TopMost = True
    End Sub
    Private Sub Button1_Click(sender As Object, e As EventArgs) Handles Button1.Click
        m = Val(TextBox1.Text)
        s = Val(TextBox2.Text)
        t = TimeSerial(0, m, s)
        Label3.Text = Format(t, "mm") & "：" & Format(t, "ss")
        Timer1.Enabled = True
    End Sub
End Class
```

7.3.2 【任务2】丰田系列车配置选择

1．实验目的

丰田车的配置有很多种，但购买用户主要关注车型、排量、变速箱、油耗这几个配置，设计本程序可使用户选择自己所需要的配置，然后输出这些配置。程序设计界面以及程序运行界面如

图 7-8 所示。

知识点：ComboBox、Label、Button、TextBox 控件的属性、方法与事件。

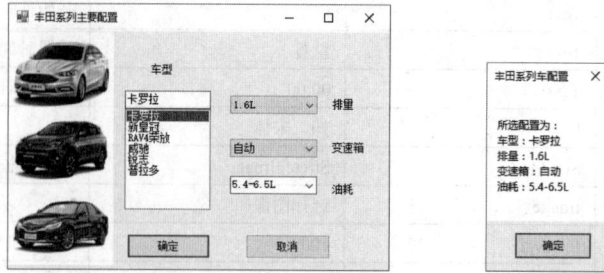

(a) 程序设计界面　　　　　　(b) 程序运行界面

图 7-8　丰田系列车配置选择

2. 实验内容

在组合框 ComboBox1~4 中，分别用 Items.Add 语句添加相关配置选项，单击"确定"按钮，弹出"丰田系列车配置"对话框，显示用户所选择了的车配置。

3. 界面设计

启动 VS 2015，创建工程，按照程序设计界面为窗体添加控件，窗体和控件对象属性设置及其作用见表 7-8。

表 7-8　窗体和控件对象属性设置及其作用

对 象 名	属 性 名	属 性 值	说 明
Form1	Text	丰田系列主要配置	显示窗体标题
Label1~4	Text	车型、排量、变速箱、油耗	显示文本
ComBox1	DropDownStyle	Simple	列表选择配置
ComBox2	DropDownStyle	DropDownList	下拉式选择配置
ComBox3	DropDownStyle	DropDownList	下拉式选择配置
ComBox4	DropDownStyle	DropDownList	下拉式选择配置
PictureBox1~3	SizeMode	StretchImage	显示图片
	Image	选择图像	
Button1	Text	确定	
Button1	Text	取消	

4. 程序代码

```
Public Class Form1
    Private Sub Form1_Load(ByVal sender As System.Object, ByVal e As System.EventArgs)
            Handles MyBase.Load
        ComboBox1.Items.Add("卡罗拉")
        ComboBox1.Items.Add("新皇冠")
        ComboBox1.Items.Add("RAV4 荣放")
        ComboBox1.Items.Add("威驰")
        ComboBox1.Items.Add("锐志")
        ComboBox1.Items.Add("普拉多")
        ComboBox2.Items.Add("1.2T")
```

```
            ComboBox2.Items.Add("1.6L")
            ComboBox2.Items.Add("1.8L")
            ComboBox2.Items.Add("2.0T")
            ComboBox2.Items.Add("2.5L")
            ComboBox2.Items.Add("2.7L")
            ComboBox2.Items.Add("3.5L")
            ComboBox3.Items.Add("自动")
            ComboBox3.Items.Add("手动")
            ComboBox3.Items.Add("自动/手动")
            ComboBox4.Items.Add("5.1-5.7L")
            ComboBox4.Items.Add("5.4-6.5L")
            ComboBox4.Items.Add("7.1-8.8L")
            ComboBox4.Items.Add("6.4-8L")
            ComboBox4.Items.Add("8.8-9.1L")
            ComboBox4.Items.Add("12.2L")
    End Sub
    Private Sub Button2_Click(ByVal sender As System.Object, ByVal e As System.EventArgs)
                             Handles Button2.Click
        End
    End Sub
    Private Sub Button1_Click(ByVal sender As System.Object, ByVal e As System.EventArgs)
                             Handles Button1.Click
        Dim S, k As String
        k = Chr(13) & Chr(10)
        S = "所选配置为："
        S = S & k & "车型：" & ComboBox1.Text
        S = S & k & "排量：" & ComboBox2.Text
        S = S & k & "变速箱：" & ComboBox3.Text
        S = S & k & "油耗：" & ComboBox4.Text
        MsgBox(S, , "丰田系列车配置")
    End Sub
End Class
```

7.3.3 【任务 3】选举投票的实现

1. 实验目的

编写一个"选举投票"程序。参加选举的人对候选人投票，程序统计每个候选人的票数，并输出显示结果。程序设计界面以及程序运行界面如图 7-9 所示。

知识点：Form、RadioButton、Timer 控件的属性、方法与事件。

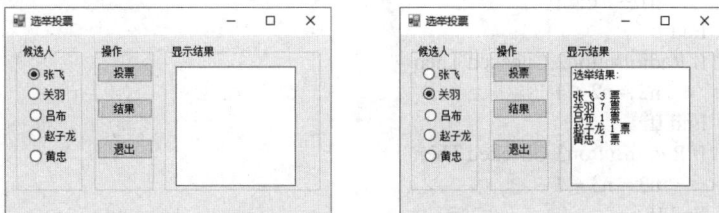

（a）程序设计界面   （b）程序运行界面

图 7-9　选举投票的实现

2．实验内容

在窗体上画 3 个分组框，在第 1 个分组框内添加 5 个单选按钮，在第 2 个分组框内添加 3 个按钮，在第 3 个分组框内添加 1 个文本框，并把该文本框的 MultiLine 属性设置为 True。

3．界面设计

启动 VS 2015，创建工程，按照程序设计界面为窗体添加控件，窗体和控件对象属性设置及其作用见表 7-9。

表 7-9　窗体和控件对象属性设置及其作用

对　象　名	属　性　名	属　性　值	说　　明
Form1	Text	记事本	显示窗体标题
RadioButton1~5	Text	张飞、关羽、吕布、赵子龙、黄忠	显示文本
Button1~3	Text	投票、结果、退出	输入文本内容
TextBox1	Multiline	True	
GroupBox1~3	Text	候选人、操作、显示结果	

4．程序代码

```
Public Class Form1
    Dim n1, n2, n3, n4, n5 As Integer
    Private Sub Button2_Click(sender As Object, e As EventArgs) Handles Button2.Click
        Dim kg As String = Chr(13) & Chr(10)
        Dim S As String = "选举结果：" & kg
        S = S & kg & RadioButton1.Text & Str(n1) & " 票"
        S = S & kg & RadioButton2.Text & Str(n2) & " 票"
        S = S & kg & RadioButton3.Text & Str(n3) & " 票"
        S = S & kg & RadioButton4.Text & Str(n3) & " 票"
        S = S & kg & RadioButton5.Text & Str(n3) & " 票"
        TextBox1.Text = S
    End Sub
    Private Sub Form1_Load(sender As Object, e As EventArgs) Handles MyBase.Load
        n1 = 0
        n2 = 0
        n3 = 0
        n4 = 0
        n5 = 0
    End Sub
    Private Sub Button1_Click(sender As Object, e As EventArgs) Handles Button1.Click
        If RadioButton1.Checked Then
            n1 = n1 + 1
        End If
        If RadioButton2.Checked Then
            n2 = n2 + 1
        End If
        If RadioButton3.Checked Then
            n3 = n3 + 1
        End If
        If RadioButton3.Checked Then
            n3 = n4 + 1
        End If
```

```
        If RadioButton3.Checked Then
            n3 = n5 + 1
        End If
    End Sub
End Class
```

7.3.4 【任务4】赛车程序的实现

1．实验目的

4辆汽车同时起跑，并显示先到终点的汽车号。程序设计界面以及程序运行界面如图7-10所示。
知识点：PictureBox、Button和Timer控件的属性、方法与事件。

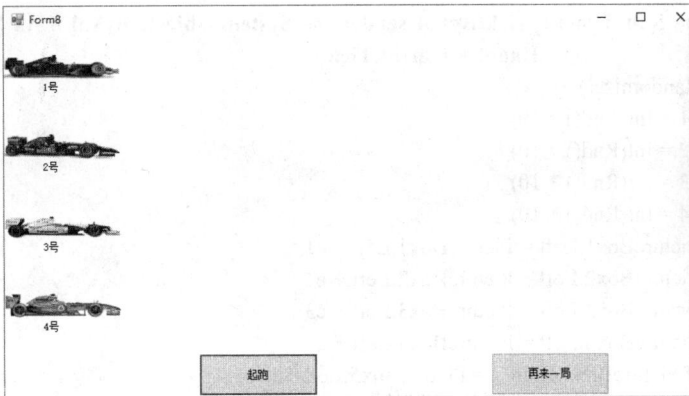

（a）程序设计界面

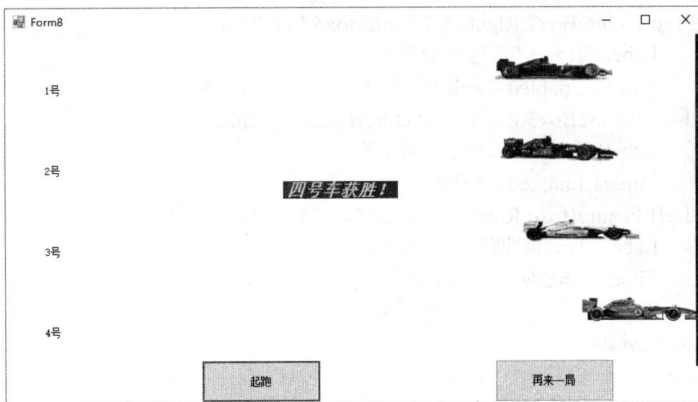

（b）程序运行界面

图7-10 赛车程序的实现

2．实验内容

4辆汽车同时起跑，并通过Label控件显示先到终点的汽车号。

3．界面设计

启动VS 2015，创建工程，按照程序设计界面为窗体添加控件，窗体和控件对象属性设置及其作用见表7-10。

表 7-10　窗体和控件对象属性设置及其作用

对 象 名	属 性 名	属 性 值	说 明
Label1~5	Text	如图 7-10（a）所示	作为提示
PictureBox1~5	SizeMode	StretchImage	显示图片
	Image	选择图像	
Button1, 2	Text	起跑、再来一局	控制汽车起跑和重新开始游戏
Timer	Interval	1	控制图片刷新的时间

4. 程序代码

```
Public Class Form8
    Private c1, c2, c3, c4 As Integer
    Private Sub Timer1_Tick(ByVal sender As System.Object, ByVal e As System.EventArgs)
                Handles Timer1.Tick
        Randomize()
        c1 = Int(Rnd() * 10)
        c2 = Int(Rnd() * 10)
        c3 = Int(Rnd() * 10)
        c4 = Int(Rnd() * 10)
        PictureBox1.Left = PictureBox1.Left + c1
        PictureBox2.Left = PictureBox2.Left + c2
        PictureBox3.Left = PictureBox3.Left + c3
        PictureBox4.Left = PictureBox4.Left + c4
        If PictureBox1.Right >= PictureBox5.Left Then
            Label1.Text = "一号车获胜！"
            Timer1.Enabled = False
        ElseIf PictureBox2.Right >= PictureBox5.Left Then
            Label1.Text = "二号车获胜！"
            Timer1.Enabled = False
        ElseIf PictureBox3.Right >= PictureBox5.Left Then
            Label1.Text = "三号车获胜！"
            Timer1.Enabled = False
        ElseIf PictureBox4.Right >= PictureBox5.Left Then
            Label1.Text = "四号车获胜！"
            Timer1.Enabled = False
        End If
        Me.Refresh()
    End Sub
    Private Sub Form8_Load(ByVal sender As System.Object, ByVal e As System.EventArgs)
                Handles MyBase.Load
        Label1.Text = ""
        Label2.Text = ""
        PictureBox1.Left = Me.Left
        PictureBox2.Left = Me.Left
        PictureBox3.Left = Me.Left
        PictureBox4.Left = Me.Left
    End Sub
    Private Sub Button1_Click(ByVal sender As System.Object, ByVal e As System.EventArgs)
                Handles Button1.Click
        Timer1.Enabled = True
```

```
        End Sub
        Private Sub Button2_Click(ByVal sender As System.Object, ByVal e As System.EventArgs)
                        Handles Button2.Click
            Label1.Text = ""
            Label2.Text = ""
            Timer1.Enabled = False
            PictureBox1.Left = Me.Left
            PictureBox2.Left = Me.Left
            PictureBox3.Left = Me.Left
            PictureBox4.Left = Me.Left
        End Sub
    End Class
```

7.3.5 【任务 5】图像自动切换的实现

1. 实验目的

制作一个图片自动播放器，程序设计界面以及程序运行界面如图 7-11 所示。

知识点：PictureBox、Timer 控件的属性、方法与事件。

（a）程序设计界面   （b）程序运行界面

图 7-11　图像自动切换的实现

2. 实验内容

图像切换需要添加 4 个 PictureBox 控件，并通过 Timer 控件来控制图像的切换与交换。

3. 界面设计

启动 VS 2015，创建工程，按照程序设计界面为窗体添加控件，窗体和控件对象属性设置及其作用见表 7-11。

表 7-11　窗体和控件对象属性设置及其作用

对　象　名	属　性　名	属　性　值	说　　明
PictureBox1~4	SizeMode	StretchImage	根据相框整体调整大小
	Image	选择图像	
Timer1	Interval	2000	控制图片切换的时间
	Enabled	True	

4. 程序代码

```
    Public Class Form1
        Dim m As Integer = 0
```

```
Private Sub Form1_Load(sender As Object, e As EventArgs) Handles MyBase.Load
    Timer1.Enabled = True
End Sub
Private Sub Timer1_Tick(sender As Object, e As EventArgs) Handles Timer1.Tick
    Dim n As Integer
    PictureBox1.Hide()
    PictureBox2.Hide()
    PictureBox3.Hide()
    PictureBox4.Hide()
    PictureBox5.Hide()
    PictureBox6.Hide()
    n = m Mod 5 + 1
    If n = 1 Then
        PictureBox1.Show()
    ElseIf n = 2 Then
        PictureBox2.Show()
    ElseIf n = 3 Then
        PictureBox3.Show()
    ElseIf n = 4 Then
        PictureBox4.Show()
    ElseIf n = 5 Then
        PictureBox5.Show()
    Else
        PictureBox6.Show()
    End If
    m = m + 1
End Sub
End Class
```

7.3.6 【任务 6】途牛旅游调查

1. 实验目的

通过信息录入调查游客在旅游网站上的浏览资料，程序设计界面以及程序运行界面如图 7-12 所示。

知识点：TextBox、GroupBox、RadioButton、ComboBox、RichTextBox、Label、Button 控件的属性、方法与事件。

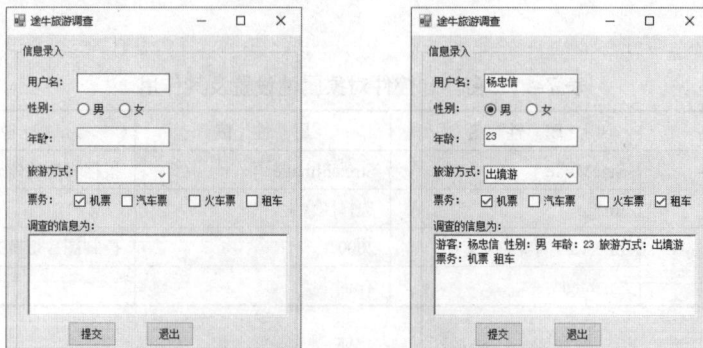

（a）程序设计界面   （b）程序运行界面

图 7-12　途牛旅游调查

2. 实验内容

在按钮 Button1、Button2 中添加单击事件显示游客在途牛网站上填写的调查资料。

3. 界面设计

启动 VS 2015，创建工程，按照程序设计界面为窗体添加控件，窗体和控件对象属性设置见表 7-12。

表 7-12 窗体和控件对象属性设置

对 象 名	属 性 名	属 性 值
Label1~5	Text	用户名、性别、年龄、旅游方式、调查的信息为
TextBox1	Maxlength	20
Button1, 2	Text	提交、退出
GroupBox	Text	信息录入
RadioButton	Text	男、女
ComboBox	Text	下拉窗体

4. 程序代码

```
Public Class Form1
    Dim s, s1 As Char()
    Private Sub Form1_Load(ByVal sender As System.Object, ByVal e As System.EventArgs)
            Handles MyBase.Load
        ComboBox1.Items.Add("全部")
        ComboBox1.Items.Add("跟团游")
        ComboBox1.Items.Add("自助游")
        ComboBox1.Items.Add("国内游")
        ComboBox1.Items.Add("周边游")
        ComboBox1.Items.Add("出境游")
        ComboBox1.Items.Add("邮轮")
        ComboBox1.Items.Add("酒店+景点")
        ComboBox1.Items.Add("定制游")
        ComboBox1.Items.Add("户外探险")
        ComboBox1.Items.Add("海岛风情")
        ComboBox1.Items.Add("温泉滑雪")
        ComboBox1.Items.Add("婚纱旅拍")
        ComboBox1.Items.Add("团体出游")
        ComboBox1.Items.Add("当地玩乐")
    End Sub
    Private Sub Button1_Click(ByVal sender As System.Object, ByVal e As System.EventArgs)
            Handles Button1.Click
        If RadioButton1.Checked = True Then
            s = "男"
        Else
            s = "女"
        End If
        If RadioButton1.Checked = False And RadioButton2.Checked = False Then
            s = " "
        End If
        If CheckBox1.Checked = True Then
```

```
                s1 &= "机票 "
            End If
            If CheckBox2.Checked = True Then
                s1 &= "汽车票"
            End If
            If CheckBox3.Checked = True Then
                s1 &= "火车票"
            End If
            If CheckBox4.Checked = True Then
                s1 &= "租车"
            End If
            RichTextBox1.Text = "游客：" + TextBox1.Text + " 性别：" + s + " 年龄：" +
                CStr(TextBox2.Text) + " 旅游方式：" + ComboBox1.Text + " 票务：" + s1
            MsgBox("提交成功")
    End Sub
    Private Sub Button2_Click(ByVal sender As System.Object, ByVal e As System.EventArgs)
            Handles Button2.Click
        End
    End Sub
End Class
```

7.3.7 【任务 7】模拟彩票

1. 实验目的

编写一个"模拟彩票程序"。该程序运行后。此时只有"开始"按钮有效，单击"开始"按钮或按 Alt+S 组合键后，在 7 个标签中不断快速显示 1~50（不包含 50）的随机整数，同时"抽奖"按钮变为有效，"开始"按钮变为无效。程序设计界面以及程序运行界面如图 7-13 所示。

知识点：Label、Button、Timer 控件的属性、方法与事件。

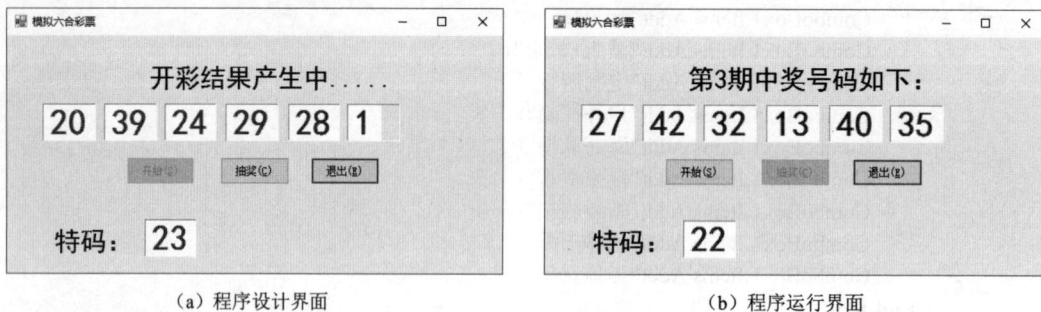

（a）程序设计界面　　　　　　　　　　（b）程序运行界面

图 7-13　模拟彩票

2. 实验内容

新建一个名为彩票的项目，然后在其窗体设计器中，添加 Label 控件、Button 控件、Timer 组件和 ToolTip 组件对象。

3. 界面设计

启动 VS 2015，创建工程，按照程序设计界面为窗体添加控件，窗体和控件对象属性设置见

表 7-13。

表 7-13　窗体和控件对象属性设置

对 象 类 型	对 象 名 称	属　　性	属 性 值
窗体	Form1	Text	模拟彩票系统
Label1~8	l1~l7	Text	空值
		Font	黑体、Bold、30
		ForeColor	红色
		BorderStyle	Fixed3D
		BackColor	白色
	l8	Text	请单击"开始"按钮
		Font	黑体、Bold、22
Label9	l9	Text	特码
		Font	黑体、Bold、30
Button1~3	Button1	Text	开始（&S）
		ToolTip 上的 ToolTip	单击"开始"按钮开始抽奖
Button1~3	Button2	Text	抽奖（&C）
		ToolTip 上的 ToolTip	单击"抽奖"按钮产生抽奖号码
		Enabled	False
	Button3	Text	退出（&E）
		ToolTip 上的 ToolTip	单击"退出"按钮结束程序
		Enabled	False
Timer1, 2	Timer1	Interval	10，10

4．程序代码

```
Public Class Form1
    Dim count As Integer = 0
    Private Sub Timer1_Tick(ByVal sender As System.Object, ByVal e As System.EventArgs)
            Handles Timer1.Tick
        '在计时器控件的 Tick 事件中产生随机数
        Randomize()
        l1.Text = Fix(Rnd() * 49) + 1
        l2.Text = Fix(Rnd() * 49) + 1
        l3.Text = Fix(Rnd() * 49) + 1
        l4.Text = Fix(Rnd() * 49) + 1
        l5.Text = Fix(Rnd() * 49) + 1
        l6.Text = Fix(Rnd() * 49) + 1
    End Sub
    Private Sub Timer2_Tick(sender As Object, e As EventArgs) Handles Timer2.Tick
        Randomize()
        l7.Text = Fix(Rnd() * 49) + 1
    End Sub
    Private Sub Button1_Click(sender As Object, e As EventArgs) Handles Button1.Click
        Timer1.Enabled = True
        Timer2.Enabled = True
        Button1.Enabled = False
        Button2.Enabled = True
```

```
        l9.Text = "开彩结果产生中....."
    End Sub
    Private Sub Button2_Click(sender As Object, e As EventArgs) Handles Button2.Click
        Timer1.Enabled = False
        Timer2.Enabled = False
        count += 1
        l9.Text = "第" + CStr(count) + "期中奖号码如下："
        Button2.Enabled = False
        Button1.Enabled = True
        Button3.Enabled = True
    End Sub
    Private Sub Button3_Click(ByVal sender As System.Object, ByVal e As System.EventArgs)
                    Handles Button3.Click
        Me.Close()
    End Sub
End Class
```

第8章 Windows 高级界面设计

本章要点
- VB.NET 中的菜单。
- MenuStrip 控件的属性、事件和方法。
- 弹出式菜单与菜单基本操作。
- 工具栏的应用。
- 状态栏的应用。
- MDI 窗体的应用。
- 对话框控件的应用。

8.1 理论知识

本章主要介绍 Windows 高级界面设计、菜单与菜单的属性、事件和方法、弹出式菜单与菜单基本操作、工具栏的应用、状态栏的应用、MDI 窗体的应用、对话框控件的应用，并通过实例应用阐述 VB.NET 高级界面的应用。

8.1.1 VB.NET 中的菜单

VB.NET 的应用程序窗口中添加菜单可以使用户界面更加简便、直观地选择命令和选项，让用户感到操作更简单、快捷。在 VB.NET 中，运用系统提供的工具可以非常方便地建立下拉菜单和弹出式菜单。其中下拉菜单的菜单结构主要由主菜单项、一级子菜单项、二级子菜单项、分隔条、快捷键（热键）等组成。

1．菜单的基本作用

菜单有两大作用：一是提供人机交互的界面，以便使用者选择应用系统的各种功能；二是管理应用系统，控制各种功能模块的运行。一个高质量的菜单程序，不仅能使系统美观，而且能使操作者使用方便，并可避免由于误操作而带来的严重后果。

根据菜单的操作方式可分为弹出式菜单与下拉式菜单。

2．菜单结构

主菜单通常位于窗体的顶部的菜单栏上，包括应用程序的所有功能。主菜单通过 MenuStrip 组件建立。该组件是非用户界面组件，在设计阶段，不出现在窗体上，而是位于窗体下方专用的面板上。

主菜单通过 MenuStrip 控件建立。其默认名称为 MenuStripX（X 为 1、2、3…）。MenuStrip 控件是窗体菜单结构容器，由菜单 ToolStripMenuItem1 / ToolStripMenuItem2…对象组成，每个 ToolStripMenuItem 表示的是菜单结构中单个的菜单项，它是菜单命令或其他子菜单项的父菜单，可以把 ToolStripMenuItem1 看成 MenuStrip（菜单项）的集合。在 VB.NET 中，是用 MenuStrip 控件来制作菜单的，它在工具箱中及其菜单对象如图 8-1 和图 8-2 所示。

图 8-1　MenuStrip 菜单容器　　　　　图 8-2　MenuStrip 菜单对象

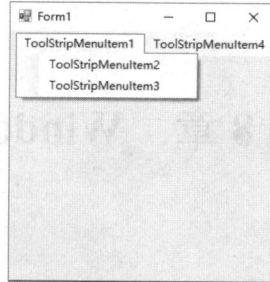

8.1.2　MenuStrip 控件的属性、事件和方法

主菜单位于菜单栏上，是可供选择的命令项目列表 。其中菜单栏上有多个菜单标题，在菜单系统中，通过分隔线将菜单项分组，把功能相近的菜单命令放在一起，菜单可以分级归纳在一起，最多可以设计 6 级子菜单，菜单项通常有 3 种状态，即正常、隐藏和禁用。

1．MenuStrip 控件的属性

Text 属性：用来设置一个值，通过该值显示菜单项的标题。在 VB.NET 中"&"符号和 VB 中的"&"符号所起的作用完全一致，作用是为菜单设定快捷键（又称热键或访问键）。"-"符号作用是在菜单项之间设立分割。因此，可在该字符前面加一个"&"符号来标识热键（访问键，即加下画线的字母）。例如，要将"New"中的"N"指定为访问键，应将该项的标题指定为"&New"。所谓访问键，就是菜单项中加了下画线的字母，只要按 Alt 键和加了下画线的字母键，就可以选择相应的菜单项。用访问键选择菜单项时，必须一级一级地选择。也就是说，只有在下拉显示下一级菜单后，才能用 Alt 键和菜单项中有下画线的字母键选择。

Checked 属性：一个 Boolean 值，用来为菜单项增加复选标记。

DefaultItem 属性：一个 Boolean 值，用来确定某个菜单项是否是上一级菜单的默认选择项。

Enabled 属性：一个 Boolean 值，用来确定菜单项是否可用。

MergeOrder 属性：一个 Integer 值，当两个菜单合并时，该属性用来指定合并后菜单项的显示顺序。

AllowMerge 属性：当一个菜单结构与另一个菜单结构合并时，该属性用来确定如何处理合并菜单的菜单项。

RadioCheck 属性：一个 Boolean 值，用来确定已设置 Checked 属性（True）的菜单项显示单选按钮还是选中标记。

ShortCutKeys 属性：用来设置与菜单项关联的快捷键。

ShowShortCutKeys 属性：一个 Boolean 值，用来确定与菜单项关联的快捷键是否在菜单项标题的旁边显示。

Visible 属性：一个 Boolean 值，用来确定菜单项是否可见。

2．MenuStrip 控件的事件

菜单项常用的事件为 Click 事件。其中 Click 与一般控件的单击事件相同，即当单击某个菜单项时，发生该菜单项的 Click 事件。其事件过程格式为：

Private Sub 菜单项名_Click(ByVal sender As System.Object, ByVal e As System.EventArgs) Handles 菜单项名.Click

```
    …
    End Sub
```
例如，为 A1 菜单项（其 Name 为 A1ToolStripMenuItem）添加的单击事件如图 8-3 所示。

```
    Private Sub A1ToolStripMenuItem_Click(ByVal sender As System.Object, ByVal e As
            System.EventArgs) Handles A1ToolStripMenuItem.Click
    …
    End Sub
```

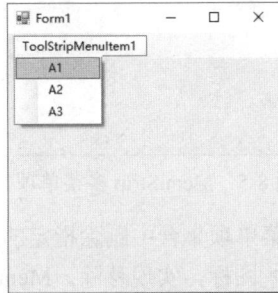

图 8-3　MenuStrip 子菜单对象

3．MenuStrip 控件的方法

VB.NET 中常用的菜单操作方法有添加菜单项方法与移除菜单项方法。

菜单的方法可以用于不同的菜单对象，其中有的用于 MenuStrip，有的用于菜单项 ToolStripMenuItem1，有的则用于菜单项集合，即 ToolStripMenuItems。菜单项集合是菜单项的集合，与普通的集合有许多相同之处，所使用的方法也大致相同。下面主要介绍用于菜单项添加与移除的方法。

添加菜单项方法：首先创建一个项目，把 Visual Studio .Net 的当前窗口切换到"Form1.vb（设计）"窗口，并从"工具箱"的"Windows 窗体组件"选项卡中向 Form1 窗体中拖入下列组件：一个 MenuStrip 组件，名称为"MenuStrip1"。选中 MenuStrip1 组件，单击鼠标右键，在弹出的菜单中选择"编辑菜单"。把一个菜单项加到菜单集合中，作为当前菜单项的下一级菜单项，一般先为窗体添加一个 MenuStrip，默认生成 MenuStrip1，然后通过选定 MenuStrip1，右键弹出菜单中选中"编辑项"，弹出项集合编辑器，单击"添加"按钮，可为该菜单项添加 3 个菜单项，分别为 ToolStripMenuItem X（X 为 1、2、3…）。MenuStrip 菜单项集合编辑器如图 8-4 所示。

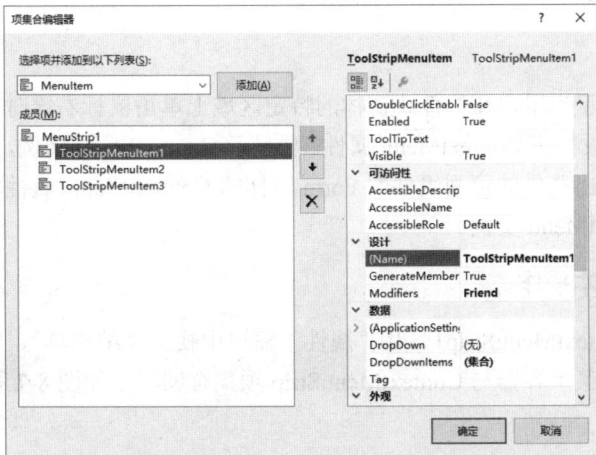

图 8-4　MenuStrip 菜单项集合编辑器

接着为每个菜单项添加 3 个子菜单，分别为(A1, A2, A3)、(B1, B2, B3)、(C1, C2, C3)。MenuStrip 多菜单项如图 8-5 所示。

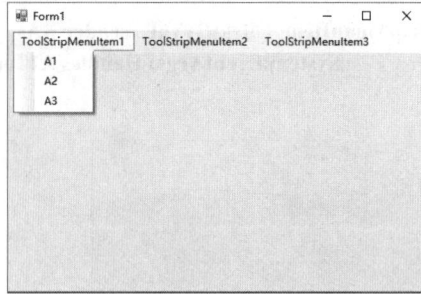

图 8-5　MenuStrip 多菜单项

移除菜单项方法：该方法用来从菜单项集合中删除指定的菜单项，可通过选中需要移除的菜单项，然后单击项目集合编辑器中的⌧图标，实现移除。MenuStrip 移除菜单项如图 8-6 所示。

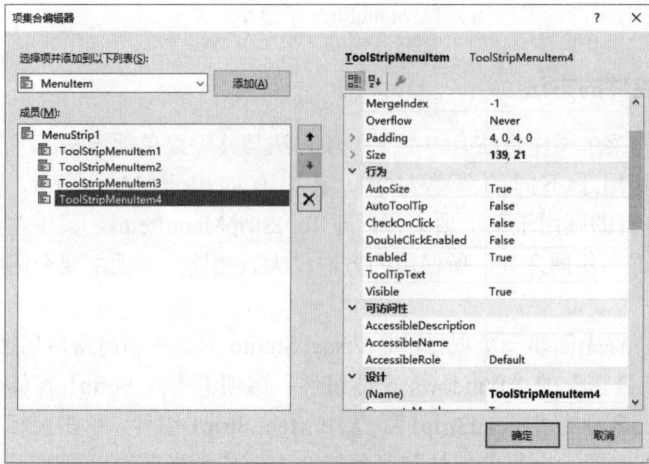

图 8-6　MenuStrip 移除菜单项

8.1.3　弹出式菜单与菜单基本操作

1．弹出式菜单

ContextMenu 类表示当用户在控件或窗体的特定区域上单击鼠标右键时弹出的菜单结构。可视控件和 Form 窗体一般都有 ContextMenu 属性。要显示 ContextMenu 实例，只需把 ContextMenu 实例分配给要显示此弹出菜单的可视组件或 Form 窗体的 ContextMenu 属性就可以了。多个组件可共同使用一个 ContextMenu 实例。

2．弹出菜单的基本操作

在窗体上选中 ContextMenuStrip1，从"属性"窗口中找到"编辑项"，然后打开"项集合编辑器"对话框。弹出式菜单容器与 ContextMenuStrip 项集合编辑器如图 8-7 和图 8-8 所示。

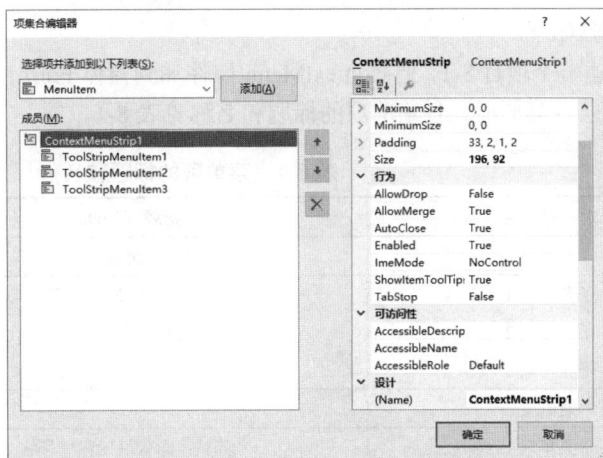

图 8-7　弹出式菜单容器　　　　图 8-8　ContextMenuStrip 项集合编辑器

运用 VB.Net 的菜单设计器来设计弹出菜单的一般步骤。

（1）首先创建一个项目 WindowsApplication1，从"工具箱"中的"Windows 窗体组件"选项卡中向 Form1 窗体中拖入一个 ContextMenu 组件，名称为 ContextMenu1。

（2）选中 ContextMenu1 组件，单击鼠标右键，在弹出的菜单中选择"编辑菜单"。

（3）为弹出菜单添加 3 个菜单项，分别为 ToolStripMenuItem1、ToolStripMenuItem2、ToolStripMenuItem3，并分别改写 Text 属性为"复制(&C)"、"剪切(&X)"、"粘贴(&V)"后，选定 Form1 的属性选项卡，并设定 Form1 的 ContextMenuStrip 的属性值为"ContextMenuStrip1"，将弹出式菜单与相应控件建立关联。

（4）此时按 F5 键运行程序，在程序窗体中单击鼠标右键，则弹出上面设计的弹出菜单。

（5）对于其他组件一般也都有 ContextMenu 属性，只需把组件的 ContextMenu 属性值设置为设计好的弹出菜单名称，这样当在此组件中单击鼠标右键，就会弹出对应的弹出菜单，如图 8-9 所示。

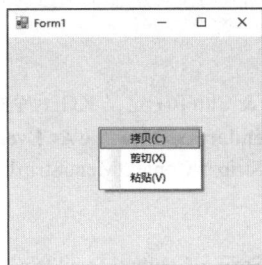

图 8-9　弹出式菜单结果

【例 8-1】为文本框建立一个弹出式菜单，通过该菜单进行古诗词欣赏，如图 8-10 和图 8-11 所示。

图 8-10　右键弹出式菜单　　　　图 8-11　弹出式菜单显示结果

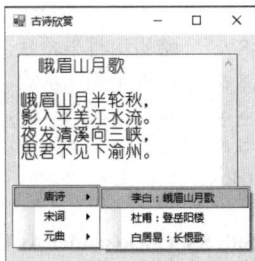

实现步骤如下。

（1）创建一个项目 8-1，把 ContextMenu 控件加到窗体 Form1 上，并添加一个 TextBox1 控件。

（2）建立各菜单项。各菜单项的标题和名称见表 8-1。

表 8-1 菜单项的标题和名称

对　象　名	标题（Text）	名称（Name）
菜单项	唐诗	T1
子菜单项 1	李白：峨眉山月歌	LB
子菜单项 2	杜甫：登岳阳楼	DF
子菜单项 3	白居易：长恨歌	BJY
菜单项	宋词	S1
子菜单项 1	苏轼：念奴娇·赤壁怀古	SS
子菜单项 2	欧阳修：蝶恋花	EYX
子菜单项 3	王安石：桂枝香·登临送目	WAS
菜单项	元曲	Y1
子菜单项 1	马致远：越调·天净沙·秋思	MZY
子菜单项 2	关汉卿：南吕·四块玉·别情	GHQ
子菜单项 3	张可久：双调·折桂令·西陵送别	ZKJ

（3）选择 ContextMenu1 控件，然后单击窗体左上角的"上下文菜单"，在其下方的方框中输入菜单项，其方法与弹出式菜单相同。

（4）在窗体上添加一个文本框，把它的 MultiLine 属性设置 True，ScrollBars 属性设置 Vertical，FontSize 属性设置为 14，FontName 属性设置为"幼圆"。

（5）建立与弹出式菜单相关联的控件：

    TextBox1.ContextMenuStrip = ContextMenuStrip1

该语句放在 Form1_Load 事件过程中，用来建立弹出式菜单与文本框控件的关联。

（6）编写如下代码。

```
Public Class Form1
    Dim KG As String = Chr(13) & Chr(10) '定义 KG 为空格
    Private Sub Form1_Load(sender As Object, e As EventArgs) Handles MyBase.Load
        TextBox1.ContextMenuStrip = ContextMenuStrip1
        TextBox1.Text = ""
        Me.Text = "古诗欣赏"
        TextBox1.ContextMenuStrip = ContextMenuStrip1
    End Sub
    Private Sub LB_Click(sender As Object, e As EventArgs) Handles LB.Click
        Dim S As String
        S = "峨眉山月歌" & KG & KG
        S = S & "峨眉山月半轮秋，" & KG
        S = S & "影入平羌江水流。" & KG
        S = S & "夜发清溪向三峡，" & KG
        S = S & "思君不见下渝州。"
        TextBox1.Text = S
    End Sub
    Private Sub SS_Click(sender As Object, e As EventArgs) Handles SS.Click
        Dim S As String
        S = "念奴娇（赤壁怀古）" & KG & KG
```

```
        S = S & "大江东去," & KG & "浪淘尽，千古风流人物。" & KG
        S = S & "故垒西边，人道是、" & KG & "三国周郎赤壁。" & KG
        S = S & "乱石穿空，惊涛拍岸，" & KG & "卷起千堆雪。" & KG
        S = S & "江山如画，一时多少豪杰。" & KG
        S = S & "遥想公瑾当年，" & KG & "小乔出嫁了，雄姿英发。" & KG
        S = S & "羽扇纶巾，谈笑间、" & KG & "樯橹灰飞烟灭。故国神游，" & KG
        S = S & "多情应笑我，早生华发。" & KG
        S = S & "人生如梦，一樽还酹江月。" & KG
        TextBox1.Text = S
    End Sub
    Private Sub MZY_Click(sender As Object, e As EventArgs) Handles MZY.Click
        Dim S As String
        S = "天净沙  秋思" & KG & KG
        S = S & "枯藤老树昏鸦，" & KG
        S = S & "小桥流水人家，" & KG
        S = S & "古道西风瘦马。" & KG
        S = S & "夕阳西下，" & KG
        S = S & "断肠人在天涯。"
        TextBox1.Text = S
    End Sub
End Class
```

8.1.4 工具栏的应用

工具栏通常位于应用程序窗口的顶部（也可置于底部或左右两侧），它形象地体现了应用程序的常用功能，进一步增强了应用程序的用户界面。用户可单击图形按钮来快速完成操作。

在 Windows 应用程序中，通常会用到工具栏，它通常是以普通按钮、下拉菜单或分隔符的形式显示的，一般情况下，工具栏上的按钮或菜单与应用程序的菜单中的项对应，给用户提供了对应用程序的一些常用菜单的快捷访问。

在 VB.NET 中，我们是用 ToolStrip 控件来制作工具栏的，其工具栏控件与工具栏控件对象如图 8-12 和图 8-13 所示。

图 8-12 ToolStrip 工具栏控件   图 8-13 ToolStrip 工具栏控件对象

单击"添加"和"移除"按钮可以改变工具栏（ToolStrip）中显示的命令按钮。一个完整的工具栏一般包括命令按钮、命令按钮上显示的图标、命令按钮响应的命令。所以我们设计工具栏时，需要为 ToolStrip 控件添加按钮，然后为按钮关联相关的图标，最后为按钮设计它所要响应的命令代码。

1．在设计时添加按钮

（1）选择窗体上的"工具栏"（ToolStrip）控件，在"属性"窗口中单击 Buttons 属性后的省略号按钮打开 ToolBarButton 集合编辑器。

（2）配置编辑器右侧窗格中出现的"属性"窗口中单个按钮的属性。ToolBarButton 集合编辑器见表 8-2。

表 8-2　ToolBarButton 集合编辑器

属　　性	说　　明
DropDownMenu	设置要在下拉工具栏按钮中显示的菜单。工具栏按钮的 Style 属性必须设置为 DropDown Button。该属性将 ContextMenu 类的一个实例作为引用
PartialPush	设置切换样式的按钮是否为部分下压。工具栏按钮的 Style 属性必须设置为 ToggleButton
Pushed	设置切换样式的工具栏按钮当前是否处于下压状态。工具栏按钮的 Style 属性必须设置为 ToggleButton 或 PushButton
Style	设置工具栏按钮的样式。必须是 ToolBarButtonStyle 枚举中的值之一
Text	按钮显示的文本字符串
ToolTipText	显示为按钮的工具提示的文本

2．工具栏上的 Click 事件

为 ToolBar 控件的 ButtonClick 事件添加事件处理程序。使用 Select Case 语句以及 ToolBarButtonClickEventArgs 类来确定单击的工具栏按钮，并据此显示相应的消息框。

8.1.5　状态栏的应用

状态栏通常位于应用程序界面的底部，它用图形或文字的方式反映应用程序的状态或信息。在 Windows 应用程序的窗体中，StatusBar 控件通常作为窗体中的一个区域显示在窗口的底部，用于显示程序的各种状态信息，我们称它为状态栏。

StatusStrip 控件的基本组成单位是状态栏面板——StatusBarPanel，用来显示状态的文本或图标，也可以用来显示指示进程正在执行的动画图标等。

1．在设计时向状态栏添加面板

（1）从工具箱中向窗体添加 StatusStrip 控件，在 VB.NET 的工具箱中 StatusStrip 控件对象如图 8-14 所示。

图 8-14　StatusStrip 控件对象

（2）在窗体上选中 StatusStrip1，从"属性"窗口中找到"编辑项"，然后打开"项集合编辑器"对话框。StatusStrip 项集合编辑器如图 8-15 所示。

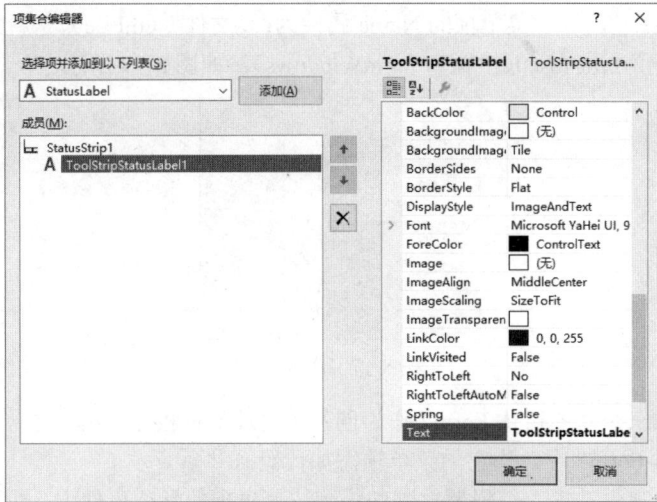

图 8-15　StatusStrip 项集合编辑器

（3）单击"添加"和"移除"按钮分别向 StatusStrip1 控件添加面板和从中移除面板。在右侧窗格中出现的属性窗口中配置单个面板的属性。单击"确定"按钮关闭对话框并创建指定的面板。

2．StatusStrip 的属性

AutoSize：确定面板的调整大小行为。必须是 StatusBarPanelAutoSize 枚举值之一。
Text：面板显示的文本字符串。

8.1.6　MDI 窗体的应用

MDI 窗体在多文档 Windows 应用程序中有着举足轻重的地位，目前流行的 Maxthon 浏览器就是代表之一，MDI 子窗体的创建避免了用户打开很多窗口时任务栏中挤满了让人眼花缭乱的窗体。

1．如何创建 MDI 父窗体和子窗体

（1）建立一个默认空白的 Windows 应用程序，在 Form1 窗体的属性窗口中找到 IsMdiContainer 属性，设置为 True，IsMdiContainer 属性如图 8-16 所示。

图 8-16　IsMdiContainer 属性

（2）从工具箱上拖放 MenuStrip 组件放到父窗体的 Form1 窗体上，建立如下顶级菜单项"文件（&F）"和"窗口（&W）"，然后再在"文件"菜单项下建立子菜单项"新建（&N）"、"保存

（&S）"和"退出（&E）"，各个菜单项的 Name 属性为："文件"（mFile）、"新建"（mNew）、"保存"（mSave）、"退出"（mClose）、"窗口"（mWindows），如图 8-17 所示。

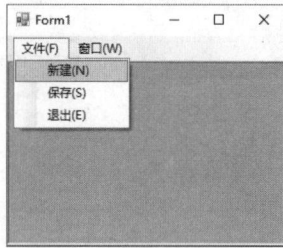

图 8-17　主菜单

（3）为项目添加一个新的窗体 Form2 作为创建子窗体的模板。

（4）返回父窗体 Form1 中，为它的菜单项添加代码。

双击子菜单"新建"选项，编辑器自动切换到该菜单项的默认事件中，为它添加如下代码。

```
Private Sub mNew_Click(ByVal sender As System.Object, ByVal e As System.EventArgs) Handles mNew.Click
    Dim NewMdiChild As New Form2
    NewMdiChild.MdiParent = Me
    NewMdiChild.Show()
    NewMdiChild.Text = "子窗体" & (Me.MdiChildren.GetUpperBound(0) + 1).ToString
End Sub
```

（5）为子菜单项"退出"的 Click 事件添加如下代码。

```
Application.Exit()
```

（6）按 F5 键运行，从"文件"菜单中，选择"新建"选项创建新 MDI 子窗体，并可以显示 MDI 窗口列表。运行效果如图 8-18 所示。

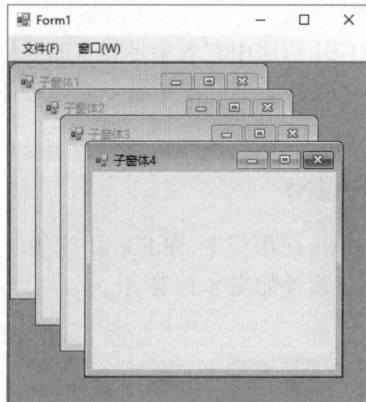

图 8-18　创建 MDI 子窗体

注意：当前的活动子窗体使用一个对钩标记，我们还可以在显示列表中切换活动窗口。

2．排列子窗体

同时，我们可以通过 MdiLayout 方法来实现子窗体的排列。

首先我们回到父窗体 Form1 中，然后在刚才的菜单项"窗口"下创建 4 个子菜单项，见表 8-3。

表 8-3　窗口 4 个子菜单项

Text 属性	Name 属性
排列窗口	Layout1
层叠窗口	Layout2
垂直平铺	Layout3
水平平铺	Layout4

（1）在代码编辑器中加入如下代码。

```
Private Sub Layout1_Click(ByVal sender As System.Object, ByVal e As System.EventArgs)
                        Handles Layout1.Click
    Me.LayoutMdi(MdiLayout.ArrangeIcons) '排列窗口
End Sub
Private Sub Layout2_Click(ByVal sender As System.Object, ByVal e As System.EventArgs)
                        Handles Layout2.Click
    Me.LayoutMdi(MdiLayout.Cascade) '重叠窗口
End Sub
Private Sub Layout3_Click(ByVal sender As System.Object, ByVal e As System.EventArgs)
                        Handles Layout3.Click
    Me.LayoutMdi(MdiLayout.TileVertical) '垂直平铺
End Sub
Private Sub Layout4_Click(ByVal sender As System.Object, ByVal e As System.EventArgs)
                        Handles Layout4.Click
    Me.LayoutMdi(MdiLayout.TileHorizontal) '水平平铺
End Sub
```

（2）运行结果如图 8-19 所示。

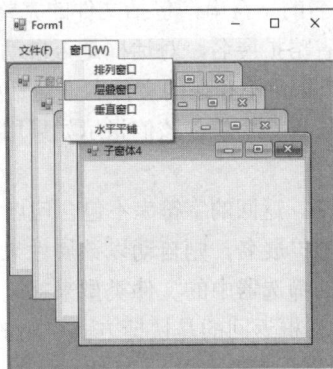

图 8-19　层叠窗口

8.1.7　对话框控件的应用

OpenFileDialog 组件是.NET 预设的有模式的对话框之一，与 Windows 操作系统中常见的"打开"对话框一样，如图 8-20 所示。

图 8-20　OpenFileDialog 对话框

使用 OpenFileDialog 组件可以快速创建打开文件对话框；用户可以使用它浏览计算机以及网络中任何计算机上的文件夹，并选择打开一个或多个文件。该对话框返回用户在对话框中选定的文件的路径和名称。在 VB.NET 工具箱中，OpenFileDialog 组件如图 8-21 所示。

图 8-21　OpenFileDialog 组件

1．OpenFileDialog 组件常用属性和方法

FileName 属性：用于指定文件名的字符串，包括文件的完整路径。

AddExtension 属性：如果用户省略扩展名，对话框是否自动在文件名中添加扩展名。

CheckFileExists 属性：如果用户指定不存在的文件名，对话框是否显示警告。

CheckPathExists 属性：获取或设置一个值，该值指示如果用户指定不存在的路径，对话框是否显示警告。

DefaultExt 属性：默认文件扩展名，返回的字符串不包含句点（.），默认值为一空字符串（""）。若当用户输入文件名时未指定文件的扩展名，则自动以该属性来补全扩展名，如果 DefaultExt 属性为默认空字符串，则以当前选定的筛选器中的文件类型来补全缺少的文件扩展名。

DereferenceLinks 属性：指示对话框返回的是快捷方式引用的文件的位置（设置为 True），还是返回快捷方式（.lnk）的位置（设置为 False）。

默认值为 True，即选中快捷方式时，FileName 返回的是文件的真实路径，如果该值为 False，则返回的是该快捷方式所在的位置。

Filter 属性：当前文件名筛选器字符串，该字符串决定对话框的"另存为文件类型"或"文件类型"框中出现的选择内容。

FilterIndex 属性：获取或设置文件对话框中当前选定筛选器的索引。

InitialDirectory 属性：文件对话框显示的初始目录。

Multiselect 属性：指示对话框是否允许选择多个文件。

ShowReadOnly 属性：指示对话框是否包含只读复选框。当它为 True 时，将会显示"以只读方式打开"的复选框。

ReadOnlyChecked 属性：指示是否选定只读复选框，默认为 False，需要与 ShowReadOnly 属性配合使用。

RestoreDirectory 属性：指示对话框在关闭前是否还原当前目录。

Title 属性：获取或设置文件对话框标题。

通过 ShowDialog 方法可为用户显示对话框，当 ShowDialog 返回 DialogResult.OK，表明用户单击了 OK 按钮，则 SelectedPath 属性将返回包含选定的文件夹路径的字符串。如果 ShowDialog 返回 DialogResult.Cancel，表明用户退出了对话框，则此属性的值与它在显示对话框前的值相同。

我们通过 ShowDialog 方法来显示"打开"对话框。通过 OpenFile 方法以只读方式打开一个选定的文件，如果需要进行写操作，则必须使用 StreamReader 类的实例打开文件。

2．SaveFileDialog 组件常用属性和方法

SaveFileDialog 组件也是.NET 预设的有模式对话框之一，显示的是系统的"另存为"对话框。我们可以通过它来快速开发一个能让用户马上熟悉和方便使用的 Windows 应用程序界面。SaveFileDialog 对话框如图 8-22 所示。

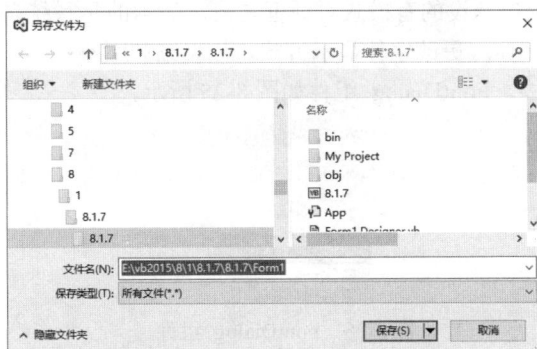

图 8-22　SaveFileDialog 对话框

在 VB.NET 的工具箱中，SaveFileDialog 组件如图 8-23 所示。

图 8-23　SaveFileDialog 组件

3．FolderBrowserDialog 组件常用属性和方法

VB.NET 中的 FolderBrowserDialog 组件也是一个标准的预设对话框，用户可以通过它浏览并选择文件夹，也可以先创建然后再选择这个新建的文件夹，文件夹的浏览通过树控件来完成。

当用户只选择文件夹而不是具体的文件时，就可以用 FolderBrowserDialog 组件，在 VB.NET 的工具箱中，该组件如图 8-24 所示。

Description 属性：用于设置对话框中在树视图控件上显示的说明文本，该属性默认值为空，我们可以使用它为用户指定附加的说明等信息。

例如，FolderBrowserDialog1.Description＝"Description 属性的说明文本"。

图 8-24　FolderBrowserDialog 组件

RootFolder 属性：设置从其开始浏览的根文件夹，默认值为 Desktop。只有指定的文件夹及其所有子文件夹将出现在对话框中，并可被选定。

ShowNewFolderButton 属性：对话框中是否显示"新建文件夹"按钮，默认值为 True。

SelectedPath 属性：返回用户选择的路径。只要 SelectedPath 是绝对路径并且是 RootFolder 的子文件夹的，SelectedPath 属性与 RootFolder 就能确定对话框显示时选定的文件夹。

4．FontDialog 组件常用属性和方法

FontDialog 组件是.NET 预设的有模式对话框之一，显示的是系统自带的标准"字体"对话框，用户可以使用它选择字体，更改字体显示方式，如粗细和大小。

在 VB.NET 的工具箱中，FontDialog 组件如图 8-25 所示。

图 8-25　FontDialog 组件

Font 属性：选定的字体，"字体"对话框返回用户选定的字体。

ShowApply 属性：指示对话框是否包含"应用"按钮，默认值为 False。如果对话框包含"应用"按钮，则为 True，此时单击对话框上的"应用"按钮将会触发组件 Apply 事件。

ShowColor 属性：指示对话框是否显示颜色选择，默认值为 False。如果对话框显示颜色选择，值为 True。

ShowEffects 属性：指示对话框是否包含允许用户指定删除线、下画线和文本颜色选项的控件。FontDialog 属性设置如图 8-26 所示。

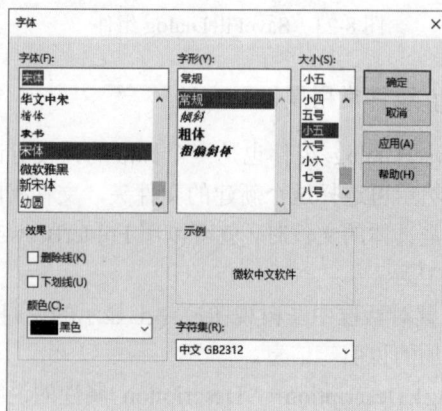

图 8-26　FontDialog 属性设置

示例：要求用户能够通过"字体"对话框设置文本框中的字体和颜色，并能使用"改变字体"按钮预览设置。

首先向窗体上拖放 1 个 FontDialog 组件、1 个 TextBox 控件、2 个 Button 控件。FontDialog 示例如图 8-27 所示。

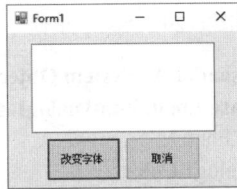

图 8-27　FontDialog 示例

设置 FontDialog 组件的 ShowApply 属性和 ShowColor 属性都为 True。ShowColor 属性如图 8-28 所示。

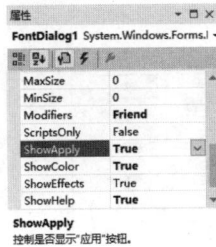

图 8-28　ShowColor 属性

在 Form 窗体中定义窗体级的变量如下。

```
Dim Font1 As Font = Nothing
Dim Color1 As Color = Nothing
```

在 Button1 按钮的 Click 事件中添加如下代码。

```
Private Sub Button1_Click(ByVal sender As System.Object, ByVal e As System.EventArgs)
                    Handles Button1.Click
    Dim m1 As DialogResult
    Font1 = TextBox1.Font
    Color1 = TextBox1.ForeColor
    m1 = FontDialog1.ShowDialog
    If m1 = DialogResult.OK Then
        TextBox1.Font = FontDialog1.Font
        TextBox1.ForeColor = FontDialog1.Color
    ElseIf (m1 = DialogResult.Cancel) Then
            '当用户单击取消按钮时，恢复 TextBox 控件的设置
        TextBox1.Font = Font1
        TextBox1.ForeColor = Color1
    End If
End Sub
```

为 FontDialog1 添加 Apply 事件，并在窗体加载时显示，Apply 事件如图 8-29 所示。

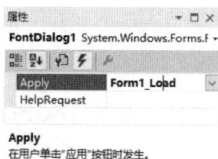

图 8-29 Apply 事件

Private Sub Form1_Load(ByVal sender As System.Object, ByVal e As System.EventArgs) Handles MyBase.Load, FontDialog1.Apply
    TextBox1.Font = FontDialog1.Font
    TextBox1.ForeColor = FontDialog1.Color
End Sub

在本例中,用户可以通过"字体"对话框设置文本输入框中的字体及文本的颜色,还可以通过"改变字体"按钮预览设置,并且在单击"取消"按钮后取消预览的设置,如图 8-30 和图 8-31 所示。

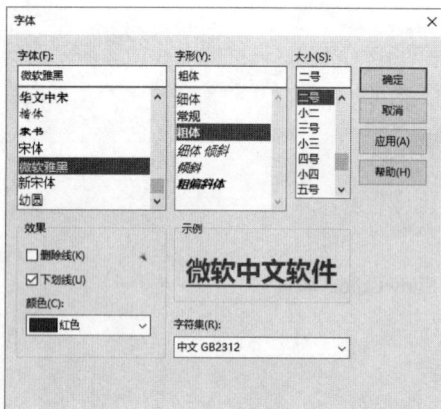

图 8-30 "字体"对话框设置属性

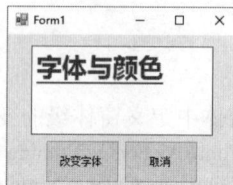

图 8-31 改变字体效果显示

如果用户对设置效果满意,则可以单击"确定"按钮实现设置效果,如果对设置不满意,并且不再进行设置,则可以通过单击"取消"按钮退出设置,TextBox1 控件中的字体及颜色恢复为进入"字体"对话框之前的状态。

5. ColorDialog 组件常用属性和方法

ColorDialog 组件是.NET 预设的有模式对话框,其功能是弹出系统自带的调色板,让用户选择颜色或自定义颜色。在 VB.NET 的工具箱中,ColorDialog 组件如图 8-32 所示。

图 8-32 ColorDialog 组件

AllowFullOpen 属性:指示用户是否可以使用该对话框定义自定义颜色。如果用户可定义自定义颜色,则为 True;否则为 False,将禁用对话框中关联的按钮,而且用户无法访问对话框中的自定义颜色控件。默认值为 True。

FullOpen 属性：指示用于创建自定义颜色的控件在对话框打开时是否可见。如果自定义颜色控件在对话框打开时是可用的，则为 True；否则为 False。默认情况下，自定义颜色控件在第一次打开对话框时是不可见的，必须单击"规定自定义颜色"按钮来显示它们。

注意，如果 AllowFullOpen 为 False，则 FullOpen 不起作用。

AnyColor 属性：指示对话框是否显示基本颜色集中可用的所有颜色，如果对话框显示基本颜色集中可用的所有颜色，则为 True；否则为 False。默认值为 False。

CustomColors 属性：对话框显示的自定义颜色集，默认值为空引用（VisualBasic 中为 Nothing）。

ShowHelp 属性：指示在颜色对话框中是否显示"帮助"按钮，如果在对话框中显示"帮助"按钮，则为 True；否则为 False。当用户单击通用对话框中的"帮助"按钮时将发生 HelpRequest 事件。

SolidColorOnly 属性：指示对话框是否限制用户只选择纯色。默认值为 False。

如果用户只能选择纯色，则为 True；否则为 False。该属性适用于只有 256 种颜色或更少颜色的系统，在这些类型的系统上，某些颜色是其他颜色的组合。

示例：创建一个应用程序项目，向 Form1 窗体拖放一个 ColorDialog 组件，然后设置 AllowFullOpen=True，FullOpen=False，ShowHelp=True，其他为默认值。ColorDialog 属性设置如图 8-33 所示。

图 8-33　ColorDialog 属性设置

（1）加载窗体时调用该组件的 ShowDialog 方法，添加代码：

```
Private Sub Form1_Load(ByVal sender As System.Object, ByVal e As System.EventArgs) Handles
MyBase.Load
    ColorDialog1.AllowFullOpen = False
    ColorDialog1.CustomColors = New Integer(){4561609, 45353442, 4545454, 5346924, 1234726,
                                7867463, 7454321, 1234793, 6945974, 241502,
                                2296476, 1240294, 3156417, 7454121, 1456507,
                                6555430}
    ColorDialog1.ShowHelp = True
    ColorDialog1.Color = Me.BackColor
    ColorDialog1.ShowDialog()
End Sub
```

（2）显示如图 8-34 所示。

（3）为对话框添加自定义颜色。

同时，可以通过对话框的"添加到自定义颜色"按钮把选定的颜色添加到左边的"自定义颜色"显示列表中，如图 8-35 所示。

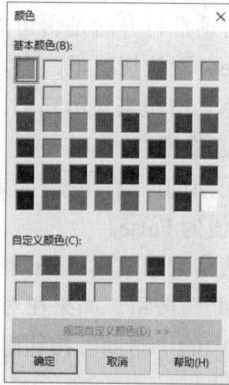

图 8-34　显示颜色对话框选项　　　　图 8-35　为对话框添加自定义颜色

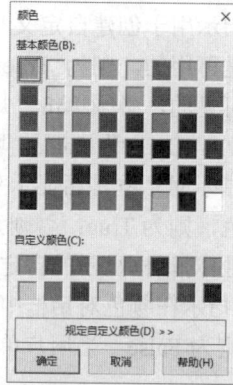

可以使用代码来初始化"自定义颜色"列表 CustomColors，下面示例显示如何将自定义颜色添加到 CustomColors 之中。

```
Private Sub Form1_Load(ByVal sender As System.Object, ByVal e As System.EventArgs) Handles
MyBase.Load
    ColorDialog1.AllowFullOpen = True
    ColorDialog1.CustomColors = New Integer(){4561609, 45353442, 4545454, 5346924, 1234726,
                                               7867463, 7454321, 1234793, 6945974, 241502,
                                               2296476, 1240294, 3156417, 7454121, 1456507,
                                               6555430}
    ColorDialog1.ShowHelp = True
    ColorDialog1.Color = Me.BackColor
    ColorDialog1.ShowDialog()
End Sub
```

（4）显示如图 8-36 所示。

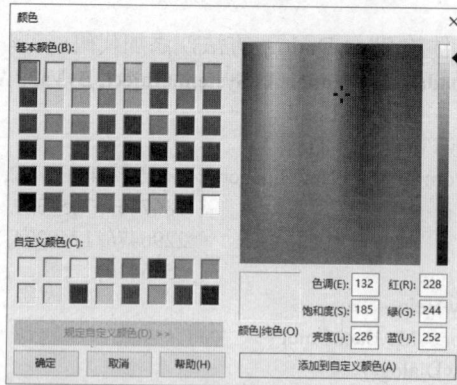

图 8-36　自定义颜色效果显示

8.2　实例探析

以下通过实例探析 Windows 高级界面设计的应用。

8.2.1 【实例 1】登录界面多窗体的实现

1．实验目的

制作一个录入界面，由 InputBox 输入用户名、密码后，通过菜单栏登录，判断是否登录成功。用户名界面、密码界面、设计界面以及结果界面如图 8-37 所示。

知识点：MenuStrip，控件的属性方法和事件，InputBox，Messagebox 等函数的应用。

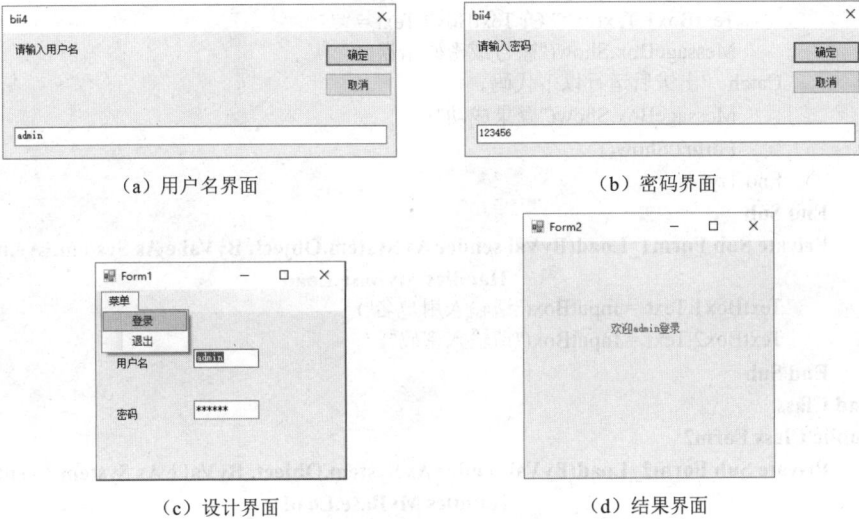

（a）用户名界面　　　　　　　　　　　　（b）密码界面

（c）设计界面　　　　　　　　　　　　（d）结果界面

图 8-37　登录界面多窗体的实现

2．实验内容

通过 InputBox 输入账号密码后，单击菜单栏的"登录"按钮判断是否登录成功，登录成功则会提示"登录成功"并弹出欢迎@@登录的窗口。

3．界面设计

启动 VB 创建工程，按照程序设计界面为窗体添加控件，窗体对象属性设置及其作用见表 8-4。

表 8-4　窗体对象属性设置及其作用

对 象 名	属 性 名	属 性 值	说 明
Form	Text	登录界面	显示文本信息
Label	Text	用户名，密码	显示文本
TextBox1~2	Text	""	
	PasswordChar	*	
MenuStrip	Text	登录，退出	增加功能

4．程序代码

1）操作步骤

登录界面多窗体实现的前提条件：添加一个 InputBox 控件用于录入用户名和密码。操作步骤如下。

（1）给"登录"菜单的事件过程添加 Try…Catch…End Try 语句，用于判断用户名与密码的输入是否为空，如果为空，则提示错误。否则执行登录成功，并打开 Form2 窗体。

（2）通过 Label1.Text 属性获取并显示用户名。

2）编写代码

```
Option Explicit Off
Public Class Form1
    Private Sub 登录 ToolStripMenuItem_Click(ByVal sender As System.Object, ByVal e As
                            System.EventArgs) Handles 登录 ToolStripMenuItem.Click
        Try    '可能出错的代码
            TextBox1.Text = "" Or TextBox2.Text = ""
            MessageBox.Show("账号或密码错误")
        Catch    '出错后运行以下代码。
            MessageBox.Show("登录成功")
            Form2.Show()
        End Try
    End Sub
    Private Sub Form1_Load(ByVal sender As System.Object, ByVal e As System.EventArgs)
                        Handles MyBase.Load
        TextBox1.Text = InputBox("请输入用户名")
        TextBox2.Text = InputBox("请输入密码")
    End Sub
End Class
Public Class Form2
    Private Sub Form2_Load(ByVal sender As System.Object, ByVal e As System.EventArgs)
                        Handles MyBase.Load
        Label1.Text = "欢迎" + Form1.TextBox1.Text + "登录"
    End Sub
End Class
```

8.2.2 【实例 2】社区管理系统多界面的实现

1. 实验目的

制作一个社区管理界面，选择项目进入相应的界面。程序设计、社区公告、网上缴费以及家庭门户界面如图 8-38 所示。

知识点：多窗体、Label、Button、StatusStrip 控件。

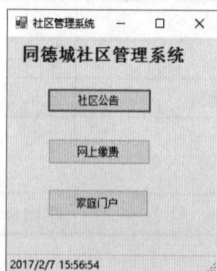

（a）程序设计界面　　　　　　　（b）社区公告界面

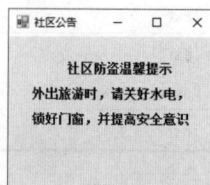

图 8-38　社区管理系统多界面的实现

（c）网上缴费界面   （d）家庭门户界面

图 8-38　社区管理系统多界面的实现（续）

2．实验内容

为窗体增加 3 个按钮，分别为学生信息、课程信息和学生成绩，单击按钮就会运行相应的信息界面。界面下方会显示计算机当前的日期和时间。

3．界面设计

启动 VS 2015，创建工程，按照程序设计界面为窗体添加控件。添加 4 个 Windows 窗体，默认 Form1、Form2、Form3 和 Form4 分别命名为社区管理系统、社区公告、网上缴费、家庭门户。为 Form1 添加 3 个按钮、1 个 Label 控件，1 个 Timer 控件和 1 个 StatusStrip 控件，为 Form2、Form3 和 Form4 分别添加 1 个按钮。窗体和控件对象属性设置及其作用见表 8-5。

表 8-5　窗体和控件对象属性设置及其作用

对　象　名	Name	Text	说　明
Form	Form1~4	社区管理系统，社区公告，网上缴费，家庭门户	显示窗体标题
Label	Label1~4	① 同德城社区管理系统 ② 社区防盗温馨提示　外出旅游时，请关好水电，锁好门窗，并提高安全意识 ③ 物业费缴费，水费缴费，电费缴费，网费缴费 ④ 社区活动，邻里互动，其他管理	显示文本
Button	Button1~3	社区公告，网上缴费，家庭门户	单击选择
StatusStrip	StatusStrip1	StatusStrip	显示当前时间

4．程序代码

1）操作步骤

社区管理系统多界面实现的前提条件：添加 4 个 Form。操作步骤如下。

（1）为 Form1 窗体的状态栏添加系统时间，如 ToolStripStatusLabel1.Text = Now.ToString。

（2）通过 Form1 窗体的按钮单击事件可以访问 Form2、Form3、Form4 窗体。

2）编写代码

```
Public Class Form1
    Private Sub Timer1_Tick(ByVal sender As System.Object, ByVal e As System.EventArgs)
                            Handles Timer1.Tick
        ToolStripStatusLabel1.Text = Now.ToString
    End Sub
    Private Sub Button1_Click(ByVal sender As System.Object, ByVal e As System.EventArgs)
                            Handles Button1.Click
        Form2.Show()
    End Sub
```

```
    Private Sub Button2_Click(ByVal sender As System.Object, ByVal e As System.EventArgs)
                                Handles Button2.Click
        Form3.Show()
    End Sub
    Private Sub Button3_Click(ByVal sender As System.Object, ByVal e As System.EventArgs)
                                Handles Button3.Click
        Form4.Show()
    End Sub
End Class
```

8.2.3 【实例3】进制转换器

1．实验目的

设计一个菜单，该菜单含有一个主菜单项和若干个子菜单项。当单击子菜单项时，分别显示十进制数、八进制数和十六进制数，并在相应的菜单项前面加上"√"标记。程序设计界面以及程序运行界面如图 8-39 所示。

知识点：MenuStrip、ToolStrip 控件的属性方法和事件。

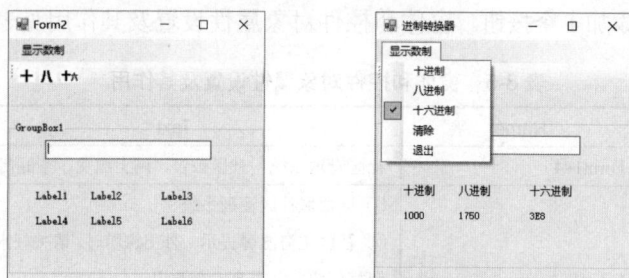

（a）程序设计界面 　　　　　　　（b）程序运行界面

图 8-39　进制转换器

2．实验内容

菜单由一个主菜单项和若干个子菜单项组成。我们把主菜单项称为"显示数制"，它含有 5 个子菜单项，分别为"十进制"、"八进制"、"十六进制"、"清除"和"退出"。此外，在窗体上建立一个文本框，用于输入数值；建立 3 个标签，分别用于显示十进制数、八进制数和十六进制数，并有相应的说明信息。

3．界面设计

启动 VS 2015，创建工程，按照程序设计界面为窗体添加控件，窗体和控件对象属性设置及其作用见表 8-6。

表 8-6　窗体和控件对象属性设置及其作用

对　象　名	属　性　名	属　性　值	说　　明
Form1	Text	进制转换器	显示窗体标题
Label1~6	Text	十进制，八进制，十六进制，后 3 个 Text 为空值	
GroupBox	Text	数制转换	

对 象 名	属 性 名	属 性 值	说 明
MenuStrip 主菜单项	Text	显示数制	无
子菜单项 1	十进制	Dec	无
子菜单项 2	八进制	Octv	无
子菜单项 3	十六进制	Hexv	无
子菜单项 4	清除	Clean	有
子菜单项 5	退出	Quit	无
ToolStrip	ToolStripButton1~3	十进制，八进制，十六进制	

4．程序代码

1）操作步骤

进制转换器实现的前提条件：可以通过菜单项或者工具栏实现转换。操作步骤如下。

（1）为 Form1 窗体添加主菜单和子菜单项。

（2）当单击"十进制"菜单项时，dec.Checked 为 True 表示已被选中，可以实现把获取的数值转换为十进制，并显示在 Label4.Text 中；当单击"八进制"菜单项时，octv.Checked 为 True 表示已被选中，可以实现把获取的数值转换为八进制，并显示在 Label5.Text 中；hexv.Checked 为 True 表示已被选中，可以实现把获取的数值转换为十六进制，并显示在 Label6.Text 中。

（3）为工具栏设置与菜单相同代码，实现相同的数制转换功能。

2）编写代码

```
Option Explicit Off
Public Class Form1
    '为 Form1 窗体添加主菜单和子菜单项
    Private Sub dec_Click(ByVal sender As System.Object, ByVal e As System.EventArgs)
                    Handles dec.Click
        Answer = Val(TextBox1.Text)
        octv.Checked = False
        dec.Checked = True
        hexv.Checked = False
        clean.Checked = False
        quit.Checked = False
        Label4.Text = Format(Answer) '转换为十进制
    End Sub
    Private Sub octv_Click(ByVal sender As System.Object, ByVal e As System.EventArgs)
                    Handles octv.Click
        Answer = Val(TextBox1.Text)
        octv.Checked = True
        dec.Checked = False
        hexv.Checked = False
        clean.Checked = False
        quit.Checked = False
        Label5.Text = Oct(Answer) '转换为八进制
    End Sub
    Private Sub hexv_Click(ByVal sender As System.Object, ByVal e As System.EventArgs)
                    Handles hexv.Click
        Dim Answer As Integer
        Answer = Val(TextBox1.Text)
```

```vb
            octv.Checked = False
            dec.Checked = False
            hexv.Checked = True
            clean.Checked = False
            quit.Checked = False
            Label6.Text = Hex(Answer) '转换为十六进制
    End Sub
    Private Sub clean_Click(ByVal sender As System.Object, ByVal e As System.EventArgs)
                            Handles clean.Click
            TextBox1.Text = ""
            octv.Checked = False
            dec.Checked = False
            hexv.Checked = False
            clean.Checked = True
            quit.Checked = False
            Label4.Text = ""
            Label5.Text = ""
            Label6.Text = ""
    End Sub
    Private Sub quit_Click(ByVal sender As System.Object, ByVal e As System.EventArgs)
                            Handles quit.Click
            End
    End Sub
'为工具栏设置与菜单相同的代码，实现相同的数制转换功能
    Private Sub ToolStripButton1_Click(sender As Object, e As EventArgs) Handles
                            ToolStripButton1.Click
            Answer = Val(TextBox1.Text)
            octv.Checked = False
            dec.Checked = True
            hexv.Checked = False
            clean.Checked = False
            quit.Checked = False
            Label4.Text = Format(Answer) '转换为十进制
    End Sub
    Private Sub ToolStripButton2_Click(sender As Object, e As EventArgs) Handles
                            ToolStripButton2.Click
            Answer = Val(TextBox1.Text)
            octv.Checked = True
            dec.Checked = False
            hexv.Checked = False
            clean.Checked = False
            quit.Checked = False
            Label5.Text = Oct(Answer) '转换为八进制
    End Sub
    Private Sub ToolStripButton3_Click(sender As Object, e As EventArgs) Handles
                            ToolStripButton3.Click
            Dim Answer As Integer
            Answer = Val(TextBox1.Text)
            octv.Checked = False
            dec.Checked = False
            hexv.Checked = True
```

```
            clean.Checked = False
            quit.Checked = False
            Label6.Text = Hex(Answer) '转换为十六进制
        End Sub
    End Class
```

8.2.4 【实例 4】多文本文件 MDI 菜单的实现

1. 实验目的

制作一个能够排列多个界面的 MDI，程序设计界面与程序运行界面如图 8-40 所示。

知识点：Form、MenuStrip 控件的属性。

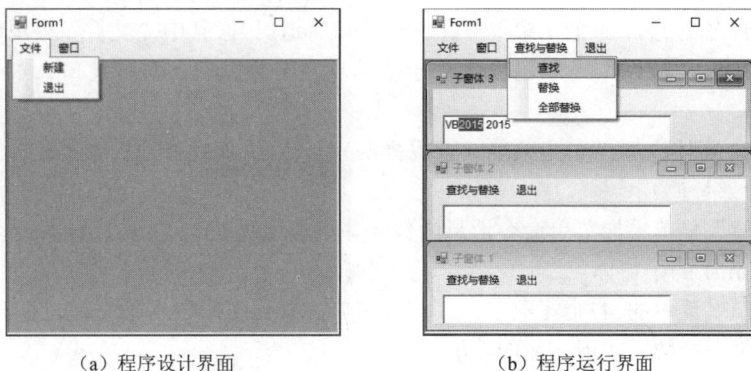

（a）程序设计界面   （b）程序运行界面

图 8-40 多文本文件 MDI 菜单的实现

2. 实验内容

建立第 1 个窗体（Form1），在其中添加 1 个主菜单控件，建立第 2 个窗体（Form2），在其中添加 1 个菜单控件和 Button 控件。运行时，单击文件的新建项会实现子菜单合并到了主菜单中。依次在窗口添加进去，按下层叠便是程序运行的第 1 个界面，按下水平平铺便是程序运行的第 2 个界面，按下垂直平铺便是第 3 个运行界面；按下"退出"按钮，将退出整个程序。

3. 界面设计

启动 VS 2015，创建工程，在主窗体中添加一个 MenuStrip 控件，窗体和控件对象属性设置及其作用见表 8-7。

表 8-7 窗体和控件对象属性设置及其作用

对 象 名	属 性 名	属 性 值
Form1	Name	MdiMForm
MenuStrip1	Name	MdiMenuStrip
新建	Name	MdiMenuItem1_1
退出	Name	MdiMenuItem1_2
层叠窗口	Name	MdiMenuItem2_1
排列窗口	Name	MdiMenuItem2_2
水平平铺	Name	MdiMenuItem2_3

对　象　名	属　性　名	属　性　值
垂直平铺	Name	MdiMenuItem2_4
Form2	Name	ChildForm1
查找	Name	MdiMenuItem3_1
替换	Name	MdiMenuItem3_2
全部替换	Name	MdiMenuItem3_3

4．程序代码

1）操作步骤

多文本文件 MDI 菜单实现的前提条件：添加 2 个窗体。操作步骤如下。

（1）为 Form1 窗体添加 3 个主菜单（文件、窗口、退出），其中"文件"菜单包含 2 个子菜单项（新建与退出），"窗口"菜单包含 4 个子菜单项（层叠窗口、排列窗口、水平平铺、垂直平铺）。

（2）为 Form2 窗体添加 1 个主菜单（查找替换），其中"查找替换"菜单包含 3 个子菜单项（查找、替换、全部替换）。

（3）为"新建"菜单添加菜单命令消息函数，并添加代码 Dim Form2 As New ChildForm1，让 Form2 成为 Form1 的子窗体。

（4）为"窗口"菜单的 4 个子菜单项（层叠窗口、排列窗口、水平平铺、垂直平铺），添加对应的菜单命令消息函数，实现相应的功能。

（5）为"查找替换"菜单的 3 个子菜单项（查找、替换、全部替换）添加对应的菜单命令消息函数，实现相应的功能。

2）编写代码

```
Public Class MdiMForm
    Dim id As Short
    '为 Form1 窗体添加主菜单和子菜单项
    Private Sub MenuItem1_1_Click(ByVal sender As System.Object, ByVal e As
                            System.EventArgs) Handles MdiMenuItem1_1.Click
        Dim Form2 As New ChildForm1
        id += 1
        Form2.MdiParent = Me
        Form2.WindowState = FormWindowState.Normal
        Form2.Text = "子窗体" & Str(id)
        Form2.Show()
    End Sub
    '为 Form1 窗体的"窗口"菜单添加 4 个子菜单项对应的菜单命令消息函数
    Private Sub MdiMenuItem2_1_Click(sender As Object, e As EventArgs) Handles
                            MdiMenuItem2_1.Click
        Me.LayoutMdi(MdiLayout.ArrangeIcons) '层叠窗口
    End Sub
    Private Sub MdiMenuItem2_2_Click(sender As Object, e As EventArgs) Handles
                            MdiMenuItem2_3.Click
        Me.LayoutMdi(MdiLayout.TileHorizontal) '排列窗口
    End Sub
    Private Sub MdiMenuItem2_3_Click(sender As Object, e As EventArgs) Handles
                            MdiMenuItem2_4.Click
```

```vb
        Me.LayoutMdi(MdiLayout.TileVertical) ' 水平平铺
    End Sub
    Private Sub ToolStripMenuItem1_Click(sender As Object, e As EventArgs) Handles
                                MdiMenuItem2_2.Click
        Me.LayoutMdi(MdiLayout.Cascade) '垂直平铺
    End Sub
    '为Form1窗体的"退出"菜单添加菜单命令消息函数，退出窗口
    Private Sub MdiMenuItem1_3_Click(sender As Object, e As EventArgs) Handles
                                MdiMenuItem1_2.Click
        Me.Close()
    End Sub
End Class

'为Form2窗体"查找替换"菜单的3个子菜单项添加对应的菜单命令消息函数
Public Class ChildForm1
    Dim start As Integer
    Private Sub MdiMenuItem3_1_Click(sender As Object, e As EventArgs) Handles
                                MdiMenuItem3_1.Click
        Dim s1 As String
        s1 = RichTextBox1.SelectedText
        start = RichTextBox1.Find(s1, start, RichTextBoxFinds.MatchCase) ' 实现查找
        If start = -1 Then
            MessageBox.Show("已查到文档的结尾")
            start = 0
        Else
            start = start + s1.Length
        End If
        RichTextBox1.Focus()
    End Sub
    Private Sub MdiMenuItem3_2_Click(sender As Object, e As EventArgs) Handles
                                MdiMenuItem3_2.Click
        Dim s2 As String
        s2 = InputBox("")
        RichTextBox1.SelectedText = s2 ' 实现替换
    End Sub
    Private Sub MdiMenuItem3_3_Click(sender As Object, e As EventArgs) Handles
                                MdiMenuItem3_3.Click
        Dim s1, s3 As String
        s1 = RichTextBox1.SelectedText    ' 实现全部替换
        s3 = InputBox("")
        start = RichTextBox1.Find(s1, start, RichTextBoxFinds.MatchCase)
        Do While start <> 1
            RichTextBox1.SelectedText = s3
            start = start + s3.Length
            start = RichTextBox1.Find(s1, start, RichTextBoxFinds.MatchCase)
        Loop
        MessageBox.Show("已替换到文档的结尾")
        start = 0
        RichTextBox1.Focus()
    End Sub
    Private Sub MdiMenuItem3_4_Click(sender As Object, e As EventArgs) Handles
```

```
        Me.Close()
    End Sub
End Class
```

8.2.5 【实例 5】浏览器的实现

1．实验目的

制作一个浏览器界面，输入网址可访问网页，网页的后退、前进、停止、主页、刷新。程序设计与程序运行界面如图 8-41 所示。

知识点：Form、Label、Button、ComboBox、StatusStrip、Timer、MenuStrip、ToolStrip、AxWebBrowser 控件的属性、方法与事件。

（a）程序设计界面　　　　　　　　　　　（b）程序运行界面

图 8-41　浏览器的实现

2．实验内容

在文本框 ComboBox1 中，分别输入网址，单击"转到"按钮或按回车键，判断网址正确性。若正确，进入网站，否则报错。还可单击菜单栏的选项和工具栏的按钮进行网页的前进、后退、停止、刷新、返回主页操作。

3．界面设计

启动 VS 2015，创建工程，按照程序设计界面为窗体添加控件，窗体和控件对象属性设置及其作用见表 8-8。

表 8-8　窗体和控件对象属性设置及其作用

对 象 名	属 性 名	属 性 值	说　明
Label	Text	地址	显示文本
Button1	Text	转到	显示文本
ComboBox1			输入网址
Timer	Enabled	True	时间
StatusStrip			状态栏
MenuStrip			菜单栏

对 象 名	属 性 名	属 性 值	说 明
ToolStrip			工具栏
AxWebBrowser			显示网站
ToolStripStatusLabel1, 2			
ToolStripMenuItem1~8	Text	文件（打开、退出）； 查看（转到、停止、刷新）； 转到（后退、前进、主页） 帮助	显示菜单
ToolStripButton1	DisplayStyle	ImageAndText	显示工具栏
	Text	后退	
	TextImageRelation	ImageAboveText	
ToolStripButton2	DisplayStyle	ImageAndText	显示工具栏
	Text	前进	
	TextImageRelation	ImageAboveText	
ToolStripButton3	DisplayStyle	ImageAndText	显示工具栏
	Text	停止	
	TextImageRelation	ImageAboveText	
ToolStripButton4	DisplayStyle	ImageAndText	显示工具栏
	Text	刷新	
	TextImageRelation	ImageAboveText	
ToolStripButton5	DisplayStyle	ImageAndText	显示工具栏
	Text	主页	
	TextImageRelation	ImageAboveText	

4．程序代码

1）操作步骤

浏览器实现的前提条件：添加一个 AxWebBrowser 控件。操作步骤如下。

（1）为 Form1 窗体添加 3 个主菜单（文件、查看、帮助），其中"文件"菜单包含 2 个子菜单项（打开与退出），"查看"菜单包含 3 个子菜单项（转到、停止、刷新），其中"转到"菜单包含后退、前进、主页子菜单。

（2）为"加载"事件初始化代码，其中 Anchor 属性用于定义 WebBrowser1 控件的定位点位置，即当窗体的大小改变时，该控件与窗体的绝对位置保持不变。

（3）对于"ComboBox1_SelectedIndexChanged"事件，其中 WebBrowser1.Navigate(url)的 url是指向的一个地址，把这个地址显示的内容显示到 WebBrowser 公共控件上。

（4）为 Form1 窗体的菜单项目分别添加对应的事件函数。

（5）为 Form1 窗体添加 5 个工具栏按钮，包含后退、前进、停止、刷新、主页，并响应对应的事件函数。

2）编写代码

```
'为 Form1 窗体添加主菜单和子菜单项
Public Class Form1
    Dim url As String
    Private Sub Form1_Load(ByVal sender As System.Object, ByVal e As System.EventArgs)
```

```
        Try
            WebBrowser1.Anchor = AnchorStyles.Top Or AnchorStyles.Bottom Or
                            AnchorStyles.Left Or AnchorStyles.Right
            GroupBox1.Anchor = AnchorStyles.Top Or AnchorStyles.Left Or AnchorStyles.Right
            Me.WebBrowser1.GoHome()
            Me.ComboBox1.Text = Me.WebBrowser1.LocationURL
            Me.ToolStripStatusLabel1.Text = "我的电脑"
        Catch ex As Exception
            MsgBox(ex.Message)
        End Try
    End Sub
'响应 ComboBox1 的选择事件
    Private Sub ComboBox1_SelectedIndexChanged(ByVal sender As System.Object, ByVal e As
            System.EventArgs) Handles ComboBox1.SelectedIndexChanged
        WebBrowser1.Navigate(ComboBox1.Text)
    End Sub
    Private Sub ComboBox1_KeyPress(ByVal sender As System.Object, ByVal e As
            System.Windows.Forms.KeyPressEventArgs) Handles ComboBox1.KeyPress
        If Asc(e.KeyChar) = System.Windows.Forms.Keys.Enter Then
            WebBrowser1.Navigate(ComboBox1.Text)
        End If
    End Sub
'为 Form1 窗体的菜单项目分别添加对应的事件函数
    Private Sub 打开 ToolStripMenuItem_Click(ByVal sender As System.Object, ByVal e As
            System.EventArgs) Handles 打开 ToolStripMenuItem.Click
        Try
            Dim url As String
            url = InputBox("输入文档或文件夹的 Internet 地址, Web 浏览器将打开此地址", "打开")
            Me.ComboBox1.Text = url
            Me.WebBrowser1.Navigate(url)
        Catch ex As Exception
            MsgBox(ex.Message)
        End Try
    End Sub
    Private Sub 退出 ToolStripMenuItem_Click(ByVal sender As System.Object, ByVal e As
            System.EventArgs) Handles 退出 ToolStripMenuItem.Click
        End
    End Sub
    Private Sub 后退 ToolStripMenuItem_Click(ByVal sender As System.Object, ByVal e As
            System.EventArgs) Handles 后退 ToolStripMenuItem.Click
        Try
            Me.WebBrowser1.GoBack()
        Catch ex As Exception
            MsgBox(ex.Message)
        End Try
    End Sub
    Private Sub 前进 ToolStripMenuItem_Click(ByVal sender As System.Object, ByVal e As
            System.EventArgs) Handles 前进 ToolStripMenuItem.Click
        Try
            Me.WebBrowser1.GoForward()
```

```
        Catch ex As Exception
            MsgBox(ex.Message)
        End Try
End Sub
Private Sub 主页 ToolStripMenuItem_Click(ByVal sender As System.Object, ByVal e As
        System.EventArgs) Handles 主页 ToolStripMenuItem.Click
    Try
        Me.WebBrowser1.GoHome()
    Catch ex As Exception
        MsgBox(ex.Message)
    End Try
End Sub
Private Sub 停止 ToolStripMenuItem_Click(ByVal sender As System.Object, ByVal e As
        System.EventArgs) Handles 停止 ToolStripMenuItem.Click
    Try
        Me.WebBrowser1.Stop()
    Catch ex As Exception
        MsgBox(ex.Message)
    End Try
End Sub
Private Sub 刷新 ToolStripMenuItem_Click(ByVal sender As System.Object, ByVal e As
        System.EventArgs) Handles 刷新 ToolStripMenuItem.Click
    Try
        Me.WebBrowser1.Refresh()
    Catch ex As Exception
        MsgBox(ex.Message)
    End Try
End Sub
'为 Form1 窗体添加 5 个工具栏按钮，并响应对应的事件，添加调用函数
Private Sub ToolStripButton1_Click(ByVal sender As System.Object, ByVal e As
                    System.EventArgs) Handles ToolStripButton1.Click
    Try
        Me.WebBrowser1.GoBack()
    Catch ex As Exception
        MsgBox(ex.Message)
    End Try
End Sub
Private Sub ToolStripButton2_Click(ByVal sender As System.Object, ByVal e As
                    System.EventArgs) Handles ToolStripButton2.Click
    Try
        Me.WebBrowser1.GoForward()
    Catch ex As Exception
        MsgBox(ex.Message)
    End Try
End Sub
Private Sub ToolStripButton3_Click(ByVal sender As System.Object, ByVal e As
                    System.EventArgs) Handles ToolStripButton3.Click
    Try
        Me.WebBrowser1.Stop()
    Catch ex As Exception
        MsgBox(ex.Message)
```

```
                End Try
        End Sub
        Private  Sub  ToolStripButton4_Click(ByVal  sender  As  System.Object,  ByVal  e  As
                            System.EventArgs) Handles ToolStripButton4.Click
            Try
                Me.WebBrowser1.Refresh()'刷新网页
            Catch ex As Exception
                MsgBox(ex.Message)
            End Try
        End Sub
        Private  Sub  Timer1_Tick(ByVal  sender  As  System.Object,  ByVal  e  As  System.EventArgs)
                                Handles Timer1.Tick
            If Me.WebBrowser1.Busy = True Then
                Me.ToolStripStatusLabel1.Text = "正在打开"
                Me.Text = Me.WebBrowser1.LocationName
            Else
                Me.Text = Me.WebBrowser1.LocationName
                Me.ToolStripStatusLabel1.Text = ""
                Me.ToolStripStatusLabel1.Text  =  Me.WebBrowser1.LocationName  &  "  "  &
                                Me.WebBrowser1.LocationURL
            End If
            Me.ToolStripStatusLabel2.Text = "        " & Now.ToLocalTime
        End Sub
        Private Sub Button1_Click(ByVal sender As System.Object, ByVal e As System.EventArgs)
                                Handles Button1.Click
            url = Me.ComboBox1.Text                 '响应访问的 URL 网址
            Me.WebBrowser1.Navigate(url)
        End Sub
        Private Sub ToolStripButton5_Click(ByVal sender As System.Object, ByVal e As
                            System.EventArgs) Handles ToolStripButton5.Click
            Try
                Me.WebBrowser1.GoHome()
            Catch ex As Exception
                MsgBox(ex.Message)
            End Try
        End Sub
    End Class
```

8.3 拓展训练

以下通过拓展训练，提升并加强对 Windows 高级界面设计应用程序的应用。

8.3.1 【任务 1】图片浏览器的制作

1. 实验目的

制作一个能够打开多个图片文件的多文档应用程序。程序设计界面与程序运行界面如图 8-42
所示。

知识点：MDI 应用程序的设计相关的属性、方法和事件。

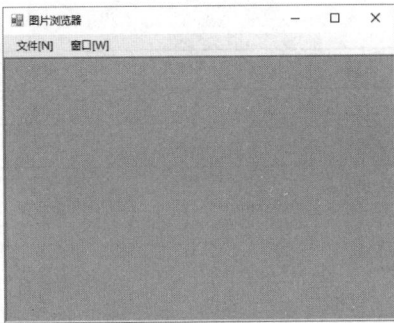

(a) 程序设计界面　　　　　　　　　　(b) 程序运行界面

图 8-42　图片浏览器的制作

2. 实验内容

编写一个能够显示多个图片文件的 MDI 程序。程序运行时能在父窗口中显示多个子窗口，并且可以利用菜单对子窗口进行相应的排列。

3. 界面设计

启动 VS 2015，创建项目，建立一个父窗口，按照程序设计界面为窗体添加控件。Form1 窗体和控件对象属性设置及其作用见表 8-9，Form1 中 MdiMenuStrip 控件的文件菜单项设置见表 8-10，Form2 窗体和控件对象属性设置及其作用见表 8-11。

表 8-9　Form1 窗体和控件对象属性设置及其作用

对 象 名	属 性 名	属 性 值	说　明
Form1	Name	MidMForm	MDI 父窗口
	Text	图片浏览器	
	IsMdiContainer	True	
MenuStrip1	Name	MdiMenuStrip	显示主菜单
	MdiWindowListItem	MdiMenuItem2	
OpenFileDialog1			弹出"打开"文件对话框

表 8-10　Form1 中 MdiMenuStrip 控件的文件菜单项设置

菜 单 标 题	属 性 名	属 性 值	说　明
打开[O]	Name	MdiMenuItem1_1	打开文件
	ShortCutKeys	Ctrl+O	
	MergeIndex	1	
退出[E]	Name	MdiMenuItem1_3	退出程序
	ShortCutKeys	Ctrl+X	
	MergeIndex	5	
排列图标	Name	MdiMenuItem2_1	排列子窗口
	MergeIndex	11	
层叠	Name	MdiMenuItem2_2	层叠子窗口
	MergeIndex	12	

菜 单 标 题	属 性 名	属 性 值	说 明
水平平铺	Name	MdiMenuItem2_3	水平平铺子窗口
	MergeIndex	1	
垂直平铺	Name	MdiMenuItem2_4	垂直平铺子窗口
	MergeIndex	14	
关闭所有窗口	Name	MdiMenuItem2_6	关闭所有子窗口
	MergeIndex	16	

表 8-11　Form2 窗体和控件对象属性设置及其作用

对 象 名	属 性 名	属 性 值	说 明
Form2	Name	ChildForm1	MDI 子窗口
	Text	图片浏览	
PictureBox1			显示打开的图片
MenuStrip2	Name	ChildMenuStrip1	显示菜单

4．程序代码

```
Private Sub MdiMenuItem1_1_Click(ByVal sender As System.Object, ByVal e As
            System.EventArgs) Handles MdiMenuItem1_1.Click
    Dim FName As String
    OpenFileDialog1.Filter = "图片文件(*.BMP;*.JPG;*.GIF)|*.BMP;*.JPG;*.GIF"
    OpenFileDialog1.ShowDialog()
    FName = OpenFileDialog1.FileName
    Dim Child As New ChildForm1()
    Child.MdiParent = Me
    Child.Open(FName)
    Child.Show()
End Sub
Private Sub MdiMenuItem1_3_Click(ByVal sender As System.Object, ByVal e As
            System.EventArgs) Handles MdiMenuItem1_3.Click
    End
End Sub
Private Sub MdiMenuItem2_1_Click(ByVal sender As System.Object, ByVal e As
            System.EventArgs) Handles MdiMenuItem2_1.Click
    Me.LayoutMdi(MdiLayout.ArrangeIcons)
End Sub
Private Sub MdiMenuItem2_2_Click(ByVal sender As System.Object, ByVal e As
            System.EventArgs) Handles MdiMenuItem2_2.Click
    Me.LayoutMdi(MdiLayout.Cascade)
End Sub
Private Sub MdiMenuItem2_3_Click(ByVal sender As System.Object, ByVal e As
            System.EventArgs) Handles MdiMenuItem2_3.Click
    Me.LayoutMdi(MdiLayout.TileHorizontal)
End Sub
Private Sub MdiMenuItem2_4_Click(ByVal sender As System.Object, ByVal e As
            System.EventArgs) Handles MdiMenuItem2_4.Click
    Me.LayoutMdi(MdiLayout.TileVertical)
End Sub
```

```
Private Sub MdiMenuItem2_6_Click(ByVal sender As System.Object, ByVal e As
        System.EventArgs) Handles MdiMenuItem2_6.Click
    Dim i As Integer
    For i = Me.MdiChildren.Length - 1 To 0 Step -1
    Me.MdiChildren(i).Close()
    Next i
End Sub
Public filename As String
Public Sub Open(ByVal FName As String)
    Dim b1 As Bitmap = New Bitmap(FName)
    PictureBox1.Image = b1
    Me.Text = FName
    Me.filename = FName
End Sub
Private Sub ChildMdiMenuItem1_1_Click(ByVal sender As System.Object, ByVal e As
        System.EventArgs) Handles ChildMdiMenuItem1_1.Click
    Me.Close()
End Sub
```

8.3.2 【任务2】看图学英语程序

1. 实验目的

运用 VS 2015 中的 VB.NET 编写一个看图学英语的应用程序。程序设计界面与程序运行界面如图 8-43 所示。

知识点：鼠标经过或单击事件。

（a）程序设计界面   （b）程序运行界面

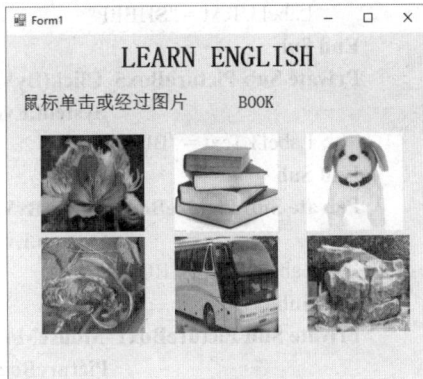

图 8-43　看图学英语程序

2. 实验内容

当用鼠标单击或者经过图片时，相应的英语单词就会显示在 Label3 框中。

3. 界面设计

启动 VS 2015 创建项目，按照程序设计界面为窗体添加控件，窗体和控件对象属性设置及其作用见表 8-12。

表 8-12　窗体和控件对象属性设置及其作用

对　象　名	属　性　名	属　性　值	说　　明
Label1	Text	LEARN ENGLISH	说明文字
Label2	Text	鼠标单击或经过图片	说明文字
Label3	Text	显示单词	说明文字
PictureBox1~6	Image	加载图片	
	SizeMode	StretchImage	
	Click，MouseMove 事件	为 PictureBox 添加鼠标单击，经过事件	

4．程序代码

```
Public Class Form1
Private Sub PictureBox1_Click(ByVal sender As System.Object, ByVal e As System.EventArgs)
                    Handles PictureBox1.Click
        Label3.Text = "FLOWER"
End Sub
Private Sub PictureBox2_Click(ByVal sender As System.Object, ByVal e As
                    System.EventArgs) Handles PictureBox2.Click
        Label3.Text = "BOOK"
End Sub
Private Sub PictureBox3_Click(ByVal sender As System.Object, ByVal e As
                    System.EventArgs) Handles PictureBox3.Click
        Label3.Text = "DOG"
End Sub
Private Sub PictureBox4_Click(ByVal sender As System.Object, ByVal e As
                    System.EventArgs) Handles PictureBox4.Click
        Label3.Text = "SHEEP"
End Sub
Private Sub PictureBox5_Click(ByVal sender As System.Object, ByVal e As
                    System.EventArgs) Handles PictureBox5.Click
        Label3.Text = "BUS"
End Sub
Private Sub PictureBox6_Click(ByVal sender As System.Object, ByVal e As
                    System.EventArgs) Handles PictureBox6.Click
        Label3.Text = "ROCK"
End Sub
Private Sub PictureBox1_MouseMove(sender As Object, e As MouseEventArgs) Handles
                    PictureBox1.MouseMove
        Label3.Text = "FLOWER"
End Sub
Private Sub PictureBox2_MouseMove(sender As Object, e As MouseEventArgs) Handles
                    PictureBox2.MouseMove
        Label3.Text = "BOOK"
End Sub
Private Sub PictureBox3_MouseMove(sender As Object, e As MouseEventArgs) Handles
                    PictureBox3.MouseMove
        Label3.Text = "DOG"
End Sub
Private Sub PictureBox4_MouseMove(sender As Object, e As MouseEventArgs) Handles
                    PictureBox4.MouseMove
```

```
            Label3.Text = "SHEEP"
        End Sub
        Private Sub PictureBox5_MouseMove(sender As Object, e As MouseEventArgs) Handles
                    PictureBox5.MouseMove
            Label3.Text = "BUS"
        End Sub
        Private Sub PictureBox6_MouseMove(sender As Object, e As MouseEventArgs) Handles
                    PictureBox6.MouseMove
            Label3.Text = "ROCK"
        End Sub
    End Class
```

8.3.3 【任务 3】图像编辑器

1. 实验目的

制作一个可以对图片进行处理程序，实现图片的打开、保存、放大、缩小、调亮、调暗、移动。程序设计界面与程序运行界面如图 8-44 所示。

知识点：PictureBox、OpenFileDialog、SaveFileDialog、Timer 控件的属性的应用。

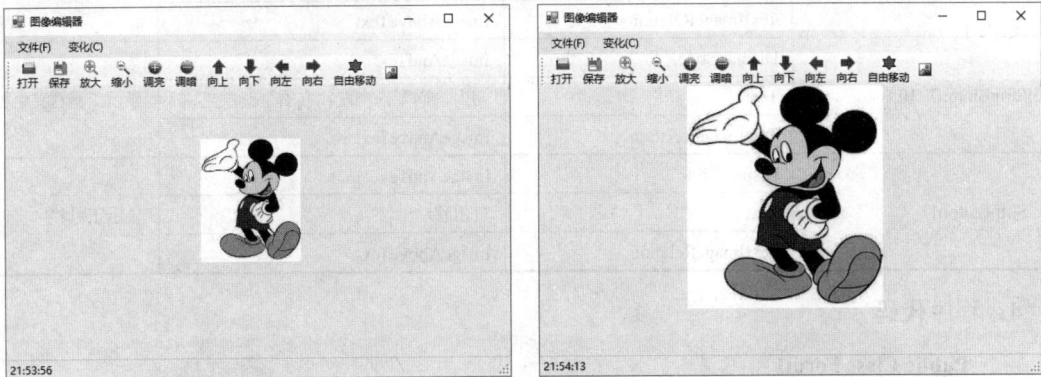

（a）程序设计界面   （b）程序运行界面

图 8-44 图像编辑器

2. 实验内容

单击菜单栏或工具栏的"打开"按钮可以打开图片，也可保存图片和对图片进行处理（放大、缩小、调亮、调暗、移动）。

3. 界面设计

启动 VS 2015，创建工程，按照程序设计界面为窗体添加控件，窗体和控件对象属性设置及其作用见表 8-13。

表 8-13 窗体和控件对象属性设置及其作用

对　象　名	属　性　名	属　性　值	说　　明
Timer1	Enabled	True	时间
	Interval	100	

对 象 名	属 性 名	属 性 值	说 明
Timer2	Enabled	False	
	Interval	100	
StatusStrip1			状态栏
MenuStrip1			菜单栏
ToolStrip1			工具栏
PictureBox1~11	SizeMode	StretchImage	显示图片
ToolStripStatusLabel1, 2			
ToolStripMenuItem1~7	Text	文件　处理 打开　放大 保存　缩小 退出　调亮 　　　调暗	显示菜单
ToolStripButton1~6	DisplayStyle	ImageAndText	显示工具栏
	Text	打开，保存，放大，缩小，调亮，调暗	
	TextImageRelation	ImageAboveText	
ToolStripButton7~10	DisplayStyle	ImageAndText	显示工具栏
	Text	向上，向下，向左，向右	
	TextImageRelation	ImageAboveText	
ToolStripButton11	DisplayStyle	ImageAndText	显示工具栏
	Text	自由移动	
	TextImageRelation	ImageAboveText	

4．程序代码

```
Public Class Form1
    Dim FName As String
    Public Function BrightnessAndContrast(ByVal img As Image, ByVal RedOffset As Integer,
                    ByVal GreenOffset As Integer, ByVal BlueOffset As Integer,
                    Optional ByVal RedContrast As Single = 1,
                    Optional ByVal GreenContrast As Single = 1,
                    Optional ByVal BlueContrast As Single = 1) As Image
        Dim R1, G1, B1 As Integer
        Dim r, g, b As Integer
        Dim bmp As New Bitmap(img)
        R1 = RedOffset - 127 * (RedContrast - 1)
        G1 = GreenOffset - 127 * (GreenContrast - 1)
        B1 = BlueOffset - 127 * (BlueContrast - 1)
        For X As Integer = 0 To img.Width - 1
            For Y As Integer = 0 To img.Height - 1
                Dim p As System.Drawing.Color = bmp.GetPixel(X, Y)
                r = p.R
                g = p.G
                b = p.B
                r = r * RedContrast + R1
```

```
                    g = g * GreenContrast + G1
                    b = b * BlueContrast + B1
                    If r > 255 Then r = 255
                    If r < 0 Then r = 0
                    If g > 255 Then g = 255
                    If g < 0 Then g = 0
                    If b > 255 Then b = 255
                    If b < 0 Then b = 0
                    bmp.SetPixel(X, Y, Color.FromArgb(r, g, b))
                Next
            Next
        Return bmp
    End Function
    Private Sub 打开 ToolStripMenuItem_Click(ByVal sender As System.Object, ByVal e As
                System.EventArgs) Handles 打开 ToolStripMenuItem.Click
        OpenFileDialog1.Filter = "文本文件(*.jpg)|*.jpg"
        OpenFileDialog1.FilterIndex = 1
        OpenFileDialog1.Title = "打开文件"
        OpenFileDialog1.InitialDirectory = Application.StartupPath
        OpenFileDialog1.RestoreDirectory = True
        OpenFileDialog1.ShowDialog()
        FName = OpenFileDialog1.FileName
        Me.PictureBox1.ImageLocation = FName
    End Sub
    Private Sub 保存 ToolStripMenuItem_Click(ByVal sender As System.Object, ByVal e As
                System.EventArgs) Handles 保存 ToolStripMenuItem.Click
        SaveFileDialog1.Filter = "文本文件(*.jpg)|*.jpg"
        SaveFileDialog1.FilterIndex = 1
        SaveFileDialog1.Title = "保存文件"
        SaveFileDialog1.InitialDirectory = Application.StartupPath
        SaveFileDialog1.RestoreDirectory = True
        SaveFileDialog1.ShowDialog()
        FName = SaveFileDialog1.FileName
        Me.PictureBox1.Image.Save(FName)
    End Sub
    Private Sub 退出 ToolStripMenuItem_Click(ByVal sender As System.Object, ByVal e As
                System.EventArgs) Handles 退出 ToolStripMenuItem.Click
        End
    End Sub
    Private Sub 放大 ToolStripMenuItem_Click(ByVal sender As System.Object, ByVal e As
                System.EventArgs) Handles 放大 ToolStripMenuItem.Click
        Me.PictureBox1.Top -= 5
        Me.PictureBox1.Left -= 5
        Me.PictureBox1.Width += 10
        Me.PictureBox1.Height += 10
    End Sub
    Private Sub 缩小 ToolStripMenuItem_Click(ByVal sender As System.Object, ByVal e As
                System.EventArgs) Handles 缩小 ToolStripMenuItem.Click
        Me.PictureBox1.Top += 5
        Me.PictureBox1.Left += 5
        Me.PictureBox1.Width -= 10
```

```
        Me.PictureBox1.Height -= 10
End Sub
Private Sub 调亮 ToolStripMenuItem_Click(ByVal sender As System.Object, ByVal e As
                System.EventArgs) Handles 调亮 ToolStripMenuItem.Click
        Me.PictureBox1.Image = BrightnessAndContrast(Me.PictureBox1.Image, 50, 50, 50, 1, 1, 1)
End Sub
Private Sub 调暗 ToolStripMenuItem_Click(ByVal sender As System.Object, ByVal e As
                System.EventArgs) Handles 调暗 ToolStripMenuItem.Click
        Me.PictureBox1.Image = BrightnessAndContrast(Me.PictureBox1.Image, -50, -50, -50, 1, 1, 1)
End Sub
Private Sub Timer1_Tick(ByVal sender As System.Object, ByVal e As System.EventArgs)
                Handles Timer1.Tick
        Me.ToolStripStatusLabel1.Text = TimeOfDay
End Sub
Private Sub ToolStripButton1_Click(ByVal sender As System.Object, ByVal e As
                System.EventArgs) Handles ToolStripButton1.Click
        OpenFileDialog1.Filter = "文本文件(*.jpg)|*.jpg"
        OpenFileDialog1.FilterIndex = 1
        OpenFileDialog1.Title = "打开文件"
        OpenFileDialog1.InitialDirectory = Application.StartupPath
        OpenFileDialog1.RestoreDirectory = True
        OpenFileDialog1.ShowDialog()
        FName = OpenFileDialog1.FileName
        Try
                Me.PictureBox1.ImageLocation = FName
        Catch ex As Exception
                MessageBox.Show("请输入文件名")
        End Try
End Sub
Private Sub ToolStripButton2_Click(ByVal sender As System.Object, ByVal e As
                System.EventArgs) Handles ToolStripButton2.Click
        SaveFileDialog1.Filter = "文本文件(*.jpg)|*.jpg"
        SaveFileDialog1.FilterIndex = 1
        SaveFileDialog1.Title = "保存文件"
        SaveFileDialog1.InitialDirectory = Application.StartupPath
        SaveFileDialog1.RestoreDirectory = True
        SaveFileDialog1.ShowDialog()
        FName = SaveFileDialog1.FileName
        Try
                Me.PictureBox1.Image.Save(FName)
        Catch ex As Exception
                MessageBox.Show("请输入文件名")
        End Try
End Sub
Private Sub ToolStripButton3_Click(ByVal sender As System.Object, ByVal e As
                                System.EventArgs) Handles ToolStripButton3.Click
        Me.PictureBox1.Top -= 5
        Me.PictureBox1.Left -= 5
        Me.PictureBox1.Width += 10
        Me.PictureBox1.Height += 10
End Sub
```

```vb
Private Sub ToolStripButton4_Click(ByVal sender As System.Object, ByVal e As
                            System.EventArgs) Handles ToolStripButton4.Click
    Me.PictureBox1.Top += 5
    Me.PictureBox1.Left += 5
    Me.PictureBox1.Width -= 10
    Me.PictureBox1.Height -= 10
End Sub
Private Sub ToolStripButton5_Click(ByVal sender As System.Object, ByVal e As
                            System.EventArgs) Handles ToolStripButton5.Click
Me.PictureBox1.Image = BrightnessAndContrast(Me.PictureBox1.Image, 50, 50, 50, 1, 1, 1)
End Sub
Private Sub ToolStripButton6_Click(ByVal sender As System.Object, ByVal e As
                            System.EventArgs) Handles ToolStripButton6.Click
Me.PictureBox1.Image = BrightnessAndContrast(Me.PictureBox1.Image, -50, -50, -50, 1, 1, 1)
End Sub
Private Sub ToolStripButton7_Click(sender As Object, e As EventArgs) Handles
                            ToolStripButton7.Click
    Me.PictureBox1.Top -= 10
End Sub
Private Sub ToolStripButton8_Click(sender As Object, e As EventArgs) Handles
                            ToolStripButton8.Click
    Me.PictureBox1.Top += 10
End Sub
Private Sub ToolStripButton9_Click(sender As Object, e As EventArgs) Handles
                            ToolStripButton9.Click
    Me.PictureBox1.Left -= 10
End Sub
Private Sub ToolStripButton10_Click(sender As Object, e As EventArgs) Handles
                            ToolStripButton10.Click
    Me.PictureBox1.Left += 10
End Sub
Private Sub Timer2_Tick(sender As Object, e As EventArgs) Handles Timer2.Tick
    PictureBox1.Top = PictureBox1.Top + Int(10 * Rnd())
    PictureBox1.Left = PictureBox1.Left - Int(10 * Rnd())
End Sub
Private Sub ToolStripButton11_Click(sender As Object, e As EventArgs) Handles
                            ToolStripButton11.Click
    Timer2.Enabled = True
End Sub
End Class
```

8.3.4 【任务 4】右键快捷菜单实现卡通图片切换

1. 实验目的

制作一个单击快捷菜单切换图片的程序，并实现图像交换。程序设计界面与程序运行界面如图 8-45 所示。

知识点：ContextMenuStrip 控件应用。

（a）程序设计界面   （b）程序运行界面

图 8-45　右键快捷菜单实现卡通图片切换

2．实验内容

图像切换需要添加一个 ContextMenuStrip 控件，图像交换也需要添加 5 个 PictureBox 控件。并通过菜单单击切换。

3．界面设计

启动 VS 2015，创建工程，按照程序设计界面为窗体添加控件，窗体和 PictureBox 对象属性设置及其作用见表 8-14。

表 8-14　窗体和 PictureBox 对象属性设置及其作用

对　象　名	属　性　名	属　性　值	说　　明
PictureBox1~5	SizeMode	StretchImage	SizeMode=StretchImage
	Image	选择图像	
ContextMenuStrip1	Text	添加	
		ToolStripMenuItem	
Form1	Form1		

4．程序代码

```
Public Class Form1
    Private Sub Form1_Load(ByVal sender As System.Object, ByVal e As System.EventArgs)
                    Handles MyBase.Load
        PictureBox1.Visible = True
        PictureBox2.Visible = False
        PictureBox3.Visible = False
        PictureBox4.Visible = False
        PictureBox5.Visible = False
    End Sub
    Private Sub ToolStripMenuItem_Click(ByVal sender As System.Object, ByVal e As
                    System.EventArgs) Handles ToolStripMenuItem.Click
        If PictureBox1.Visible = True Then
            PictureBox1.Visible = False
            PictureBox2.Visible = True
        ElseIf PictureBox2.Visible = True Then
            PictureBox2.Visible = False
```

·214·

```
                PictureBox3.Visible = True
            ElseIf PictureBox3.Visible = True Then
                PictureBox3.Visible = False
                PictureBox4.Visible = True
            ElseIf PictureBox4.Visible = True Then
                PictureBox4.Visible = False
                PictureBox5.Visible = True
            ElseIf PictureBox5.Visible = True Then
                PictureBox5.Visible = False
                PictureBox1.Visible = True
            End If
        End Sub
        Private Sub 退出 ToolStripMenuItem_Click(ByVal sender As System.Object, ByVal e As
                    System.EventArgs) Handles 退出 ToolStripMenuItem.Click
            End
        End Sub
    End Class
```

8.3.5 【任务 5】高级记事本应用

1. 实验目的

制作一个高级界面，实现菜单栏、工具栏、状态栏等应用，设计出更美观、简单、易用的应用程序界面。程序设计界面、登录菜单、计算菜单、文字格式菜单、改变字体对话框、改变颜色对话框如图 8-46 所示。

知识点：Form、Label、Button、TextBox 控件的属性，菜单栏、工具栏、状态栏的合理应用。

2. 实验内容

在菜单栏中设计了登录界面、计算界面、字体格式 3 项，单击前两项会弹出相应界面，单击第 3 项会有下拉菜单可供选择字体类型和颜色。

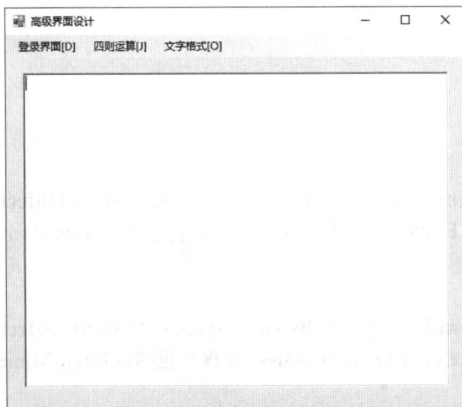

（a）程序设计界面　　　　　　　　（b）登录菜单

图 8-46　高级记事本应用

（c）计算菜单　　　　　　　　　　　　　　（d）文字格式菜单

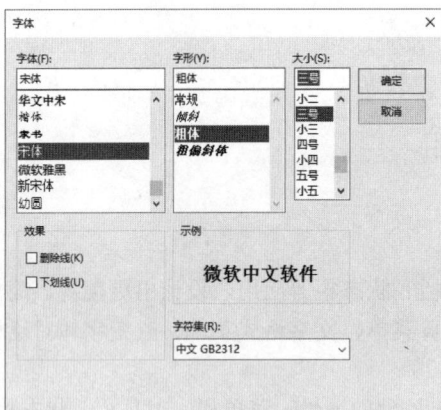

（e）改变字体对话框　　　　　　　　　　　（f）改变颜色对话框

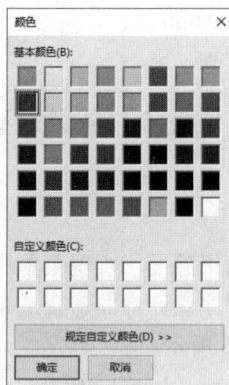

图 8-46　高级记事本应用（续）

3．界面设计

启动 VS 2015，创建工程，创建 3 个窗体，分别为 Form1.vb，Form2.vb，Form3.vb，按照图 8-46 所示添加控件并设置对象属性。

4．程序代码

1）Form1 窗体的代码

```
Public Class Form1
    Private Sub 登录界面 ToolStripMenuItem_Click(ByVal sender As System.Object, ByVal e As
            System.EventArgs) Handles 登录界面 ToolStripMenuItem.Click
        Form2.Show()
    End Sub
    Private Sub 计算界面 ToolStripMenuItem_Click(ByVal sender As System.Object, ByVal e As
            System.EventArgs) Handles 计算界面 ToolStripMenuItem.Click
        Form3.Show()
    End Sub
    Private Sub 字体 ZToolStripMenuItem_Click(ByVal sender As System.Object, ByVal e As
            System.EventArgs) Handles 字体 ZToolStripMenuItem.Click
        FontDialog1.ShowEffects = True
        FontDialog1.Font = RichTextBox1.SelectionFont
```

```
                If (FontDialog1.ShowDialog() = DialogResult.OK) Then
                    RichTextBox1.SelectionFont = FontDialog1.Font
                End If
            End Sub
            Private Sub 颜色 CToolStripMenuItem_Click(ByVal sender As System.Object, ByVal e As
                    System.EventArgs) Handles 颜色 CToolStripMenuItem.Click
                ColorDialog1.AllowFullOpen = True
                ColorDialog1.AnyColor = True
                ColorDialog1.Color = RichTextBox1.SelectionColor
                If (ColorDialog1.ShowDialog() = DialogResult.OK) Then
                    RichTextBox1.SelectionColor = ColorDialog1.Color
                End If
            End Sub
        End Class
```

2）Form2 窗体的代码

```
    Public Class Form2
        Private Sub Button1_Click(ByVal sender As System.Object, ByVal e As System.EventArgs)
                Handles Button1.Click
            If TextBox1.Text = "admin" And TextBox2.Text = "123" Then
                MessageBox.Show("Wellcome")
            Else
                MessageBox.Show("用户或密码输入错误，请重新输入")
            End If
        End Sub
    End Class
```

3）Form3 窗体的代码

```
    Public Class Form3
        Private Sub Button1_Click(ByVal sender As System.Object, ByVal e As System.EventArgs)
                Handles Button1.Click
            TextBox3.Text = Val(TextBox1.Text) + Val(TextBox2.Text)
            Label1.Text = "+"
        End Sub
        Private Sub Button2_Click(ByVal sender As System.Object, ByVal e As System.EventArgs)
                Handles Button2.Click
            TextBox3.Text = Val(TextBox1.Text) - Val(TextBox2.Text)
            Label1.Text = "-"
        End Sub
        Private Sub Button3_Click(ByVal sender As System.Object, ByVal e As System.EventArgs)
                Handles Button3.Click
            TextBox3.Text = Val(TextBox1.Text) * Val(TextBox2.Text)
            Label1.Text = "*"
        End Sub
        Private Sub Button4_Click(ByVal sender As System.Object, ByVal e As System.EventArgs)
                Handles Button4.Click
            If TextBox2.Text <> "0" Then
                TextBox3.Text = Val(TextBox1.Text) / Val(TextBox2.Text)
                Label1.Text = "/"
            End If
        End Sub
    End Class
```

8.3.6 【任务6】文件编辑器

1. 实验目的

制作一个文件编辑器，实现菜单栏、工具栏、状态栏等应用。程序设计界面与程序运行界面如图 8-47 所示。

知识点：Form、TextBox 控件的属性，菜单栏、工具栏、状态栏的合理应用。

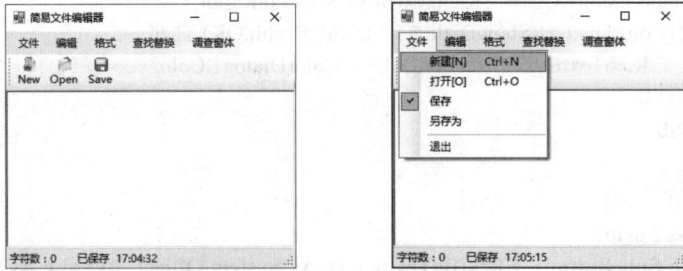

（a）程序设计界面 （b）程序运行界面

图 8-47 文件编辑器

2. 实验内容

菜单项的常用事件、工具栏与 RichTextBox 控件的应用、标准对话框与对话框控件的应用，同时增加设置字体和字体颜色的功能。

3. 界面设计

（1）启动 VS 2015，创建项目，为窗体添加 1 个菜单栏控件 MenuStrip、1 个工具栏控件 ToolStrip、1 个状态栏控件、1 个 RichTextBox 控件。

（2）向 MenuStrip 添加"文件"菜单，并为其添加 5 个子菜单项：新建、打开、保存、另存为、退出，其属性设置见表 8-15。

表 8-15 "文件"菜单的属性设置

对象名（Text 属性值）	属性值（Name）	快捷键（ShortCutKeys）
文件	MenuItem1	
新建	MenuItem1_1	Ctrl+N
打开	MenuItem1_2	Ctrl+O
保存	MenuItem1_3	
另存为	MenuItem1_4	
退出	MenuItem1_5	

（3）添加"编辑"菜单，并为其添加 7 个子菜单项：撤销、重做、剪切、复制、粘贴、删除、全选，其属性设置见表 8-16，"编辑"菜单如图 8-48 所示。

表 8-16 "编辑"菜单的属性设置

对象名（Text 属性值）	属性值（Name）	快捷键（ShortCutKeys）
编辑	MenuItem2	
撤销	MenuItem2_1	Ctrl+Z

对象名（Text 属性值）	属性值（Name）	快捷键（ShortCutKeys）
重做	MenuItem2_2	Ctrl+Y
剪切	MenuItem2_3	
复制	MenuItem2_4	
粘贴	MenuItem2_5	
删除	MenuItem2_6	
全选	MenuItem2_7	

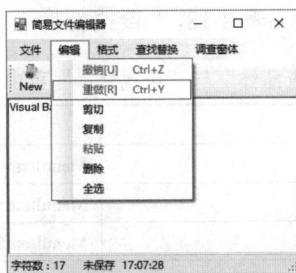

图 8-48　"编辑"菜单

（4）添加"格式"菜单，并为其添加 3 个子菜单项：字体、颜色、背景（下一级菜单为白色背景、灰色背景），属性设置见表 8-17，"格式"菜单如图 8-49 所示。

表 8-17　"格式"菜单的属性设置

对象名（Text 属性值）	属性值（Name）	快捷键（ShortCutKeys）
格式	MenuItem3	
字体	MenuItem3_1	Ctrl+F
颜色	MenuItem3_2	Ctrl+C
背景	MenuItem3_4	
白色背景	MenuItem3_4_1	
灰色背景	MenuItem3_4_2	

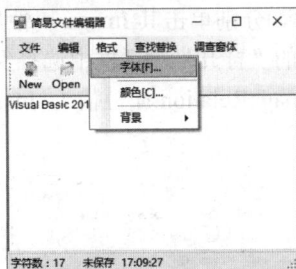

图 8-49　"格式"菜单

添加"调查窗体"菜单，添加 Form2 窗体，为 Form2 添加 2 个 Label（Value 分别为姓名、编辑器使用次数），2 个 TextBox，1 个提交按钮（Value 为提交））与 Form3（2 个 Label，其 Name 与 Value 均为默认值），如图 8-50 所示。

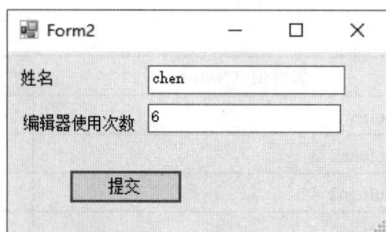

图 8-50　Form2 窗体

（5）添加"查找替换"菜单，并为其添加 3 个子菜单项：查找、替换、全部替换，"调查窗体"与"查找替换"菜单的属性设置见表 8-18，"查找替换"菜单如图 8-51 所示，

表 8-18　"调查窗体"与"查找替换"菜单的属性设置

对象名（Text 属性值）	属性值（Name）
调查窗体	MenuItem4
查找替换	MenuItem5
查找	MenuItem5_1
替换	MenuItem5_2
全部替换	MenuItem5_3

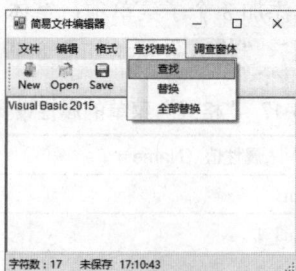

图 8-51　"查找替换"菜单

（6）添加的工具栏 ToolStrip 控件，其默认名为 ToolStrip1，单击工具栏上 图标右边向下箭头，将出现下拉菜单，为工具栏分别添加 3 个"Button"项，其 Name 设置为 btnNew、btnOpen、btnSave，并为 3 个按钮控件添加图片，分别单击其 Image 属性后的"…"按钮，弹出"选择资源"对话框，单击"导入"按钮，在出现的"打开"对话框中选择保存好的图片，并设置 DisplayStyle 属性值为 ImageAndText，设置 TextImageRelation 属性值为 ImageAboveText。工具栏 ToolStrip 控件如图 8-52 所示。

图 8-52　工具栏 ToolStrip 控件

（7）添加的状态栏 StatusStrip 控件，其默认名为 StatusStrip1，单击状态栏上 图标右边向

下箭头，将出现下拉菜单，为状态栏分别添加 3 个"StatusLabel"项，其 Name 设置为 lblCharNum、lblSave、lblTime，并把它们的 Text 属性设置为"字符数"、"保存状态"、"当前时间"，如图 8-53 和图 8-54 所示。

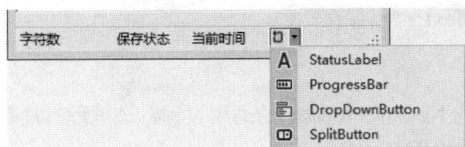

图 8-53　StatusStrip 控件

图 8-54　添加的所有控件对象

4．程序代码

为新建、打开、保存、另存为、退出等菜单项添加操作功能。为程序添加 OpenFileDialog 控件用于弹出"打开文件"对话框，使用 SaveFileDialog 控件弹出"保存文件"对话框，实际打开文件用 RichTextBox 控件的 LoadFile 方法，实际保存文件用的是 RichTextBox 的 SaveFile 方法。

```
Public Class Form1
    '步骤 1：为窗体添加模块级变量
    Dim FName As String '存放正在编辑的文件名
    Dim FExtName As String '扩展名
    Public Shared start As Integer = 0
    Public Shared str1 As String
    '步骤 2：编写名为 RichTextBoxResize 的通用过程
    Private Sub RichTextBoxResize()
        '让格式文本框充满除工具栏与状态栏以外的所有空间
        RichTextBox1.Top = ToolStrip1.Height + ToolStrip1.Top '文本开始位置最左上角
        RichTextBox1.Left = 0
        RichTextBox1.Width = Me.ClientSize.Width            '宽度
        RichTextBox1.Height = Me.ClientSize.Height - ToolStrip1.Height - ToolStrip1.Top -
                            StatusStrip1.Height            '高度
    End Sub
    '步骤 3：编写名为 SaveAs()的通用过程，该过程弹出"另存为"对话框，供用户选择或输入
    '要保存的文件名，并把 RichTextBox1 中的文本保存到该文件中
    Private Sub SaveAs()
        SaveFileDialog1.Filter = "文本文件(*.txt)|*.txt|RTF 格式文件(*.RTF)|*.RTF"
        SaveFileDialog1.FilterIndex = 1 '过滤器
        SaveFileDialog1.Title = "保存文件"
        SaveFileDialog1.InitialDirectory = Application.StartupPath '初始目录为启动目录
        SaveFileDialog1.RestoreDirectory = True '自动恢复初始目录
        SaveFileDialog1.ShowDialog()    '弹出另存为对话框
        FName = SaveFileDialog1.FileName    '获取保存的文件名
        If (FName <> "") Then
            If (SaveFileDialog1.FilterIndex = 1) Then    '文本文件
                RichTextBox1.SaveFile(FName, RichTextBoxStreamType.PlainText)
                FExtName = "txt"
            Else
```

```
                    RichTextBox1.SaveFile(FName, RichTextBoxStreamType.RichText)
                    FExtName = "rtf"
                End If
                RichTextBox1.Modified = False
                lblSave.Text = "已保存"
            End If
    End Sub
'步骤 4：编写名为 NotSaveProcess()的通用过程，该过程对没有保存做出处理
    Private Sub NotSaveProcess()
        If RichTextBox1.Modified Then                    '文本被修改，则提示是否保存
            If MsgBox("尚未保存", MsgBoxStyle.YesNo, "保存提示") = MsgBoxResult.Yes Then
                If FName = "" Then
                    Call SaveAs()    '调用 SaveAs 过程
                Else
                    If (FExtName = "txt") Then    '保存文本文件
                        RichTextBox1.SaveFile(FName, RichTextBoxStreamType.PlainText)
                    Else                          '保存 RTF 文件
                        RichTextBox1.SaveFile(FName, RichTextBoxStreamType.RichText)
                    End If
                End If
            End If
        End If
    End Sub
'步骤 5：编写名为 NewFile()的通用过程
    Private Sub NewFile()
        Call NotSaveProcess() '调用过程未保存实现，没有保存处理
        FName = ""
        FExtName = "txt"
        RichTextBox1.Text = "" '清空显示的文本
        Me.Text = "新建-简单文件编辑器"
        RichTextBox1.Modified = False
        lblSave.Text = "已保存"
    End Sub
'步骤 6：响应"新建"菜单，调用 NewFile()通用过程
    Private Sub btnNew_Click(ByVal sender As System.Object, ByVal e As System.EventArgs)
                    Handles btnNew.Click
        Call NewFile()
    End Sub
'步骤 7：编写名为 FileOpen()的通用过程
    Private Sub FileOpen()
        Call NotSaveProcess()
        OpenFileDialog1.Filter = "文本文件(*.txt) | *.txt | RTF 格式文件(*.RTF) | *.RTF"
        OpenFileDialog1.FilterIndex = 1
        OpenFileDialog1.Title = "打开文件"
        OpenFileDialog1.InitialDirectory = Application.StartupPath'初始目录设置为启动路径
        OpenFileDialog1.RestoreDirectory = True        '自动恢复初始目录
        OpenFileDialog1.ShowDialog()
        FName = OpenFileDialog1.FileName        '获取打开的文件名
        If (FName <> "") Then '如果选择了文件
            If (OpenFileDialog1.FilterIndex = 1) Then  '如果是文本文件
                RichTextBox1.LoadFile(FName, RichTextBoxStreamType.PlainText)
```

```vb
            FExtName = "txt"
        Else
            RichTextBox1.LoadFile(FName, RichTextBoxStreamType.RichText)
            FExtName = "rtf"
        End If
    End If
    Me.Text = FName + "简单编辑器"  '设置标题
    RichTextBox1.Modified = False
    lblSave.Text = "已保存"
End Sub
Private Sub Save()
    If RichTextBox1.Modified Then
        If FName = "" Then
            Call SaveAs()
        Else
            If (FExtName = "txt") Then
                RichTextBox1.SaveFile(FName, RichTextBoxStreamType.PlainText)
            Else
                RichTextBox1.SaveFile(FName, RichTextBoxStreamType.RichText)
            End If
        End If
    End If
    RichTextBox1.Modified = False
    lblSave.Text = "已保存        "
End Sub
'步骤 8：响应"打开文件"菜单命令，调用 FileOpen()通用过程
Private Sub btnOpen_Click(ByVal sender As System.Object, ByVal e As System.EventArgs)
                    Handles btnOpen.Click
    Call FileOpen()
End Sub
'步骤 9：响应"保存"文件菜单命令，调用 Save()通用过程
Private Sub btnSave_Click(ByVal sender As System.Object, ByVal e As System.EventArgs)
                    Handles btnSave.Click
    Call Save()
End Sub
Private Sub Form1_Load(ByVal sender As System.Object, ByVal e As System.EventArgs)
                    Handles MyBase.Load
    Call RichTextBoxResize()
    FName = ""
    FExtName = "txt"
    Me.Text = "新建-简单文件编辑器"
    MenuItem2_1.Enabled = False
    MenuItem2_2.Enabled = False
    MenuItem2_3.Enabled = False
    MenuItem2_4.Enabled = False
    MenuItem2_5.Enabled = False
    MenuItem3_4_1.Checked = True
    RichTextBox1.BackColor = Color.White
    lblCharNum.Text = "字符数：" + CStr(RichTextBox1.TextLength) + "      "
    lblSave.Text = "已保存"
End Sub
```

```vb
Private Sub Timer1_Tick(ByVal sender As System.Object, ByVal e As System.EventArgs)
                       Handles Timer1.Tick
    lblTime.Text = DateTime.Now.ToString("T")
End Sub
Private Sub Form1_Resize(ByVal sender As System.Object, ByVal e As System.EventArgs)
                       Handles MyBase.Resize
    Call RichTextBoxResize()
End Sub
Private Sub RichTextBox1_TextChanged(ByVal sender As System.Object, ByVal e As
                       System.EventArgs) Handles RichTextBox1.TextChanged
    If RichTextBox1.Modified Then
        lblSave.Text = "未保存"
    End If
    lblCharNum.Text = "字符数：" + CStr(RichTextBox1.TextLength) + "    "
End Sub
Private Sub MenuItem3_1_Click(ByVal sender As System.Object, ByVal e As
                       System.EventArgs) Handles MenuItem3_1.Click
    FontDialog1.ShowEffects = True
    FontDialog1.Font = RichTextBox1.SelectionFont
    If (FontDialog1.ShowDialog() = Windows.Forms.DialogResult.OK) Then
        RichTextBox1.SelectionFont = FontDialog1.Font
    End If
End Sub
Private Sub MenuItem3_2_Click(ByVal sender As System.Object, ByVal e As
                       System.EventArgs) Handles MenuItem3_2.Click
    ColorDialog1.AllowFullOpen = True
    ColorDialog1.AnyColor = True
    ColorDialog1.Color = RichTextBox1.SelectionColor
    If (ColorDialog1.ShowDialog() = DialogResult.OK) Then
        RichTextBox1.SelectionColor = ColorDialog1.Color
    End If
End Sub
Private Sub MenuItem3_4_1_Click(ByVal sender As System.Object, ByVal e As
                       System.EventArgs) Handles MenuItem3_4_1.Click
    MenuItem3_4_1.Checked = True
    MenuItem3_4_2.Checked = False
    RichTextBox1.BackColor = Color.White
End Sub
Private Sub MenuItem3_4_2_Click(ByVal sender As System.Object, ByVal e As
                       System.EventArgs) Handles MenuItem3_4_2.Click
    MenuItem3_4_1.Checked = False
    MenuItem3_4_2.Checked = True
    RichTextBox1.BackColor = Color.Gray
End Sub
Private Sub RichTextBox1_SelectionChanged(ByVal sender As System.Object, ByVal e As
                       System.EventArgs) Handles RichTextBox1.SelectionChanged
    If RichTextBox1.SelectedText <> "" Then
        MenuItem2_3.Enabled = True
        MenuItem2_4.Enabled = True
        MenuItem2_6.Enabled = True
    Else
```

```vb
            MenuItem2_3.Enabled = False
            MenuItem2_4.Enabled = False
            MenuItem2_6.Enabled = False
        End If
    End Sub
    Private Sub MenuItem2_3_Click(ByVal sender As System.Object, ByVal e As
                        System.EventArgs) Handles MenuItem2_3.Click
        RichTextBox1.Cut()
        MenuItem2_5.Enabled = True
        MenuItem2_3.Enabled = False
    End Sub
    Private Sub MenuItem2_4_Click(ByVal sender As System.Object, ByVal e As
                        System.EventArgs) Handles MenuItem2_4.Click
        RichTextBox1.Copy()
        MenuItem2_5.Enabled = True
    End Sub
    Private Sub MenuItem2_5_Click(ByVal sender As System.Object, ByVal e As
                        System.EventArgs) Handles MenuItem2_5.Click
        RichTextBox1.Paste()
    End Sub
    Private Sub MenuItem2_6_Click(ByVal sender As System.Object, ByVal e As
                        System.EventArgs) Handles MenuItem2_6.Click
        RichTextBox1.SelectedText = ""
    End Sub
    Private Sub MenuItem2_7_Click(ByVal sender As System.Object, ByVal e As
                        System.EventArgs) Handles MenuItem2_7.Click
        RichTextBox1.SelectAll()
    End Sub
    Private Sub MenuItem1_1_Click(ByVal sender As System.Object, ByVal e As
                        System.EventArgs) Handles MenuItem1_1.Click
        Call NewFile()
    End Sub
    Private Sub MenuItem2_2_Click(ByVal sender As System.Object, ByVal e As
                        System.EventArgs) Handles MenuItem2_2.Click
        RichTextBox1.Redo()
    End Sub
    Private Sub MenuItem1_2_Click(ByVal sender As System.Object, ByVal e As
                        System.EventArgs) Handles MenuItem1_2.Click
        Call FileOpen()
    End Sub
    Private Sub MenuItem1_3_Click(ByVal sender As System.Object, ByVal e As
                        System.EventArgs) Handles MenuItem1_3.Click
        Call Save()
    End Sub
    Private Sub MenuItem1_4_Click(ByVal sender As System.Object, ByVal e As
                        System.EventArgs) Handles MenuItem1_4.Click
        Call SaveAs()
    End Sub
    Private Sub MenuItem1_5_Click(ByVal sender As System.Object, ByVal e As
                        System.EventArgs) Handles MenuItem1_5.Click
        Call NotSaveProcess()
```

```vb
        Me.Close()
        Application.Exit()
    End Sub
    Private  Sub  MenuItem4_Click(ByVal  sender  As  System.Object,  ByVal  e  As
                        System.EventArgs) Handles MenuItem4.Click
        Dim fm As New Form2()
        fm.ShowDialog()
    End Sub
    Private  Sub  MenuItem2_1_Click(ByVal  sender  As  System.Object,  ByVal  e  As
                        System.EventArgs) Handles MenuItem2_1.Click
        RichTextBox1.Undo()
    End Sub
    Private  Sub  MenuItem5_1_Click(ByVal  sender  As  System.Object,  ByVal  e  As
                        System.EventArgs) Handles MenuItem5_1.Click
        Dim str1 As String     '存放要查找的文本
        str1 = RichTextBox1.SelectedText   '获取要查找的文本
        start = RichTextBox1.Find(str1, start, RichTextBoxFinds.MatchCase) '查找下一个
        If start = -1 Then      '如果返回值是-1，表示没有找到
            MessageBox.Show("已查找到文档的结尾", "查找结束")   '显示查找结束消息框
            start = 0   '查找位置赋值为0，从头开始查找
        Else '查找到
            start = start + str1.Length      '下一次查找的起始位置
        End If
        RichTextBox1.Focus() '为 RichTextBox1 设置焦点
    End Sub
    Private  Sub  MenuItem5_2_Click(ByVal  sender  As  System.Object,  ByVal  e  As
                        System.EventArgs) Handles MenuItem5_2.Click
        Dim str2 As String
        str2 = InputBox("")
        RichTextBox1.SelectedText = str2
    End Sub
    Private  Sub  MenuItem5_3_Click(ByVal  sender  As  System.Object,  ByVal  e  As
                        System.EventArgs) Handles MenuItem5_3.Click
        Dim str1, str3 As String              '存放要查找的文本和要替换的文本
        str1 = RichTextBox1.SelectedText   '获取要查找的文本
        str3 = InputBox("")                  '获取要替换的文本
        start = RichTextBox1.Find(str1, start, RichTextBoxFinds.MatchCase) '查找下一个
        Do While start <> -1   '如果找到
            RichTextBox1.SelectedText = str3   '替换
            start = start + str3.Length       '下一次查找的起始位置
            start = RichTextBox1.Find(str1, start, RichTextBoxFinds.MatchCase)  '查找下一个
        Loop
        MessageBox.Show("已替换到文档的结尾", "查找结束对话框")   '显示查找结束消息框
        start = 0                              '查找位置赋值为0，从头开始查找
        RichTextBox1.Focus()  '为 RichTextBox1 设置焦点
    End Sub
End Class
```

第 9 章 面向对象的程序设计

本章要点
- 面向对象程序设计的基本思想与方法。
- 命名空间。
- 类与对象。
- 方法与方法重载。
- 类的构造函数与析构函数。
- 类的继承与编程实现。

9.1 理论知识

本章主要介绍面向对象程序设计的概念，设计的基本思想与方法，类与对象，方法与方法重载，构造函数与析构函数，类的继承与编程实现。

9.1.1 面向对象程序设计的基本思想与方法

1. 面向对象程序设计的基本思想

早期的计算机编程是基于面向过程的方法，通过算法就可以解决问题。随着技术的不断发展，需要解决的问题越来越复杂。20 世纪 80 年代初，计算机科学家提出的程序设计思想方法：面向对象程序设计（Object Oriented Programming，OOP）方法，通过面向对象的方法将现实世界的物抽象成对象，现实世界中的关系抽象成类、继承，帮助人们实现对现实世界的抽象与数字建模。从分析对象的属性和行为入手，把数据和过程两个逻辑上独立的实体组合在一个逻辑体（对象）中，对象与对象之间通过消息传递来表达对象的相互关系。

通过面向对象的方法，不仅提高了编程的效率，还提高了对复杂系统进行分析、设计与编程的技能。面向对象是指一种程序设计范型，同时也是一种程序开发的方法。对象指的是类的集合。它将对象作为程序的基本单元，将过程和数据封装其中，以提高软件的重用性、灵活性和扩展性。由此可见，面向对象程序设计方法，是目前最为流行的应用程序开发技术。

2. 面向对象程序设计的方法

面向对象的程序设计方法的核心是对象（Object）功能的实现和表达。在 VB.NET 中，对象是客观存在的事物，如 1 个窗体 Form、1 个 Button 按钮控件、1 个 Label 控件等都是对象。一般来说，对象都有静态和动态特征。

（1）静态特征能用于描述对象的一些属性，一个对象的状态是通过若干个属性（Property）来描述的。例如，1 个 Button 控件的 Name 属性，Text 属性等。

（2）动态特征是对象表现的行为，即对属性进行操作和处理的方法（Method）。例如，改变 Button 控件 Name 属性以及 Text 属性等。

在面向对象的程序设计方法中，一个对象是由一组表示对象状态的数据和一组描述处理对象属性的方法的代码（行为）构成的。每个数据代表一种属性。通常一个对象可以有若干个属性，这些属性的值反映了该对象的状态。

9.1.2 命名空间

1．命名空间概述

VB.NET 命名空间的概念是.NET 环境重要内容，它是组织类的一种逻辑组机制，并且使得这些类更容易搜索及管理。命名空间实质上是一个大的类库（Class Library）。在其中定义了许多的类、对象、属性和方法。简而言之，就是为了防止越来越多的组件出现，越来越多的代码出现重名的可能，即防止重名。

1）直接定位命名空间

在 VB.NET 应用程序中，任何一个命名空间都可以在代码中应用，如可以直接调用 System.Console 命名空间的 WriteLine 方法。

```
System.Console.WriteLine("Hello, VB.NET World!")
```

Console 类负责向控制台写一个带有行结束符的字符串。如前所述，Console 类定义于 System Namespace，你通过直接引用来控制类成员。Console 类负责读写系统控制台，读控制台输入用 Read 和 ReadLine 方法，向控制台输出用 WriteLine 方法。Console 类定义的方法见表 9-1。

表 9-1　Console 类定义的方法

方　　法	用　　途	举　　例
Read	读入单个字符	int s = Console.Read();
ReadLine	读入一行	string str = Console.ReadLine();
Write	写一行	Console.Write("VB.NET");
WriteLine	写一行，带上行结束符	Console.WriteLine("VB.NET2015");

2）使用 Imports 关键字引入命名空间

在应用程序中，引入命名空间后就可以使用该命名空间中的任何一个类了，引入命名空间可以使用 Imports 关键字，该语句的格式与功能如下。

Imports 命名空间名称

如

```
Imports System.Data    //导入数据库命名空间
```

表明在程序中引入了数据库命名空间，在此空间中的类只需直接写出即可应用，如果系统提示找不到命名空间，说明还没有将那个 DLL 引入到项目中。方法是在项目上右键，选择"添加引用"，找到相关的 DLL 文件即可。

2．命名空间定义

在 VB.NET 命名空间是使用块结构来声明的，通过 Namespace…EndNamespace 语句可以自定义命名空间，一个 Namespace 是类和组件的逻辑组合。

例如：

```
Namespace MyNamespace
Public Class C1
End Class
```

End Namespace

在 Namespace…End Namespace 块之间声明的任何类、结构等将可以使用那个名空间被寻址。在本例中，我们的类可以使用这个命名空间来引用，这样定义一个变量就变成了：

Private X1 As MyNamespace.C1

因为 VB.NET 名空间是使用块结构来创建的，所以在单一的源文件中就不仅可以包含多个类，而且可以包含多个名空间。同样，在一个相同名空间的类可以被创建在分隔的文件中。换句话说，在一个 VB.NET 工程中，我们可以使用在不同源文件中相同的名空间，而所有在这些名空间中的类将是那个相同名空间的一部分。

为了更好地理解，下面再给出一个源文件：

```
Namespace MyNamespace
Public Class C1
End Class
End Namespace
```

在工程中还有以下一个独立的源文件，其代码如下。

```
Namespace MyNamespace
Public Class C2
End Class
End Namespace
```

以上的两短段代码是为了说明在同一个 VB.NET 名空间 MyNamespace 中有两个类：C1 和 C2。这里还需指出，在默认状态下，VB.NET 工程有一个根名空间（Root Namespace），它实际上是工程属性的一部分。这个根 VB.NET 名空间使用了与工程相同的名字。所以当我们使用名空间块结构时，实际上是增加到根名空间上去的。因此，如果工程命名为 MyProject，那么我们可以这样来定义一个变量：

Private obj As MyProject.MyNamespace.C1

当然也可以改变根名空间，具体操作可以使用菜单选项：Project（工程）->Properties（属性）。

9.1.3 类与对象

在 VB.NET 中，类是一种数据结构，一种较为复杂但非常灵活的复合数据类型，一个类型可以由若干个称为成员（或域）的成分组成。类是创建对象实例的模板，是同种对象的集合与抽象，它包含所创对象的属性描述和行为特征的定义。类是一个集合，而对象是这个集合中的一个实例。类的一组属性和方法定义了类的界面。因为类含有属性和方法，它封装了用于类的全部信息。

在 VB.NET 中，使用 Class 语句，可以定义自己的类，类的实现包括两部分内容：类的说明和类的主体。其语法格式为：

[〈类说明修饰符〉] Class 〈类名〉
　　[〈类主体〉]
End Class

说明：

（1）〈类说明修饰符〉包括 Public、Private、Protected 、Friend 和 Shared 等，用来说明访问权限。默认值是 Public。

（2）类名是由程序员自己定义的合法的字符串，每个类说明都必须有类名。

（3）在每个类中，代码都必须有关键字 Class 和 End Class 对应，使用该关键字的目的是为了在一个源文件中包含多个类。Class 语句大体上可以分为两部分，即选项部分和主体部分。其中主体部分以 Class 开头，以 End Class 结束，称为 Class 块，在 Class 和 End Class 之间的部分构成了类的主体。选项部分位于 Class 的前面，这些选项可以分为两类，即访问修饰符和继承控制。

（4）在〈类主体〉中编写程序代码。

如前所述，类定义的主体部分以 Class 开头，以 End Class 结束，是类的声明和实现部分，类定义的代码基本上都在这一部分中。除"类名"外，这一部分中其他各项都是可选的，因此，一个最简单的类的定义如下。

```
Class OK
End Class
```

注意：

类型与变量是不同的概念，定义一个类型并不意味着系统要分配一块内存单元来存放各类成员，只是指定了这个类型的组织类，即向编译程序"声明"由程序员自己所定义的类有哪些成员，其类型是什么，长度是多少，反映了数据的抽象属性。只有用它定义了某个具体变量时，才占据存储空间。

VB.NET 编译系统提供了预先定义的类型，同时允许用户定义自己的类型。当要用类型数据描述一个对象时，必须根据具体对象的特征在程序中定义类型。

类是一种构造数据类型，可以定义成与现实世界客观对象特征更相近的形式，在同一个程序或同一个过程中，类成员和类变量可以同名，它们分别代表不同的数据对象。

1. 类（Class）的创建

在 VB.NET 中创建类有 3 种方法。分别为：作为添加到"Windows 应用程序"项目的一个独立类模块；作为"Windows 应用程序"项目的某个窗体模块中代码的一部分；作为一个独立的"类库"项目。

【例 9-1】定义一个 Employee 类，用来对员工的信息和功能进行描述，假设员工具有员工编号、姓名、年龄、性别、电话、工资等特征，并且具有设置员工特征和显示员工特征的功能。

添加类的操作步骤如下：

在集成开发环境中新建一个项目，项目名为 WindowsApplication9。

在"项目"菜单项中选中"添加类"，选择"类"选项，并在"名称"文本框中输入"Employee"，扩展名为.vb。

单击"添加"按钮后，编译器将自动为我们生成了空类的代码。类名默认与类文件名称相同，也可以进行修改。

```
Public Class Employee
End Class
```

其中，Class 关键字用于声明一个类；Public 是该类的访问修饰语，表示该类是公共的，对类内的实体无访问限制；Employe 是类的名称，通常选择有意义的能够说明类功能的名称。创建类如图 9-1 所示。

（1）然后，可以在 Public Class Employee 和 End Class 语句之间定义类的成员。一个类文件可以包含多个类，每个类独立使用 Class…End Class 语句进行定义。

（2）定义 Employee 类，其代码如下。

```
Public Class Employee
    Private Num As String        '员工编号
    Private Name As String       '名称
    Private Age As Integer       '年龄
    Private Sex As String        '性别
    Private Tel As String        '电话
```

```vb
        Private Salary As Integer        '工资
    Public Sub SetStudent(ByVal n1 As String, ByVal n2 As String,
    ByVal n3 As Integer, ByVal n4 As String, ByVal n5 As String, ByVal n6 As Integer)
        '给员工特征赋值
        Num = n1 : Name = n2 : Age = n3 : Sex = n4 : Tel = n5 : Salary = n6
    End Sub
    Public Sub DispEmployee()    '显示员工特征
        Dim s1, s2 As String
        s1 = "Num:" + Num + "Name" + Name + "Age" + CStr(Age)
        Debug.WriteLine(s1)
        s2 = "Tel:" + Tel + "Salary" + CStr(Salary)
        Console.WriteLine(s2)
    End Sub
End Class
```

图 9-1　创建类

2.对象（Object）的创建

在 VB.NET 中，对象包括内部对象（项目中的内部对象和类）与外部对象（程序集和 COM 对象）。对象（Object）是代码和数据的集合，属性和行为（数据和操作）的封装体，其中还包括和其他对象进行通信的设施，而行为通常称作方法。

如现实生活中的一个实体。一台计算机是一个对象。一台计算机又可以拆分为主板、CPU、内存、外设等部件，这些部件又是一个个对象，因此"计算机对象"可以说是由多个"子对象"组成的，它可以称为一个对象容器（Container）。

在 VB.NET 中，常用的对象有各种控件、窗体、菜单、应用程序的部件以及数据库等。这些对象都具有属性（数据）和行为方式（方法）。简单地说，属性用于描述对象的一组特征，方法为对象实施一些动作，对象的动作常常需要触发事件，而触发事件又可以修改属性。"属性"、"事件"和"方法"是对象的基本元素。在 VB.NET 程序设计过程中，可以通过这 3 个基本元素来操纵和控制对象。VB.NET 中最主要的对象是窗体（Form）和控件（Control）。

类型变量（简称类变量）的定义与普通变量的定义类似，格式如下。

　　　　Declare 变量名 1，变量名 2，…，变量名 n **As** 类名

或简写为：

{Dim | Public | Private}　变量名表列 As 类名

或用两语句表示为：

Dim 对象名 As 类型　'定义类的实例变量
对象名=New 类名（参数）　'创建类的实例

说明：Declare 是声明对象变量的关键词，可以是 Dim、Protected、Friend、ProtectedFriend、Private 等。也称访问控制符或访问说明符，用来指定类的作用域，即在什么地方可以访问类中的成员。它有以下 5 种访问修饰符。

Public：用该修饰符声明的实体具有公共访问权限，对公共实体的使用没有限制，可以在类之外访问。

Private：用该修饰符声明的实体具有私有访问权限。私有实体只在其声明的类中是可访问的，不能在类之外访问。

Protected：用 Protected 声明的实体具有受保护的访问权限，可以在自己的类或其派生类中访问。只能对类成员指定受保护的访问。

Friend：用 Friend 修饰符声明的实体具有友元访问权限，具有友元访问权限的实体只能在包含此实体声明的程序（如项目）内访问。默认情况下，即如果一个类没有指定访问修饰符，则该类被声明为 Friend。

Protected Friend：用 Protected Friend 修饰符声明的实体同时具有受保护访问权限和友元访问权限。

例如，在前面的例子中，定义了类 Employee 的一个变量：

Dim Employee1 As New Employee()　'定义并生成 Employee 类的实例 Employee1

或者使用下述两条语句表示：

Dim Employee1 As Employee　　　　　'定义 Employee 类的实例变量 Employee1
Employee1=new Employee()　　　　　'生成 Employee 类的实例 Employee1

由此可见，类和对象的关系实际上相当于简单数据类型与它的变量的关系，因此对象也可以称为对象变量。类是模板，是静态的定义；对象是具体的，动态产生的实例。

3. 类变量的初始化及其引用

在实际应用中，有时需要将不同类型的数据组合成一个有机的整体，以便于引用。这些组合在一个整体中的数据是互相联系的。

例如，在一个学校里需要建立一个教师信息表，这个表包括教师编号（num）、姓名（name）、职称（title）、通信地址（addr）、QQ 号（qq）和电话号码（tel）等数据，每种数据的类型和长度不同，但都反映出会员有关教师信息方面的属性，因此用程序处理这些数据时，也希望构造出一种能把上述属于不同类型的数据作为一个整体来处理的数据类型。类的定义见表 9-2。

使用 VB.NET 中的"类"，可以定义如下。

```
Public Class Teacher
    Public num As Short          '教师编号（短整型）
    Public name As String        '姓名（字符串）
    Public title As String       '职称（字符串）
    Public addr As String        '通信地址（字符串）
    Public qq As Integer         'QQ 号（字符串）
    Public tel As String         '电话号码（字符串）
End Class
```

表 9-2　类的定义

教师编号（num）	姓名（name）	职称（title）	通信地址（addr）	QQ 号（qq）	电话号码（tel）
1	王田	教授	广州	1795189990	13570988888

【例 9-2】用类型记录显示教师王田的相关信息。

程序如下。

```
Public Class Teacher
    Public num As Short                '教师编号（短整型）
    Public name As String              '姓名（字符串）
    Public title As String             '职称（字符串）
    Public addr As String              '通信地址（字符串）
    Public qq As Integer               'QQ 号（字符串）
    Public tel As String               '电话号码（字符串）
End Class
Private Sub Form1_Load(ByVal sender As System.Object, ByVal e As System.EventArgs)
            Handles MyBase.Load
        Dim m1 As New Teacher()        '定义类的变量
        Dim K As String = "           "
        '对类各个成员赋值
        m1.num = 1
        m1.name = "王田"
        m1.title = "教授"
        m1.addr = "广州"
        m1.QQ = "1795189990"
        m1.tel = "13570988888"
        '通过类变量分别引用类的各个成员
        Debug.WriteLine("")
        Debug.Write("num        name          title          addr")
        Debug.WriteLine("      qq            tel")
        Debug.Write("----------------------------------------")
        Debug.WriteLine("------------------------")
        Debug.Write(" " & m1.num & K & m1.name)
        Debug.Write(K & m1.title & "      " & K & m1.addr)
        Debug.WriteLine("     " & m1.QQ & K & m1.tel)
    End Sub
```

程序运行后，单击窗体，结果如图 9-2 所示。

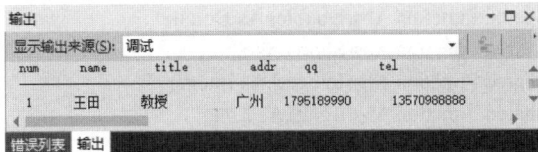

图 9-2　显示信息

（1）类变量的初始化。

与普通变量一样，类变量在使用前也必须具有确定的值。对于类变量来说，只能用赋值语句对类各个成员分别赋值。例如，在前面的例子中，在定义了类变量 m1 后，用下面的语句：

```
m1.num = 1
m1.name = "王田"
m1.title = "教授"
```

```
m1.addr = "广州"
m1.QQ = "1795189990"
m1.tel = "13570988888"
```

分别给 m1 变量的各个成员赋值作为初值。

（2）类变量的引用及操作。

在定义了类变量之后，就可以引用这个变量，进行赋值、运算、输入和输出等操作了。

（3）整体赋值。

VB.NET 允许将一个类变量作为一个整体赋值给另一类变量，例如：

```
m2 = m1
```

这个赋值语句将类变量 m1 中各个成员的值依次赋给类变量 m2 中相应的各个成员。其前提条件是：这两个类变量的类型相同，即两者中成员个数、类型、长度的定义均相同。

9.1.4　方法与方法重载

1．方法（等价于函数）

方法（Method）也称作行为（Behavior），是指定义于某一特定类上的操作与法则，具有同类的对象只可为该类的方法所操作。换言之，这组方法表达了该类对象的动态性质，而对于其他类的对象可能无意义甚至非法。在面向对象的方法中，所有信息都存储在对象中，即其数据及行为都封装在对象中。

影响对象的唯一方式是执行它所从属的类的方法，即执行作用于其上的操作，这就是信息隐藏（Information Hiding）。重载则是使用相同函数名称创建多个方法，但方法参数不相同，或者方法返回类型不相同来加以区别。

其中，方法参数不相同包括以下几种情况：参数个数不相同、参数类型不相同，参数对应位置不相同。类的方法就是在该类中声明的 Sub 或 Function 过程。

2．方法重载

同一个方法可作用于不同的对象上，并产生不同的结果。例如，OPEN 方法既可作用于数据流，也可作用于窗口等。也就是说，几个不同的方法公用一个相同的名字；换言之，用同一个方法名可以完成不同的操作。如果没有重载功能，则每个方法都必须有唯一的名字。

在 VB.NET 中的定义如下。

```
Overloads Public Shared Function Abs(Decimal) As Decimal
Overloads Public Shared Function Abs(Double) As Double
Overloads Public Shared Function Abs(Short) As Short
Overloads Public Shared Function Abs(Integer) As Integer
Overloads Public Shared Function Abs(Long) As Long
Overloads Public Shared Function Abs(SByte) As SByte
Overloads Public Shared Function Abs(Single) As Single
```

Overloads 关键字，将类中的方法或属性声明为重载的类型。在 VB.NET 中，重写涉及的关键字如下。

Overridable：在父类中声明的可以在子类中重写的方法。

Overrides：在子类中声明的要重写父亲中可重写的方法。

MustOverride：在父类中，表示这个方法必须在子类中重写。此时，该类必须声明为抽象类。

NotOverridable：如果当前类还有子类，那么在其子类中，该方法不允许被重写。

【例 9-3】方法的重载，计算面积如图 9-3 所示。

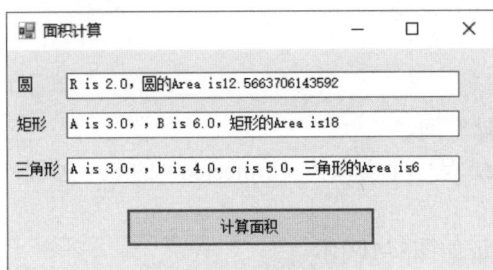

图 9-3　计算面积

```
' count 类模块程序
Public Class count
    Public Overloads Function area(ByVal r As Double) As Double
        Return (Math.PI * r * r)
    End Function
    Public Overloads Function area(ByVal a As Double, ByVal b As Double) As Double
        Return (a * b) '2 个参数
    End Function
    Public Overloads Function area(ByVal a As Double, ByVal b As Double, ByVal C As
                    Double) As Double
        Dim p, s As Double
        p = (a + b + C) / 2
        s = Math.Sqrt(p * (p - a) * (p - b) * (p - C)) '3 个参数
        Return (s)
    End Function
End Class
'计算面积按钮单击事件
Private Sub Button1_Click(ByVal sender As System.Object, ByVal e As System.EventArgs)
                    Handles Button1.Click
    Dim shape As New count()
    TextBox1.Text = "R is 2.0，圆的 Area is" + CStr(shape.area(2.0))            '求圆的面积
    TextBox2.Text = "A is 3.0，，B is 6.0，矩形的 Area is" + CStr(shape.area(3.0, 6.0))'求矩形面积
    '求三角形面积
    TextBox3.Text = "A is 3.0，，b is 4.0, c is 5.0，三角形的 Area is" + CStr(shape.area(3.0, 4.0, 5.0))
End Sub
```

9.1.5　类的构造函数与析构函数

类的构造函数用于类的实例的创建，实现当一个类被创建时需要运行的代码。

类的构造函数 Sub New 在类实例化时调用，一般用于对类中某些字段或属性进行初始化，可以在类定义中的任何地方创建析构函数。其本质是两个特殊的过程，无须调用，创建对象时自调用。

构造函数是在创建类的实例（也就是对象）时首先执行的过程；析构函数是当实例（对象）销毁前最后执行的过程。

1．构造函数

目的：为对象分配存储空间，完成初始化操作（给类的成员变量赋值）。

规定：过程名为 New，实为一个通用过程；构造函数访问修饰符总是 Public；构造函数可以带参数也可以不带参数。

2．析构函数

用于释放对象占用的存储空间。

特点：过程名为 Finalize，是一个受保护（Protected）的 Sub 过程；不能带参数；系统只调用一次。

【例 9-4】构造与析构验证如图 9-4 所示。

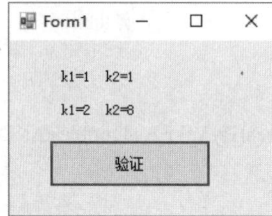

图 9-4　构造与析构验证

```
'保存为 Class1.vb
Public Class c1
    Public Shared k1 As Integer '共享成员
    Public k2 As Integer        '非共享成员
    Public Sub New()           '构造函数，没有参数，用来给成员变量赋初值 0
        k1 = 1 : k2 = 1
    End Sub
    Public Sub New(ByVal m As Integer, ByVal n As Integer)
        k1 = m : k2 = n   '构造函数，有参数，用来给成员变量赋特定的初值
    End Sub
    Protected Overrides Sub finalize() '析构函数
    End Sub
End Class
'验证按钮单击事件
Public Class Form1
    Private Sub Button1_Click(ByVal sender As System.Object, ByVal e As System.EventArgs)
                    Handles Button1.Click
        Dim n1 As New c1() '产生类的实例 n1，自动调用无参数的构造函数
        Label1.Text = "k1=" + CStr(c1.k1) + "    k2=" + CStr(n1.k2)
        Dim n2 As New c1(2, 8) '产生类的实例 n2，自动调用有参数的构造函数
        Label2.Text = "k1=" + CStr(c1.k1) + "    k2=" + CStr(n2.k2)
    End Sub
End Class
```

9.1.6　类的继承与编程实现

1．继承的定义

类 B 全部或部分有类 A 的代码，如果用复制粘贴法，会加大代码量，且使可读性降低。为了创建一个能够重用其他类的方法、属性、事件和变量的类。其中的 A 就称为父类、基类或超类，而 B 称为子类。但是，继承是一回事，能不能直接访问这些成员又是另一回事。

2．成员的作用域

类的主要特点之一是数据隐藏，类的私有（Private）成员在该类之外是不可见的，即一个类的私有成员的作用域是该类中的代码。除 Private 成员外，VB.NET 还提供了其他一些选项，用来控制类成员的作用域。成员的作用域见表 9-3。

表 9-3　成员的作用域

选　项	作　用　域
Private	只用于类中的代码
Protected	只用于类及其派生类的代码
Friend	可用于项目中的代码
Protected Friend/Protected 与 Friend 的组合	可用于派生类或项目中的代码
Public	可用于类及类外部的代码

Private 成员具有最小的作用域，这种类型的成员只能在定义它的类中使用，也就是说，派生类中的代码不能使用这些成员，任何对象的代码也不能使用这些成员，只有基类（即定义这些成员的类）才能使用这些成员。与此相反，Public 成员具有最大的作用域，即不但在类内部使用，而且可以在类外部使用，包括其他应用程序。

3．类的继承格式

格式：

Class 派生类名
　　Inherits 基类名
　　派生类的成员定义
End Class

【例 9-5】类的继承的实现，蜡笔继承于笔类，并定义写的方法以及擦除的方法。类的继承如图 9-5 所示。

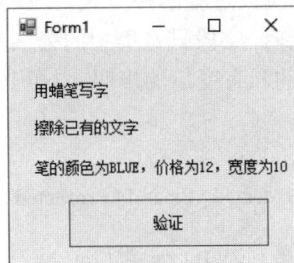

图 9-5　类的继承

```
'Class1.vb 类模块程序
Public Class pen
    Public color As String
    Public Shared price As Double
    Private length As Integer
    Protected width As Integer
    Public Sub SetWidth(ByVal w As Integer)      '方法 SetWidth 用来设置成员变量的值
        width = w
    End Sub
    Public Function GetWidth() As Integer '方法 GetWidth 用来得到 Width 成员变量的值
        Return width
```

```
                    End Function
                End Class
                Public Class crayon                        '蜡笔类为派生类，其基类是 pen
                    Inherits pen
                    Public Function write()              '在派生类中定义的方法
                        Return "用蜡笔写字"
                    End Function
                    Public Function EraseText()          '在派生类中定义的方法
                        Return "擦除已有的文字"
                    End Function
                End Class
                '类的继承按钮单击事件
                Private Sub Button1_Click(ByVal sender As System.Object, ByVal e As System.EventArgs)
                                    Handles Button1.Click
                    Dim p1 As New crayon()
                    p1.color = "BLUE"
                    crayon.price = 12
                    'p1.length = 20     '错误，Private 成员只能在本类中访问
                    'p1.width = 1       '错误，Protected 成员只能在类或其派生类中访问
                    p1.SetWidth(10)   'SetWidth 是继承来的方法
                    Label1.Text = p1.write
                    Label2.Text = p1.EraseText
                    Label3.Text = "笔的颜色为" + CStr(p1.color) + "，价格为" + CStr(crayon.price) + "，宽度为" +
                                    CStr(p1.GetWidth())
                End Sub
```

4．属性的定义

对于一个属性来说，最重要的有两点：一是要知道它的当前值；二是要给它赋予一个新值。这两点可以通过属性窗口或者程序代码来做到。此外，也可以通过属性过程来实现。

向类中添加属性可以采用字段或属性过程两种方式。还可以用属性的 Public、ReadOnly 或 WriteOnly 等修饰符确定属性如何工作。字段只是类中的公共变量，可以从该类的外部设置或读取这些变量。属性过程有存储属性值的私有变量的声明、公开该值的 Get 过程以及设置该值的 Set 过程 3 部分。

属性定义的一般格式如下。

```
[ Default ] [ Public | Private | Protected | Friend | Protected Friend ] _
[[ ReadOnly | WriteOnly ] _
Property 属性名称([ ByVal 参数列表 ]) [ As 类型 ]
    Get
        [语句块 ]
    End Get
    Set(ByVal value As 类型 )
        [ 语句块]
    End Set
End Property
```

1）定义读/写属性

读/写属性是一般的属性，既可以获取它的值，也能改变它的值，其模板如下。

```
Public Property ProName() As String
    Get
        …
```

```
            End Get
            Set(ByVal Value As String)
                ...
            End Set
        End Property
```
可以在 Get 和 End Get 以及 Set 和 End Set 之间填入所需要的语句。

2）定义只读属性

只读属性只能获取值，不能设置值，其模板如下。

```
        Public ReadOnly Property ProName() As String
            Get
                ...
            End Get
        End Property
```

3）定义只写属性

只写属性只能设置值，不能获取值，其模板如下。

```
        Public WriteOnly Property ProName() As String
            Set(ByVal Value As String)
                ...
            End Set
        End Property
```

4）默认属性

一个对象有多个属性，其中可以有一个默认属性，这个默认属性可以看作对象的值。在引用默认属性时，可以只给出对象名，省略属性名。定义默认属性的模板如下。

```
        Default Public Property ProName(ByVal param As String) As String
            Get
                ...
            End Get
            Set(ByVal Value As String)
                ...
            End Set
        End Property
```

关键字 Default 可以与 ReadOnly 或 WriteOnly 结合使用，用来定义只读或只写的默认属性。但是，不管定义什么属性，只要使用了 Default 关键字，其属性就必须带有参数。也就是说，没有参数的属性不能作为默认属性。对象属性的设置和获取很简单，使用对象名、属性名即可完成。

例如，下面的代码为对象 m1 设置了 FirstName 和 LastName 属性。

```
        Dim m1 = New Employee
        m1.FirstName="Tian"
        m1.LastName="Wang"
```

下面的代码则获取 m1 的年龄 Age 属性，并将其赋给变量 a。

```
        Dim a As Integer = m1.Ag
```

【例 9-6】为 Employee 类添加 firstName 属性，用于表示员工的姓。

```
        Private firstNameValue As String
        Public Property FirstName( ) As String
            Get
                FirstName = firstNameValue
            End Get
            Set(ByVal value As String)
                firstNameValue = value
```

```
            End Set
        End Property
```

【例 9-7】修改 Set 过程，检查名字是否包含数字。

```
        Set(ByVal value As String)
            Dim i As Integer
            Dim numContained As Boolean = False
            For i = 0 To 9
                If value.Contains(i.ToString( )) Then
                    numContained = True
                    Exit For
                End If
            Next
            If numContained = False Then
                firstNameValue = value
            Else
                MessageBox.Show("First name contains number!")
            End If
        End Set
```

【例 9-8】为 Employee 类添加了一个只读属性 ID，用于表示员工的编号。

```
        Private IDValue As Integer
        ReadOnly Property ID( ) As Integer
            Get
                ID = IDValue
            End Get
        End Property
```

【例 9-9】为 Employee 类添加了一个只写属性 Password，用于表示员工的密码。

```
        Private passwordValue As String
        WriteOnly Property Password( ) As String
            Set(ByVal value As String)
                passwordValue = value
            End Set
        End Property
```

【例 9-10】为 Employee 类添加一个名为 FullName 的公共方法，用于返回员工的全名，它由 firstNameValue 和 lastNameValue 连接得到。

```
        Public Function FullName( ) As String
            FullName = FirstName & " " & LastName
        End Function
```

【例 9-11】向 Employee 类添加了一个计算年龄的私有方法 Count，并修改了只读属性 Age 的 Get 过程，以使用该私有方法。

```
        Private Function Count(ByVal year As Integer) As Integer
            Count = My.Computer.Clock.LocalTime.Year - year
        End Function
        ReadOnly Property Age( ) As String
            Get
                Age = Count(birthYearValue)
            End Get
        End Property
```

【例 9-12】为 Employee 类创建了一个构造函数，用于对类内所有变量初始化。

```
        Sub New( )
```

```
        Retired = False
        FirstName = ""
        LastName = ""
        BirthYear = 0
        Password = ""
    End Sub
```

【例 9-13】使用不同参数创建类实例的构造函数。

```
    Sub New(ByVal first As String，ByVal last As String)
        FirstName=first
        LastName=last
    End Sub
    Sub New(ByVal id As Integer)
        IDValue=id
    End Sub
```

在拥有多个构造函数的情况下，如何确定类的实例将调用哪个构造函数呢？这根据类实例化时传入的参数来确定。

【例 9-14】编写程序，通过抽象基类以及派生类统计图形的面积。界面设计如图 9-6 所示，计算结果如图 9-7 所示。

图 9-6　界面设计

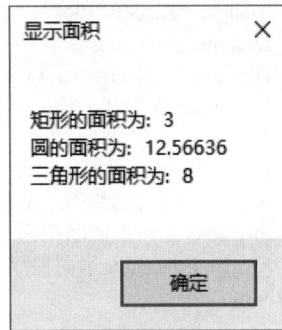

图 9-7　计算结果

图形的种类有很多，这里我们只计算 3 种图形的面积，即矩形、圆形和三角形的面积。按以下步骤操作。

（1）启动 VB.NET，建立一个"Windows 应用程序"项目。

（2）执行"项目"菜单中的"添加类"命令，建立一个类文件，然后建立一个抽象基类 Class1.vb，代码如下。

```
    Imports System.Math
    Public MustInherit Class Shapes
        Public MustOverride Function S1(ByVal d As Single, ByVal w As Single) As Single
        Public MustOverride Function S2(ByVal r As Single) As Single
        Public Function S3(ByVal a As Double, ByVal b As Double, ByVal c As Double) As Double
            Dim s, h As Double
            s = (a + b + c) / 2
            h = Sqrt((s - a) * (s - b) * (s - c))
            Return h
        End Function
    End Class
    Public Class Area : Inherits Shapes
        Private Const PI = 3.14159
```

```
Public Overrides Function S1(ByVal d As Single, ByVal w As Single) As Single
    Return d * w
End Function
Public Overrides Function S2(ByVal r As Single) As Single
    Return PI * r * r
End Function
End Class
Public Class Class1
End Class
```

（3）在窗体上建立一个按钮，然后编写如下事件过程。

```
Public Class Form1
Private Sub Button1_Click(ByVal sender As System.Object, ByVal e As System.EventArgs)
                    Handles Button1.Click
    Dim A As New Area()          ' 建立派生类的对象 A
    Dim l, w, r As Single
    l = 2.0
    w = 1.5
    r = 2.0
    Dim triangle As Double
    triangle = A.S3(6, 10, 12)
    Dim msg As String
    Dim RecArea, CirArea As Single
    RecArea = A.S1(l, w)
    CirArea = A.S2(r)
    msg = "矩形的面积为: " & Str(RecArea) & vbCrLf
    msg &= "圆的面积为: " & Str(CirArea) & vbCrLf
    msg &= "三角形的面积为: " & Str(triangle)
    MsgBox(msg, "显示面积")
End Sub
End Class
```

9.2 实例探析

以下通过实例探析 Windows 应用程序面向对象程序设计的应用。

9.2.1 【实例 1】类的创建与调用

1. 实验目的

创建一个类，获取类的属性，调用类方法。程序设计界面与程序运行界面如图 9-8 所示。
知识点：Property、调用方法。

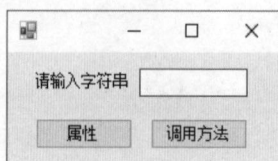

（a）程序设计界面   （b）程序运行界面

图 9-8　类的创建与调用

2．实验内容

定义一个 Class1 类，在该类中定义一个 String 类型的 pstr 属性和 str 属性过程，定义一个 ClassMethod 方法获取一个字符串并用消息对话框显示出来。

3．界面设计

启动 VS 2015，创建工程，为窗体添加 1 个 TextBox 控件、2 个 Button 控件，窗体和控件对象属性设置及其作用见表 9-4。

表 9-4　窗体和控件对象属性设置及其作用

对 象 名	属 性 名	属 性 值	说 明
Form1	Text	Demo1	显示窗体标题
TextBox1	Text	""	获取输入
Button1	Text	属性	调用属性过程
Button2	Text	调用方法	调用类的方法

4．程序代码

1）操作步骤

验证类的创建与调用的前提条件：创建新类。操作步骤如下。

（1）首先定义一个新类 Class1，在创建的类中定义一个属性，语句中的 Get 属性过程用来读取属性值，Set 属性过程用来设置属性值。接着在"属性"按钮的事件过程中把 TextBox1.Text 的值赋予 a.str 属性。

（2）在"调用方法"按钮的事件过程中，通过方法输出成员变量的值。

2）编写代码

```
Public Class Form1
    '定义类，并在创建的类中定义一个属性和一个方法
    Dim a As New Class1
    Public Class Class1    '创建新类
        Dim pstr As String
        Public Property str() As String
            Get                        'Get 属性过程，用来获取 str 属性值
                Return pstr
            End Get
            Set(ByVal value As String)    'Set 属性过程，用来设置 str 属性值
                pstr = value
            End Set
        End Property
        Sub ClassMethod(ByVal str As String)    '方法用来输出成员变量的值
            MessageBox.Show(str)
        End Sub
    Private Sub Button1_Click(ByVal sender As System.Object, ByVal e As
                            System.EventArgs) Handles Button1.Click
        a.str = TextBox1.Text
        MessageBox.Show(a.str)
    End Sub
    '调用方法输出显示
    Private Sub Button2_Click(ByVal sender As System.Object, ByVal e As
```

```
                    System.EventArgs) Handles Button2.Click
        a.ClassMethod("类方法")
                End Sub
            End Class
        End Class
```

9.2.2 【实例 2】类继承与重写

1．实验目的

创建两个拥有继承关系的类，子类重写父类的方法。程序设计界面与程序运行界面如图 9-9 所示。

知识点：继承、重写。

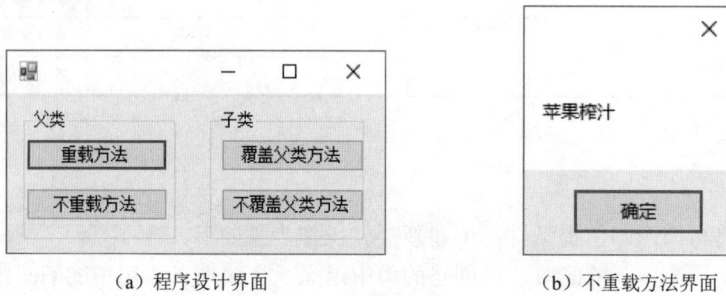

（a）程序设计界面　　　　　　　　（b）不重载方法界面

图 9-9　类继承与重写

2．实验内容

定义一个 Fruit 类，定义可重载方法 Function1 输出"水果"和不可重载方法 Function2 输出"苹果榨汁"。再定义一个 Apple 类重载 Function1 输出"苹果榨汁"。最后编写一个测试程序分别调用两个类的两个方法。

3．界面设计

启动 VS 2015，创建工程，为窗体添加 GroupBox、Button 控件，窗体和控件对象属性设置及其作用见表 9-5。

表 9-5　窗体和控件对象属性设置及其作用

对 象 名	属 性 名	属 性 值	说　　明
Form1	Text	Demo2	显示窗体标题
GroupBox1	Text	父类	调用父类
GroupBox2	Text	子类	调用子类
Button1	Text	Function1	调用父类 Function1 方法
Button2	Text	Function2	调用父类 Function2 方法
Button3	Text	Function1	调用子类 Function1 方法
Button4	Text	Function2	调用子类 Function2 方法

4．程序代码

1）操作步骤

验证类的创建与调用的前提条件：创建新类。操作步骤如下。

（1）首先定义一个新类 Class1，在创建的类中定义一个属性，语句中的 Get 属性过程用来读取属性值，Set 属性过程用来设置属性值。接着在"属性"按钮的事件过程中把 TextBox1.Text 的值赋予 a.str 属性。

（2）在"调用方法"按钮的事件过程中，调用类和派生类的可重写方法以及不可重写方法。

2）编写代码

```
Public Class Form1
    Dim a As Fruit = New Fruit()        '生成 Fruit 类对象 a
    Dim b As Apple = New Apple()        '生成 Apple 类对象 b
    Private Sub Button1_Click(ByVal sender As System.Object, ByVal e As System.EventArgs)
                        Handles Button1.Click
            a.Function1()
    End Sub
    Private Sub Button2_Click(ByVal sender As System.Object, ByVal e As System.EventArgs)
                        Handles Button2.Click
            a.Function2()
    End Sub
    Private Sub Button3_Click(ByVal sender As System.Object, ByVal e As System.EventArgs)
                        Handles Button3.Click
            b.Function1()
        End Sub
    Private Sub Button4_Click(ByVal sender As System.Object, ByVal e As System.EventArgs)
                        Handles Button4.Click
            b.Function2()
        End Sub
End Class
Public Class Fruit                      '基类
    Overridable Sub Function1()         '定义基类的可重写方法
        MessageBox.Show("水果")
    End Sub
    Sub Function2()                     '不重写方法
        MessageBox.Show("苹果榨汁")
    End Sub
End Class
Public Class Apple                      '该类是派生类，基类是 Fruit
    Inherits Fruit
    Overrides Sub Function1()   '定义派生类的可重写方法
        MessageBox.Show("苹果")
    End Sub
    End Sub
End Class
```

9.2.3 【实例 3】类的多重调用

1．实验目的

创建 1 个类，定义 3 个相同名字但参数不同的方法，分别用于计算正方向、长方形和梯形的面积。程序设计界面与程序运行界面如图9-10所示。

知识点：多重调用。

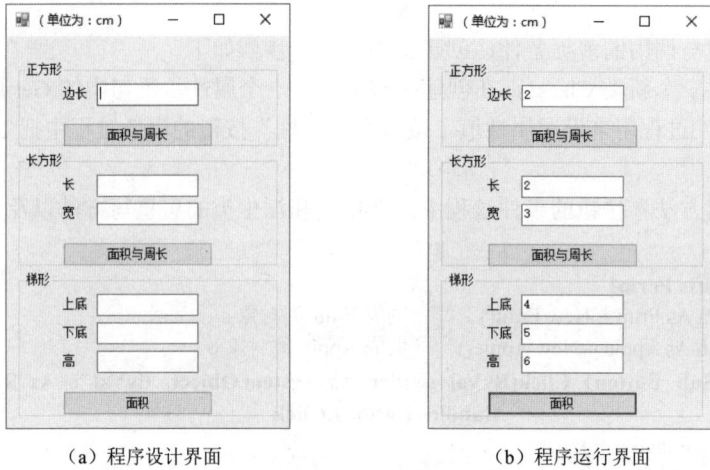

（a）程序设计界面　　　　　　　（b）程序运行界面

图9-10　类的多重调用

2. 实验内容

定义1个D1类，添加3个getArea方法，分别用于计算正方形、长方形周长与面积和梯形面积。

3. 界面设计

启动VS 2015，创建工程，为窗体添加GroupBox控件、TextBox控件、Button控件，窗体和控件对象属性设置及其作用见表9-6。

表9-6　窗体和控件对象属性设置及其作用

对　象　名	属　性　名	属　性　值	说　　　明
Form1	Text	""	显示窗体标题
GroupBox1	Text	正方形面积	计算正方形面积
GroupBox2	Text	长方形面积	计算长方形面积
GroupBox2	Text	梯形面积	计算梯形面积
TextBox1	Text	""	正方形边长
TextBox2	Text	""	长方形宽
TextBox3	Text	""	长方形高
TextBox4	Text	""	梯形上底
TextBox5	Text	""	梯形下底
TextBox6	Text	""	梯形高
Button1	Text	面积与周长	计算正方形面积与周长
Button2	Text	面积与周长	计算长方形面积与周长
Button3	Text	面积	计算梯形面积

4．程序代码

1）操作步骤

验证类的多重调用的前提条件：创建新类。操作步骤如下。

（1）首先生成类 D1，生成类对象 a。

（2）在类中声明类的 3 个可重载方法 getArea，注意，重载是允许在一个类中，使用相同的名称创建多个方法，但方法的参数个数以及类型不同。在本实例中定义的方法 getArea 有 3 种重载方式，在调用时系统会根据参数个数不同自动调用与参数个数匹配的方法。

2）编写代码

```
'定义类，并在创建的类中定义对象 a，通过对象去调用方法获取值输出
Public Class Form1
    Dim a As D1 = New D1()                                        '生成类对象 a
    Private Sub Button1_Click(ByVal sender As System.Object, ByVal e As System.EventArgs)
                    Handles Button1.Click
        a.getArea(Val(TextBox1.Text))                            '获取输入对象 a 的值
    End Sub
    Private Sub Button2_Click(ByVal sender As System.Object, ByVal e As System.EventArgs)
                    Handles Button2.Click
        a.getArea(Val(TextBox2.Text), Val(TextBox3.Text))
    End Sub
    Private Sub Button3_Click(ByVal sender As System.Object, ByVal e As System.EventArgs)
                    Handles Button3.Click
        a.getArea(Val(TextBox4.Text), Val(TextBox5.Text), Val(TextBox6.Text))
    End Sub
End Class
'在类 D1 中声明类的 3 个可重载方法 getArea，针对步骤（2）描述
Public Class D1    '生成类
    '声明类的可重载的方法
    Overloads Sub getArea(ByVal a As Double)
        MessageBox.Show("正方形面积为：" & a * a & "，周长为：" & 4 * a)
    End Sub
    Overloads Sub getArea(ByVal a As Double, ByVal b As Double)
        MessageBox.Show("长方形面积为：" & a * b & "，周长为：" & （a + b）* 2)
    End Sub
    Overloads Sub getArea(ByVal a As Double, ByVal b As Double, ByVal h As Double)
        MessageBox.Show("梯形面积为：" & (a + b) / 2 * h)
    End Sub
End Class
```

9.2.4 【实例 4】判定三角形

1．实验目的

设计一个验证三角形的窗口，输入想要输入的 3 个边长，验证是否可以组成三角形，再求面积和周长。程序设计界面与程序运行界面如图 9-11 所示。

知识点：函数的应用。

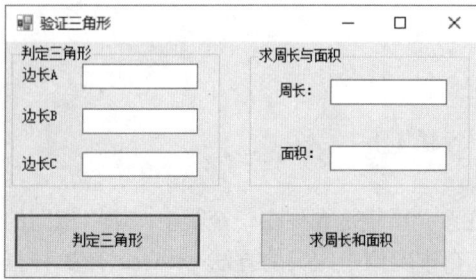

（a）程序设计界面　　　　　　　　　　（b）程序运行界面

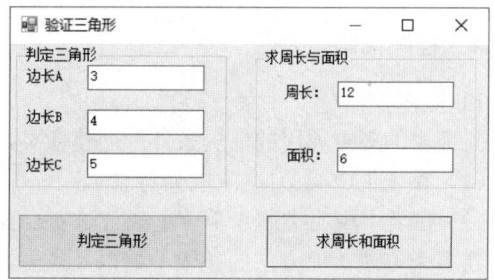

图 9-11　验证三角形

2．实验内容

验证三角形的实现，输入三边，判断是否可以组成三角形，若可以组成则进行求面积和周长，否则不进行求面积和周长。

3．界面设计

启动 VS 2015，创建工程，为窗体添加 Label 控件、Button 控件、TextBox 控件，窗体和控件对象属性设置及其作用见表 9-7。

表 9-7　窗体和控件对象属性设置及其作用

对　象　名	属　性　名	属　性　值	说　　明
Form1	Text	验证三角形	窗体显示名称
Label1	Text	边长 A	显示文本
Label2	Text	边长 B	显示文本
Label3	Text	边长 C	显示文本
Label4	Text	周长	显示文本
Label5	Text	面积	显示文本
Button1	Text	判定三角形	显示文本
Button2	Text	求周长和面积	显示文本

4．程序代码

1）操作步骤

判定三角形的前提条件：三角形任意两边的和大于或等于第三边。操作步骤如下。

（1）定义类 shape，并在类中声明可重写的方法。

（2）定义 Double 变量 a、b、c，分别代表三角形三边长，用于获取 TextBox1、TextBox2、TextBox3 文本框的数值。然后定义一个 Sub 过程，用于判断能否构成三角形。

（3）如果能够构成三角形，通过定义基类的可重写方法，调用基类的可重写方法求周长与面积。

2）编写代码

```
Public Class Form1
    Dim n As Integer = 0
    '定义类 shape，并在类中声明可重写的方法
    Public Class shape        '生成基类 shape
        Public Overridable Function getArea() As Double     '声明基类的可重写的方法
            Return (0)
```

```vb
        End Function
        Public Overridable Function getPerim() As Double '声明基类的可重写的方法
            Return (0)
        End Function
    End Class
    Public Class cyc    '生成基类的派生类 cyc
        Inherits shape
        Public S1 As Double
        Public S2 As Double
        Public S3 As Double
        Public S4 As Double
        Public Sub New(ByVal a As Double, ByVal b As Double, ByVal c As Double)
            S1 = a : S2 = b : S3 = c
            S4 = (a + b + c) / 2
        End Sub
        Public Overrides Function getArea() As Double    '派生类的可重写的方法求面积
                Return (System.Math.Sqrt(S4 * (S4 - S1) * (S4 - S2) * (S4 - S3)))
        End Function
        Public Overrides Function getPerim() As Double '派生类的可重写的方法求周长
                Return (S1 + S2 + S3)
        End Function
    End Class
'定义一个 Sub 过程，用于判断能否构成三角形
Private Sub verify(ByVal a As Double, ByVal b As Double, ByVal c As Double) '定义 sub 过程
        If a < b + c And b < a + c And c < a + b Then
            MsgBox("边长分别为:" & a & ", " & b & ", " & c & ", " & "三边可以组成三角形")
            n = 1
        Else
            MsgBox("不能构成三角形，重新输入")
        End If
End Sub
Private Sub Button1_Click(ByVal sender As System.Object, ByVal e As System.EventArgs)
        Handles Button1.Click
        verify(Val(TextBox1.Text), Val(TextBox2.Text), Val(TextBox3.Text))
End Sub
'如果能构成三角形，则通过定义基类的可重写方法，调用基类的可重写方法求周长与面积
Private Sub Button2_Click(ByVal sender As System.Object, ByVal e As System.EventArgs)
        Handles Button2.Click
        If n = 0 Then
            MsgBox("未能构成三角形")
        ElseIf n = 1 Then
            Dim a As Double = Val(TextBox1.Text)
            Dim b As Double = Val(TextBox2.Text)
            Dim c As Double = Val(TextBox3.Text)
            Dim Rect As New cyc(a, b, c)
            TextBox4.Text = CStr(Rect.getPerim())
            TextBox5.Text = CStr(Rect.getArea())
        End If
End Sub
End Class
```

9.3 拓展训练

以下通过拓展训练，提升并加强对 Windows 应用程序面向对象程序设计的应用。

9.3.1 【任务1】猜一猜数字

1．实验目的

输入前数与后数，确保前数小于后数，然后输入猜数，判断随机数与猜数是否匹配。程序设计界面与程序运行界面如图 9-12 所示。

知识点：TextBox、Label、Button。

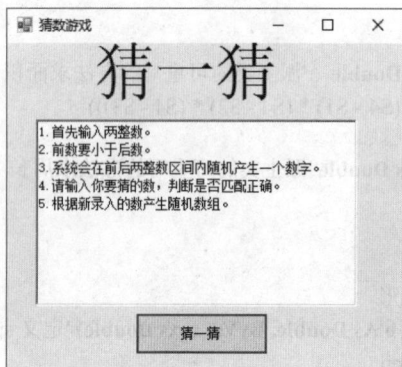

（a）程序设计界面　　　　　　　　　　　　　　　（b）程序运行界面

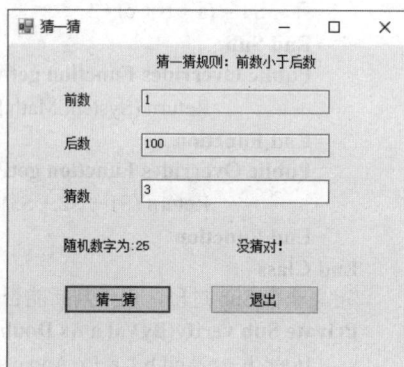

图 9-12　猜一猜数字

2．实验内容

在 TextBox1 和 TextBox2 输入一个整数的区间，并在该区间产生一个随机数。用户在 TextBox3 输入猜测数字，猜对后则提示恭喜你猜对了，反之，提示差一点。

3．界面设计

启动 VS 2015，创建工程，为窗体添加 TextBox 控件、Button 控件、Label 控件，窗体和控件对象属性设置及其作用见表 9-8。

表 9-8　窗体和控件属性设置及其作用

对　象　名	属　性　名	属　性　值	说　　明
TextBox1	Text	""	1．首先输入两整数。 2．前数要小于后数。 3．系统会在前后两整数区间内随机产生一个数字。 4．请输入你要猜的数，判断是否匹配正确。 5．根据新录入的数产生随机数组
TextBox2~4	Text	""	
Button1	Text	猜一猜	计算

对 象 名	属 性 名	属 性 值	说 明
Button2	Text	清空	清空
Button3	Text	退出	退出
Label1	Text	猜一猜	
Label2~7	Text	猜一猜规则：前数小于后数，前数，后数，猜数，"", ""	

4．程序代码

Form1 代码如下。

```
Public Class Form1
    Private Sub Button1_Click(ByVal sender As System.Object, ByVal e As System.Event2Arg),
                            Handles Button1.Click
        Form2.Show()
    End Sub
End Class
```

Form2 代码如下。

```
Option Explicit Off
Public Class Form2
    Private Sub Button1_Click(ByVal sender As System.Object, ByVal e As System.EventArgs)
                            Handles Button1.Click
        n = Val(TextBox3.Text)
        If (TextBox1.Text < TextBox2.Text And n >= TextBox1.Text And n <= TextBox2.Text) Then
            TextBox1.ReadOnly = True
            TextBox2.ReadOnly = True
            Randomize()
            k = Int(Rnd() * (Val(TextBox2.Text) - Val(TextBox1.Text) + 1)) + Val(TextBox1.Text)
            Label1.Text = "随机数字为:" & k
            Select Case n
                Case Is = k
                    Label2.Text = "猜数正确！！ "
                Case Is < k
                    Label2.Text = "没猜对！ "
                Case Is > k
                    Label2.Text = "没猜对！ "
            End Select
        Else
            MessageBox.Show("请确保前数小于后数。")
        End If
    End Sub
End Class
```

9.3.2 【任务2】类继承求圆柱三积

1．实验目的

制作一个界面，使用 Label、Button 和 TextBox 控件。单击"计算"按钮可以计算出这个圆柱体的底面积、侧面积、体积，单击"退出"按钮立即退出程序。程序设计界面与程序运行界面如

图 9-13 所示。

知识点：类的继承。

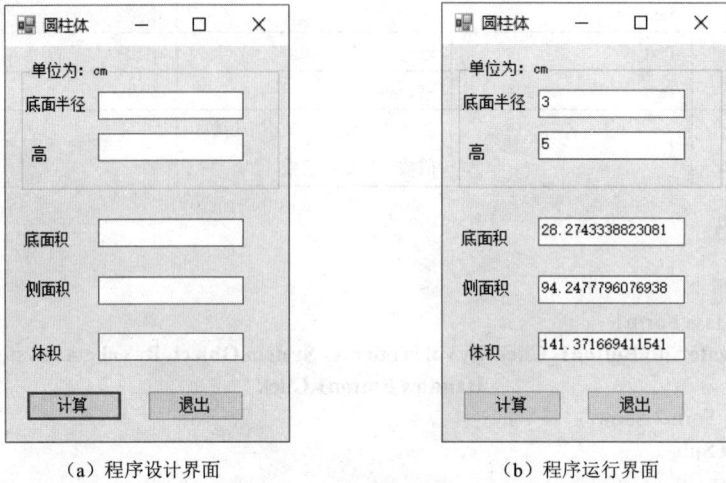

（a）程序设计界面　　　　　　　　　（b）程序运行界面

图 9-13　类继承求圆柱三积

2．实验内容

在基类 k 中定义 3 个可重写的方法，并把该类作为基类派生出 k1 类，在这个类中分别对 m1()、cm1()、tj()方法进行重载，实现求圆柱体的底面积、侧面积、体积。

3．界面设计

启动 VS 2015，创建工程，为窗体添加 Label、TextBox 和 Button 控件，窗体和控件对象属性设置及其作用见表 9-9。

表 9-9　窗体和控件对象属性设置及其作用

对 象 名	属 性 名	属 性 值	说 明
Form1	Text	圆柱体	显示窗体标题
Label1, 2	Text	底面半径、高	显示文本
Label3~5	Text	底面积、侧面积、体积	显示文本
TextBox1	Text	""	录入底面半径
TextBox2	Text	""	录入高
Button1, 2	Text	计算、退出	显示文本

4．程序代码

```
Public Class Form1
    Shared r, h As Double
    Public Class k
        Public Overridable Function m1() As Double
            Return (0)
        End Function
        Public Overridable Function cm1() As Double
            Return (0)
        End Function
```

```
            Public Overridable Function tj() As Double
                Return (0)
            End Function
        End Class
        Class k1
            Inherits k
            Public a1 As Double
            Public h1 As Double
            Public Sub New(ByVal r As Double, ByVal h As Double)
                a1 = r
                h1 = h
            End Sub
            Public Overridable Function m1() As Double
                Return (Math.PI * r * r)
            End Function
            Public Overridable Function cm1() As Double
                Return (2 * Math.PI * r * h)
            End Function
            Public Overridable Function tj() As Double
                Return (Math.PI * r * r * h)
            End Function
        End Class
        Private Sub Button1_Click(ByVal sender As System.Object, ByVal e As System.EventArgs)
                        Handles Button1.Click
            r = Val(TextBox1.Text)
            h = Val(TextBox2.Text)
            Dim js As New k1(r, h)
            TextBox3.Text = CStr(js.m1())
            TextBox4.Text = CStr(js.cm1())
            TextBox5.Text = CStr(js.tj())
        End Sub
        Private Sub Button2_Click(ByVal sender As System.Object, ByVal e As System.EventArgs)
                        Handles Button2.Click
            End
        End Sub
        Private Sub Form1_Load(ByVal sender As System.Object, ByVal e As System.EventArgs)
                        Handles MyBase.Load
        End Sub
    End Class
```

9.3.3 【任务 3】窗体继承求阶乘

1. 实验目的

利用窗体的可视化继承性制作一个求阶乘的程序。程序设计界面与程序运行界面如图 9-14 所示。

知识点：窗体的继承与应用。

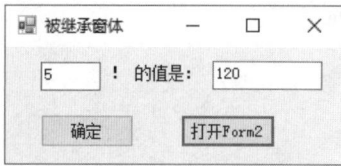

（a）程序设计界面　　　　　　　　　　　　　　（b）程序运行界面

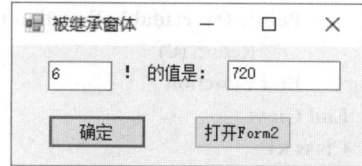

图 9-14　窗体继承求阶乘

2．实验内容

程序首先需要先生成 1 个可执行的窗体，然后通过继承选择器将此窗体的所有控件和功能都继承给新的窗体 Form2，并实现求阶乘。

3．界面设计

启动 VS 2015，创建工程，为窗体添加 1 个 Label 控件、2 个 Button 控件和 2 个 TextBox 控件。窗体和控件对象属性设置及其作用见表 9-10。

表 9-10　窗体和控件对象属性设置及其作用

对 象 名	属 性 名	属 性 值	说　　明
Form1	Text	被继承窗体	显示窗体标题
Label1	Text	！的值是	显示文本
TextBox1	Text	""	录入数据
TextBox2	Text	""	输出结果
Button1, 2	Text	确定、打开 Form2	显示文本

4．程序代码

```
Public Class Form1
    Inherits System.Windows.Forms.Form
    Private Sub Button1_Click(ByVal sender As System.Object, ByVal e As System.EventArgs)
                            Handles Button1.Click
        Dim n As Integer, s As Integer = 1, i As Integer
        n = Val(TextBox1.Text)
        For i = 2 To n
            s = s * i
        Next i
        TextBox2.Text = CStr(s)
    End Sub
    Private Sub Button2_Click_1(ByVal sender As System.Object, ByVal e As System.EventArgs)
                            Handles Button2.Click
        Form2.Show()
    End Sub
End Class
```

9.3.4 【任务 4】类继承求面积

1. 实验目的

制作 1 个窗口，添加 3 个按钮，分别实现对圆、矩形、梯形面积的计算。程序设计界面与程序运行界面如图 9-15 所示。

知识点：Form、Button、TextBox 控件的属性、方法与事件。

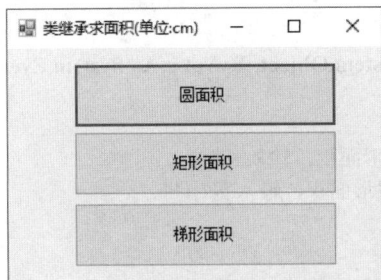

（a）程序设计界面　　　　　　　　　　　　（b）程序运行界面 1

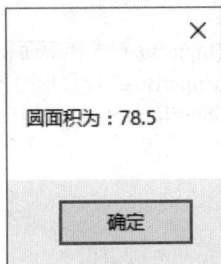

（c）程序运行界面 2

图 9-15　类继承求面积

2. 实验内容

面积计算需要添加 3 个 Button 按钮，通过单击按钮弹出对话框输入相应的值，单击"确定"按钮，计算相对应的面积并显示。

3. 程序设计

启动 VS2005，创建工程，为窗体添加 3 个 Button 控件。窗体和控件对象属性设置及其作用见表 9-11。

表 9-11　窗体和控件对象属性设置及其作用

对 象 名	属 性 名	属 性 值	说 明
Form1	Text	初始界面	
Button1	Text	圆面积	计算面积
Button2	Text	矩形面积	计算面积
Button3	Text	梯形面积	计算面积

4. 程序代码

Public Class Form1

```
    Dim area1 As C1
    Private Sub Form1_Load(ByVal sender As System.Object, ByVal e As System.EventArgs)
                Handles MyBase.Load
    End Sub
    Private Sub Button1_Click(ByVal sender As System.Object, ByVal e As System.EventArgs)
                Handles Button1.Click
        area1 = New C1
        Dim r As Single = CSng(InputBox("求圆面积，输入半径"))
        area1.area(r)
    End Sub
    Private Sub Button2_Click(ByVal sender As System.Object, ByVal e As System.EventArgs)
                Handles Button2.Click
        area1 = New C1
        Dim width As Single = CSng(InputBox("求矩形面积，输入长"))
        Dim Height As Single = CSng(InputBox("求矩形面积，输入宽"))
        area1.area(width, Height)
    End Sub
    Private Sub Button3_Click(ByVal sender As System.Object, ByVal e As System.EventArgs)
                Handles Button3.Click
        area1 = New C1
        Dim t1 As Single = CSng(InputBox("求梯形面积，输入上底"))
        Dim d1 As Single = CSng(InputBox("求梯形面积，输入下底"))
        Dim Height As Single = CSng(InputBox("求梯形面积，输入高"))
        area1.area(t1, d1, Height)
    End Sub
End Class
Class C1
    Overloads Sub area(ByVal r As Single)
        MessageBox.Show("圆面积为：" & r * r * 3.14)
    End Sub
    Overloads Sub area(ByVal width As Single, ByVal height As Single)
        MessageBox.Show("矩形面积为：" & width * height)
    End Sub
    Overloads Sub area(ByVal t1 As Single, ByVal d1 As Single, ByVal height As Single)
        MessageBox.Show("梯形面积为：" & (t1 + d1) * height / 2)
    End Sub
End Class
```

第 10 章　图形与多媒体控件程序

本章要点

- GDI+基础。
- GDI+绘图的过程。
- GDI+绘图工具。
- 基本图形绘制方法。
- VB.NET 中的多媒体控件。
- AxWindowsMediaPlayer 控件属性与方法。
- AxMMControl 控件属性与事件。
- AxShockwaveFlash 控件属性与方法。

10.1　理论知识

本章主要介绍 VB.NET 中图形与多媒体程序的设置，GDI+基础、GDI+绘制图形的方法步骤、与绘图相关的对象、常用图形的绘制方法、多媒体控件及其应用。

10.1.1　GDI+基础

1．GDI+概述

GDI 是 Graphics Device Interface 的缩写，含义是图形设备接口，它的主要任务是负责在屏幕和打印机上绘制图像，处理所有 Windows 程序的图形输出和实现信息交换。GDI+是 Microsoft 的新一代的二维图形系统，它完全面向对象。GDI+提供了 3 种功能，其中包括：二维矢量图形绘制、图像处理和文字显示。要在 Windows 窗体中显示字体或绘制图形必须使用 GDI+。GDI+提供了多种画笔、画刷、图像等图形对象，此外还包括一些新的绘图功能，如 Alpha 混合技术、反锯齿处理能力、渐变色和纹理填充、基本集合曲线样式、可缩放区域、浮点数坐标、嵌入画笔、高质量过滤和缩放以及多种线条样式和端点选项。

GDI+使用的各种类大都包含在命名空间 System.Drawing 中。我们可以通过 GDI+实现图形图像的编程。在绘画时，画家需要使用画笔或画刷来把不同的颜色涂抹到画布上，而我们在对图形图像进行编程时，也是通过画笔和画刷把图形和色彩输出到屏幕上。

2．GDI+的绘图命名空间

在 VB.NET 中，常见的图像命名空间如下。

（1）System.Drawing 命名空间。

提供了对 GDI+基本图形功能的访问，如绘图、画笔、颜色、画刷、字体。主要有 Graphics 类、Bitmap 类、从 Brush 类继承的类、Font 类、Icon 类、Image 类、Pen 类、Color 类等。

（2）System.Drawing.Drawing2D 命名空间。

System.Drawing.Drawing2D 命名空间提供了高级矢量图和光栅图功能，主要有梯度型画刷、Matrix 类（用于定义几何变换）和 GraphicsPath 类等。VB.NET 中没有 3D 命名空间，三维（3D）的效果实际上是通过二维（2D）的图案体现的。

（3）System.Drawing.Imaging 命名空间。

提供了 GDI+高级图像处理功能。

（4）System.Drawing.Text 命名空间。

提供了 GDI+高级字体和文本排版功能。

（5）System.Drawing.Design 命名空间。

提供了自定义控件扩展设计时用户界面逻辑和绘制的类。

3．GDI+常用图形处理类

在 GDI+的绘图命名空间里，包含了绘图所用的各种工具所属的类，使用 GDI+提供的函数和类，可以实现绘制各种图形。常用的图形处理类如下。

（1）Pen 画笔类。

用于描边，存储有关线条颜色，线条粗细和线型的信息。

（2）Brush 画刷类。

用颜色或图案填充闭合的图形。

（3）Font 字体类。

存储相关文本字体样式、旋转等信息。

（4）Graphics 类。

用于绘制直线、矩形、路径和其他图形的方法。

（5）Icon 类。

处理图形的 Point 结构、Rectangle 结构。

4．GDI+新增特性

（1）渐变画刷。

GDI+扩展了 GDI 的功能，渐变画刷用于填充图形、路径和区域的线性渐变画刷及路径画刷。

（2）透明混合（Alpha Blending）。

GDI+支持（Alpha Blending），可以改变颜色的透明度。

（3）扩展图像格式。

GDI+可以用不同的格式加载和保存图像，扩展了 BMP、GIF、JPEG、PNG 等图像格式。

（4）持久路径对象。

GDI 中的路径属于设备上下文，绘制时易被损坏。较之于 GDI，GDI+绘图由 Graphics 对象执行，可以创建多个与对象分开的持久的路径对象，绘图操作不会破坏路径对象，可以多次使用同一个路径对象来绘制路径。

（5）矩阵和变换对象。

GDI+提供了矩阵和变换对象，可实现矩阵的变换、缩放、旋转和平移操作。

（6）基数样条（Cardinal Spines）。

较之于 GDI，GDI+支持基数样条（Cardinal Spines）函数，基数样条是一连串单独的曲线，曲线连接起来可形成一条较长的光滑曲线。

（7）伸缩区域（Scalable Regions）。

较之于 GDI，GDI+支持发生在存储区域内矩阵的变换，如缩放或旋转。

10.1.2　GDI+绘图的过程

Graphics 类封装一个 GDI+绘图画面，提供将对象绘制到现实设备的方法，Graphics 与特定的设备上下文关联。画图方法都包含在 Graphics 类中，在画任何对象（如 Circle Rectangle）时，我们首先要创建一个 Graphics 类实例，这个实例相当于建立了一块画布，是用来绘制图形图像的容器，有了画布才可以用各种画图方法进行绘图。

特别注意：由于 Graphics 类的构造函数（Sub New）是私有的，故 Graphics 类不能直接实例化，不能使用 Dim 对象名称 As New System.Drawing.Graphics()等语句来创建一个 Graphics 类的实例。

需要创建 Graphics 类的实例，一般需要两步：定义一个 Graphics 类的对象；调用窗体或图片控件的 CreateGraphics 方法。以下语句将在窗体上创建一个名为 g 的 Graphics 类的实例。

```
Dim g as System.Drawing.Graphics
g=Me.CreateGraphics()
```

1．GDI+绘图设计过程

使用 GDI+绘图程序的设计过程一般如下。

（1）通过 Graphics 类，声明画布对象 Graphics 并创建 Graphics 类的实例。

（2）创建绘图工具，创建画笔、画刷、字体等绘图工具对象。

（3）调用绘图方法，调用绘图方法绘制图形，显示文本或处理图像。

（4）调用相关绘图对象的 Dispose 方法来释放对象。

2．创建 Graphics 画布对象的方法

对于 Graphics 画布对象，我们可以使用 3 种方法来创建。

（1）通过 Paint 事件处理过程中的 PaintEventArgs 参数创建 Graphics 对象。

在 VB.NET 中，窗体、标签、按钮、图片框等控件都有 Paint 事件，可以在窗体或控件事件过程编写 Paint 事件处理程序，参数 PaintEventArgs 中包含 Graphics 对象，可通过 Paint 事件完成图形绘制工作。

【例 10-1】在窗体的 Paint 事件中实现绘制一条直线。

```
Private Sub Form1_Paint(ByVal sender As Object,
                ByVal e As System.Windows.Forms.PaintEventArgs)
                Handles MyBase.Paint
    Dim g As Graphics = e.Graphics    '通过 PaintEventArgs 参数提供 Graphics 对象
    Dim p1 As Pen=New Pen(Color.Blue, 8)
    g.DrawLine(p1, 50, 50, 100, 100)
End Sub
```

（2）使用窗体或控件的 CreateGraphics 方法创建 Graphics 对象。

我们还可以通过使用某控件或窗体的 CreateGraphics 方法来灵活获取对 Graphics 对象的引用，该对象表示该控件或窗体的绘图表面。

【例 10-2】在按钮的单击事件中，调用 Form 窗体的 CreateGraphics 方法来创建 Graphics 对象，实现绘制文本。

```
Private Sub Button1_Click(ByVal sender As System.Object, ByVal e As System.EventArgs)
```

```
      Dim g As Graphics = Me.CreateGraphics
      Dim mBrush As New SolidBrush(Color.Red)
      g.DrawString("VB.NET2015", Me.Font, mBrush, 50.0F, 50.0F)
End Sub
```

当然，我们也可以引用 Button 按钮的 Graphics 对象，如下所示。

Private Sub Button1_Click(ByVal sender As System.Object, ByVal e As System.EventArgs)
Handles Button1.Click

```
      Dim g As Graphics = Button1.CreateGraphics
End Sub
```

（3）应用 Image 对象派生类创建 Graphics 对象。

另外，我们还可以从由 Image 类派生的任何对象创建图形对象。

【例 10-3】在按钮的单击事件中，调用 Graphics.FromImage 方法，由 Image 类派生的对象创建图形对象。

Private Sub Button1_Click(ByVal sender As System.Object, ByVal e As System.EventArgs)
Handles Button1.Click

```
      Dim myBitmap as New Bitmap("C:\myBmp.bmp")
      Dim g as Graphics = Graphics.FromImage(myBmp)
End Sub
```

在 VB.NET 中，当 Graphics 对象创建后，我们可用它绘制线条和形状、呈现文本或显示与操作图像。与 Graphics 对象一起使用的主体对象有：Pen 类用于绘制线条、勾勒形状轮廓或呈现其他几何表示形式；Brush 类用于填充图形区域，如实心形状、图像或文本；Font 类提供有关在呈现文本时要使用什么形状的说明；Color 结构表示要显示的不同颜色。下面将详细介绍这些对象的使用方法。

10.1.3   GDI+绘图工具

在 GDI+中，Color（颜色）对象是表示特定颜色的类的实例，画笔和画刷可使用这些对象来指示所呈现图形的颜色；画笔是 Pen 类的实例，用于绘制线条和空心形状；画刷是从 MustInherit（抽象）Brush 类派生的任何类的实例，可用于填充形状或绘制文本。

1. 颜色结构

在 GDI+中，Color 结构封装了对颜色的定义方法。在 Color 结构中，提供对颜色透明度、红、绿、蓝（A、R、G、B）的设置，还提供了系统定义的颜色，如 Pink（粉色）。我们可以通过 Color 结构访问 GDI+中枚举的若干系统定义的颜色。

例如：

```
Dim myColor as Color
myColor = Color.Red
```

在图像绘制中，颜色的设置参数有很多，其中 Color 结构用于表示不同的颜色。

（1）系统定义的颜色。

```
myColor = Color.Aquamarine
myColor = Color.LightGoldenrodYellow
myColor = Color.PapayaWhip
myColor = Color.Tomato
```

（2）用户定义的颜色。

我们除了可以访问系统定义好的颜色外，还可以使用 Color.FromArgb 方法来实现用户定义的颜色，使用 Color.FromArgb 方法时，我们按顺序指定颜色中红色、绿色和蓝色各部分的强度，代码如下所示。

```
Dim myColor as Color
myColor = Color.FromArgb(20, 58, 77)
```

色值中的每个数字均必须是从 0~255 之间的一个整数，其中 0 表示没有该颜色，而 255 则为所指定颜色的完整饱和度，Color.FromArgb(0, 0, 0) 为黑色，而 Color.FromArgb(255, 255, 255) 为白色。

（3）Alpha 混合处理（透明度）。

Color.FromArgb 方法除了可以指定 RGB（红、绿、蓝）三色，还有一个 Alpha 参数，Alpha 表示所呈现图形后面的对象的透明度，对于各种底纹和透明度效果很有用。

在 Color.FromArgb 方法中 4 个参数的第 1 个参数即是 Alpha 参数，取值范围是从 0~255 之间的任意一个整数。例如：

```
Dim myColor as Color
myColor = Color.FromArgb(127, 20, 58, 77)
```

Color 结构提供了我们需要的颜色，那么如何使用工具把颜色填充在画布上构成我们需要的图案，这时就需要画笔和画刷等绘图工具。

2．画笔 Pen 对象

画笔对象是 Pen 类的实例，常用于描边、绘制线条与勾勒形状轮廓。当实现绘制直线时，需要定义两个点的坐标(x1, y1)、(x2, y2)。

例如，创建一支蓝色的画笔：

```
Dim pen1 as New Pen(Color.Blue)
```

由此可见，实例化后的画笔就具有了宽度、样式、颜色 3 种属性，我们也可以在创建画笔之后对属性进行重新调整。

（1）宽度（Width）：使用该画笔时所绘线条的宽度，默认的画笔宽度是一个像素单位。

（2）样式（DashStyle）：画笔绘制图形时的风格，包括实线、虚线、点线及由点线与虚线组成的点画线、双点画线等多种样式。

其中，样式 DashStyle 是用一个枚举类型数据定义，具体代码如下。

```
enum DashStyle
{
    DashStyleSolid=0,              '实线
    DashStyleDash=1,               '虚线
    DashStyleDot=2,                '点线
    DashStyleDashDot=3,            '点画线
    DashStyleDashDotDot=4,         '双点画线
    DashStyleCustom=5              '用户自定义线型
}
```

（3）颜色（Color）：画笔绘制的线条的颜色，一般情况下我们是在创建画笔时就指定了画笔的颜色，但也可以通过画笔的 Color 属性来改变。

【例 10-4】在按钮的单击事件中创建并调整一个画笔的属性，然后绘制一条点画线。

首先在窗体上放置 1 个 PictureBox 控件、1 个按钮，把以下代码放到按钮的 Click 事件中（以下所有的示例都是添加这两个控件）。

```
Imports System.Drawing.Drawing2D
Public Class Form1
```

```
Private Sub Button1_Click(ByVal sender As System.Object, ByVal e As System.EventArgs)
                          Handles Button1.Click
    Dim g As Graphics = Me.PictureBox1.CreateGraphics
    Dim myColor As Color
    myColor = Color.FromArgb(86，Color.Black)
    Dim mPen As New Pen(myColor)
    mPen.Color = Color.Red
    mPen.Width = 2
    mPen.DashCap = DashCap.Round
    '指定画线的样式为双点画线
    mPen.DashStyle = DashStyle.DashDotDot
    g.DrawLine(mPen, 50, 50, 200, 200)
End Sub
End Class
```

运行后，单击按钮，我们可以看到如下的效果，画笔的应用如图 10-1 所示。

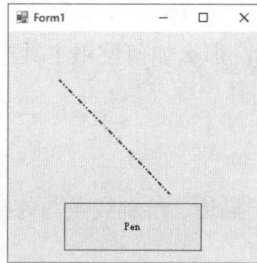

图 10-1　画笔的应用

3．画刷 Brush 对象

画刷对象与 Graphics 对象一起创建实心形状和呈现文本的对象，有几种不同类型的画刷，如下。

Brush 类	说明
SolidBrush	画刷的最简单形式，它用纯色进行绘制
HatchBrush	阴影画刷
TextureBrush	纹理画刷
LinearGradientBrush	两种颜色渐变的画刷
PathGradientBrush	混合色渐变的画刷

（1）使用纯色画刷。

纯色画刷 SolidBrush 是指使用单一的颜色作为画刷的颜色。

【例 10-5】在按钮的单击事件过程中用纯色（绿色）画刷填充椭圆。

```
Imports System.Drawing.Drawing2D
Public Class Form1
    Private Sub Button1_Click(ByVal sender As System.Object, ByVal e As System.EventArgs)
                              Handles Button1.Click
        Dim g As Graphics = Me.CreateGraphics
        Dim myBrush As New SolidBrush(Color.Green)
        g.FillEllipse(myBrush, 30, 30, 80, 80)
    End Sub
End Class
```

运行纯色画刷如图 10-2 所示。

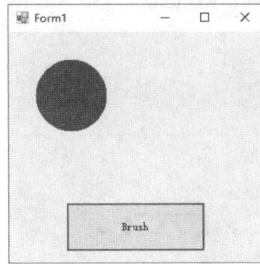

图 10-2　纯色画刷

（2）阴影图案。

HatchBrush 使你可以从大量预设的图案中选择绘制时要使用的图案，而不是纯色。

【例 10-6】创建一个 HatchBrush 画刷，在按钮的单击事件中使用绿色作为前景色，黑色作为背景色，并使用方格图案进行填充椭圆。

```
Imports System.Drawing.Drawing2D
Public Class Form1
    Private Sub Button1_Click(ByVal sender As System.Object, ByVal e As System.EventArgs)
                            Handles Button1.Click
        Dim g As Graphics = Me.PictureBox1.CreateGraphics
        Dim myBrush As
        New System.Drawing.Drawing2D.HatchBrush(System.Drawing.Drawing2D.HatchStyle.Plaid,
                            Color.Black, Color.Green)
        g.FillEllipse(myBrush, 60, 60, 180, 60)
    End Sub
End Class
```

运行阴影画刷如图 10-3 所示。

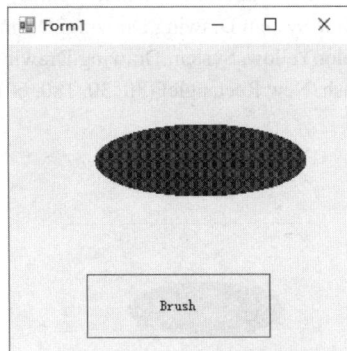

图 10-3　阴影画刷

（3）纹理图案。

纹理画笔 TextureBrush 通过使用图像作为图案来填充形状或文本。

【例 10-7】创建一个 TextureBrush 纹理画刷，在按钮的单击事件中使用图像文件进行填充椭圆。

```
Imports System.Drawing.Drawing2D
Public Class Form1
    Private Sub Button1_Click(ByVal sender As System.Object, ByVal e As System.EventArgs)
                            Handles Button1.Click
        Dim g As Graphics = Me.PictureBox1.CreateGraphics
        Dim myBrush As New TextureBrush(New Bitmap("E:\vb2015\vb2015\vb2015\10\
```

```
            g.FillEllipse(myBrush, New RectangleF(30, 30, 180, 120))
        End Sub
    End Class
```

运行纹理画刷如图 10-4 所示。

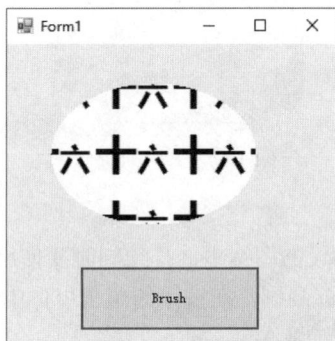

图 10-4　纹理画刷

（4）渐变底纹。

渐变画笔支持复杂底纹。使用 LinearGradientBrush 可以创建沿线性渐变的两种颜色平滑、渐进式的混合。PathGradientBrush 支持许多更复杂的底纹和着色选项。

【例 10-8】使用 LinearGradientBrush 画刷，在按钮的单击事件中为椭圆填充渐变颜色，实现由蓝色向黄色进行渐变。

```
    Imports System.Drawing.Drawing2D
    Public Class Form1
        Private Sub Button1_Click(ByVal sender As System.Object, ByVal e As System.EventArgs)
                            Handles Button1.Click
            Dim g As Graphics = Me.PictureBox1.CreateGraphics
            Dim myBrush As New System.Drawing.Drawing2D.LinearGradientBrush(ClientRectangle,
                Color.Blue, Color.Yellow, System.Drawing.Drawing2D.LinearGradientMode.Vertical)
            g.FillEllipse(myBrush, New RectangleF(30, 30, 180, 60))
        End Sub
    End Class
```

运行渐变画刷如图 10-5 所示。

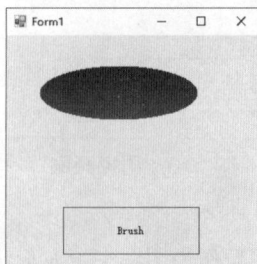

图 10-5　渐变画刷

10.1.4　基本图形绘制方法

建立画笔后，就可以用 Graphics 类的各种方法绘制直线、曲线或矩形、圆形等空心形状的线条了。

1．画直线

（1）DrawLine 方法。

画直线可用 DrawLine(画笔名, X1, Y1, X2, Y2)方法，其中，(X1, Y1)和(X2, Y2)是直线的起始点和终止点的坐标，它们可以是 Integer 值，也可以是 Single 值。当直线很短时，可以近似为点。

可以表示为：DrawLine(pen, x1, y1, x2, y2)或者 DrawLine(pen, Point1, Point2)。

【例 10-9】在按钮的单击事件中，为 PictureBox 控件表面绘制一条直线。

```
Public Class Form1
    Private Sub Button1_Click(ByVal sender As System.Object, ByVal e As System.EventArgs)
                              Handles Button1.Click
        Dim g As Graphics = Me.PictureBox1.CreateGraphics
        Dim pen1 As New Pen(Color.Red)
        g.DrawLine(pen1, 30, 30, 120，120)
        '也可以使用如下代码来实现一样的效果
        'Dim g As Graphics = Me.PictureBox1.CreateGraphics
        'Dim pen1 As New Pen(Color.Red)
        'Dim p1 As Point = New Point(30, 30)
        'Dim p2 As Point = New Point(120, 120)
        'g.DrawLine(pen1, p1, p2)
    End Sub
End Class
```

运行画笔如图 10-6 所示。

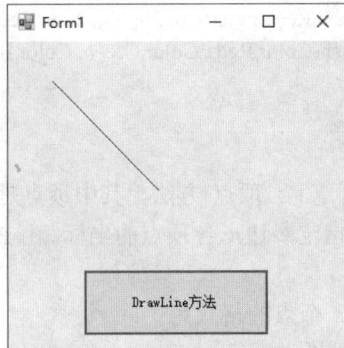

图 10-6　画笔

（2）DrawLines 方法。

该方法可以绘制若干条线段连接起来的折线，可以表示为：

```
DrawLines(Pen, Point())
```

Point()参数是一个由一系列的点构成的数组。

例如，以下代码可以实现在 PictureBox 控件中绘制一条由 5 个不同的坐标点依次连线构成的图形，代码如下。

```
Dim g As Graphics = Me.PictureBox1.CreateGraphics
Dim pen1 As New Pen(Color.Blue)
'定义数组 p1 用于保存 5 个点
Dim p1 As Point() = {New Point(80, 30), New Point(20, 50), New Point(10, 40),
                     New Point(20, 10), New Point(5, 30)}
g.DrawLines(pen1, p1)          '画折线
```

2．画矩形

（1）DrawRectangle 方法。

画矩形可用 DrawRectangle(画笔名, X, Y, 宽度, 高度)方法，其中，(X, Y)是矩形左上角的坐标，宽度和高度指定矩形的宽和长。常用格式如下。

```
DrawRectangle(x1, y1, x2, y2)
```

其中，矩形中 4 个点的坐标可以用 Point 类表示。例如，可以在窗体中填充一个蓝色的矩形，代码如下。

```
Dim g As Graphics = Me.CreateGraphics
Dim pen1 As New Pen(Color.Blue)
g. DrawRectangle(pen1, 0, 0, 100, 200)
```

（2）DrawRectangles 方法。

使用 DrawRectangles 方法可以绘制一组矩形，常用格式如下。

```
DrawRectangles(pen As Pen, rects As Rectangle())
```

其中，Rectangle 为结构数组，数组的元素为绘制的矩形参数。

（3）FillRectangle 方法填充矩形。

使用 FillRectangle 方法可以填充矩形，填充矩形前需要选定画刷的类型，例如：

```
Dim brush1 As New SolidBrush(Color.Red , Color.Green, Color.Blue)
g. FillRectangle(brush1, 0, 0, 100, 200)
```

（4）FillRectangles 方法填充矩形组。

使用 FillRectangles 方法可以填充矩形组，如应用如下代码可以填充两个纯色矩形。

```
Dim rects As Rectangle()={New Rectangle(0, 0, 20, 50), New Rectangle(30, 50, 100, 150)}
Dim brush1 As New SolidBrush(Color.Red , Color.Green, Color.Blue)
g. FillRectangle(brush1, rects)
```

3．画多边形

画多边形可用 DrawPolygon(画笔名, 顶点)方法，其中顶点是一个数组，该数组类型是 Point 或 PointF 结构，数组的各元素用来指定多边形各顶点的坐标。由 Point 结构指定的是 Integer 类型，而由 PointF 指定的是 Single 类型。

用 Point 或 PointF 结构来定义一个点的格式为：

```
Dim 点名 As New Point/PointF(x, y)
```

DrawPolygon 方法的功能是按数组顶点的顺序连接成一个多边形，两个连续的顶点之间绘制一条边。

4．画椭圆

（1）DrawEllipse 方法。

画圆和椭圆可用 DrawEllipse(X, Y, 宽度, 高度)方法，其中由 X、Y、宽度、高度定义的矩形是要绘制的圆或椭圆的外切矩形，它决定了所画椭圆的大小和形状。当宽度和高度相等时，所画的就是圆，否则就是椭圆。

DrawEllipse 方法的常用形式：

```
DrawEllipse(x, y, width, height)
```

(x, y) 为椭圆的左上角坐标点，width 为椭圆的矩形宽，height 为椭圆的矩形高。

【例 10-10】在按钮的单击事件中，在 PictureBox 控件中绘制两个蓝色的椭圆。

```
Imports System.Drawing.Drawing2D
Public Class Form1
```

```
Private Sub Button1_Click(ByVal sender As System.Object, ByVal e As System.EventArgs)
                    Handles Button1.Click
    Dim g As Graphics = Me.PictureBox1.CreateGraphics
    Dim pen1 As New Pen(Color.Blue, 2)
    g.DrawEllipse(pen1, 30, 30, 150, 120)
    Dim rect As New Rectangle(10, 10, 50, 40)
    g.DrawEllipse(pen1, rect)
End Sub
End Class
```

运行画椭圆如图 10-7 所示。

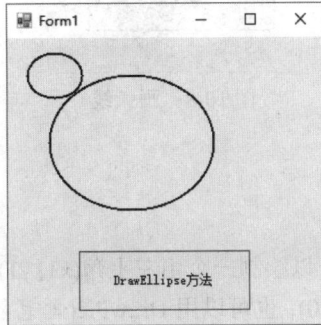

图 10-7　画椭圆

（2）FillEllipse 方法填充椭圆。

使用 FillEllipse 方法可以填充椭圆，例如，下列代码可以填充一个蓝色的椭圆。

```
Dim g As Graphics = MeCreateGraphics
Dim brush1 As New SolidBrush(Color.Blue)
g.FillEllipse(brush1, 30, 30, 150, 120)
```

5．画弧线

画弧线可用 DrawArc(画笔名，X，Y，宽度，高度，起始角，扫描角)方法，该方法与 DrawEllipse 方法相比多了起始角和扫描角两个参数，这可以看作在截取圆或椭圆而形成的一段弧。起始角和扫描角都是以度为单位的，一般以水平向右的半径为 0°，然后按顺时针方向画弧。起始角是开始画弧的角度，扫描角是顺时针方向增加的角度。当扫描角为 360°时，画出的就是一个圆或者椭圆。方法格式为：

```
DrawArc(Pen, x, y, width, height, StartAngle, SweepAngle)
```

x、y、width、height 这 4 个参数指定了椭圆的结构。

StartAngle 为椭圆弧的起始角度，该角度是在指以椭圆的圆心为坐标原点、X 轴向右为正方向的坐标系中，圆弧起点与 X 轴的夹角。

SweepAngle 为圆弧扫过的角度值，以 StartAngle 参数所指定的起点沿顺时针方向扫过的度数。

【例 10-11】在按钮的单击事件中，绘制两条弧线。

```
Imports System.Drawing.Drawing2D
Public Class Form1
    Private Sub Button1_Click(ByVal sender As System.Object, ByVal e As System.EventArgs)
                    Handles Button1.Click
        Dim g As Graphics = Me.PictureBox1.CreateGraphics
        Dim pen1 As New Pen(Color.Red, 2)
        g.DrawArc(pen1, 10, 10, 60, 60, 50, 270)
        Dim rect As New Rectangle(100, 10, 80, 90)
```

```
        g.DrawArc(pen1, rect, 10, 180)
    End Sub
End Class
```
运行画弧线如图 10-8 所示。

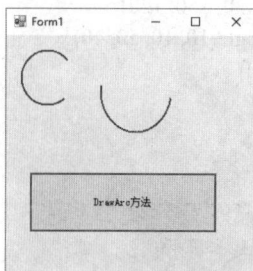

图 10-8　画弧线

6．画扇形

（1）DrawPie 方法。

饼图也称扇图，DrawPie 方法可以绘制一个由左上角(x1, y1)和右下角(x2, y2)两个点确定的矩形。如 DrawPie(0, 0, 100, 100, 50, 120)；也可以用 DrawPie(画笔名, X, Y,宽度,高度,起始角,扫描角)方法，该方法与 DrawArc 方法的参数一样，但饼图比弧多出两条半径。例如，下面的代码可以在窗体中绘制一个蓝色的扇形。

```
Dim g As Graphics=Me.CreateGraphics
Dim p1 As New Pen(Color.Blue, 5)
g.DrawPie(p1, 0, 0, 100, 100, 50, 120)
```

（2）FillPie 方法。

使用 FillPie 方法可以填充扇形，例如，下面的代码可以在窗体中填充一个蓝色的扇形。

```
Dim brush1 As New SolidBrush(Color.Blue)
g.FillPie(brush1, 0, 0, 100, 100, 50, 120)
```

10.1.5　VB.NET 中的多媒体控件

"多媒体"一词译自英文"Multimedia"，而该词又是由 Mutiple 和 Media 复合而成的。媒体（Medium）包含两方面的含义：一方面指存储信息的实体，如磁盘、光盘、存储器等，中文常译作媒质；另一方面是指传递信息的载体，如数字、文字、声音、图形等，中文译作媒介。

多媒体技术主要是由计算机交互式综合处理多媒体信息——文本、图形、图像和声音，使多种信息建立逻辑连接，集成为一个系统并具有交互性。简言之，多媒体技术就是具有集成性、实时性和交互性的计算机综合处理声文图信息的技术。

在 Visual Basic 2015 中，支持多媒体开发的控件有 Windows 自带的 AxMMControl 控件、AxWindowsMediaPlayer 控件、AxShockwaveFlash 控件等，此类控件需要加载到项目中才能使用，加载到项目的控件名称一般以 Ax 开头。

10.1.6　AxWindowsMediaPlayer 控件属性与方法

AxWindowsMediaPlayer 控件是 Windows 系统自带的，该控件具有媒体播放器的功能，在使用控件前，需要把控件加载到工具箱。

加载控件的方法如下。

（1）右击"工具箱"中的控件位置，在弹出的快捷菜单中选择"选择项"菜单，打开"选择工具箱项"对话框。

（2）在"选择工具箱项"对话框中选择"COM 组件"标签，在列表中找到并勾选"Windows Media Player"组件，单击"确定"按钮，将该组件添加到指定的工具箱选项卡中。"COM 组件"对话框如图 10-9 所示。

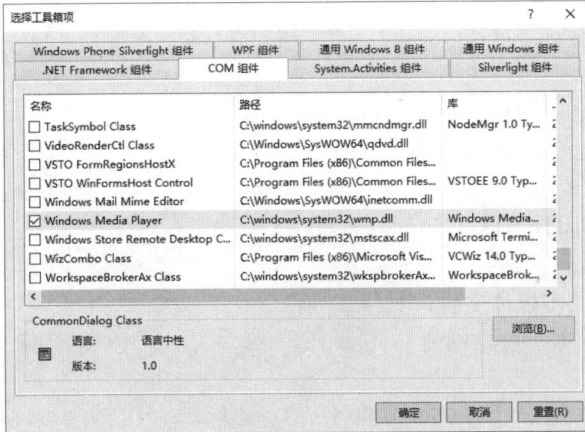

图 10-9 "COM 组件"对话框

（3）在工具箱里面找 Windows Media Player 控件，按住鼠标左键不放拖动到 Form 里，添加进来的控件就是 AxWindowsMediaPlayer。控件在工具箱中的图标为 [Windows Media Player]。

1．AxWindowsMediaPlayer 控件属性

（1）URL 属性：String，指定媒体位置，本机或网络地址。

（2）uiMode 属性：String，播放器界面模式，可为 Full、Mini、None、Invisible。

（3）playState 属性：Integer，播放状态，1=停止，2=暂停，3=播放，6=正在缓冲，9=正在连接，10=准备就绪。

（4）enableContextMenu 属性：Boolean，启用/禁用右键菜单。

（5）fullScreen 属性：Boolean，是否全屏显示。

（6）Ctlcontrols 属性： AxWindowsMediaPlayer 的一个重要属性，此控件中有许多常用成员。

（7）currentPosition 属性：用于获取多媒体文件当前的播放进度，其值是数值类型。使用格式为：

　　　窗体名.控件名.Ctlcontrols.currentPosition

　　　d1 =AxWindowsMediaPlayer1.Ctlcontrols.currentPosition

其中，d1 是一个整型变量。

（8）Duration 属性：用于获取当前多媒体文件的播放的总时间，其值为数值类型。使用格式为：

　　　窗体名.控件名.currentMedia.duration

　　　d2 =AxWindowsMediaPlayer1.currentMedia.duration

其中，d2 是一个整型变量。

注意：

AxWindowsMediaPlayer1.URL 中 URL 是要播放的文件名，取消了原来的 Name 属性。

AxWindowsMediaPlayer1.Ctlcontrols.play()播放，同样还有 Pause、Stop 等其他属性。

AxWindowsMediaPlayer1.settings.balance 表示媒体播放的声道设置，0 表示均衡，-1 和 1 分别表示左、右声道。

AxWindowsMediaPlayer1.currentMedia.duration 表示要播放文件的时间长度，可用它获取文件长度。

2．AxWindowsMediaPlayer 控件的方法

（1）方法 play。

用于播放多媒体文件，其格式为：

  窗体名.控件名.Ctlcontrols.play()

例如：

  AxWindowsMediaPlayer1.Ctlcontrols.play() '此处默认窗体名是 Me

（2）方法 pause。

用于暂停正在播放的多媒体文件，其格式为：

  窗体名.控件名.Ctlcontrols.pause()

例如：

  AxWindowsMediaPlayer1.Ctlcontrols.pause()

（3）方法 stop。

用于停止正在播放的多媒体文件，其格式为：

  窗体名.控件名.Ctlcontrols.stop()

例如：

  AxWindowsMediaPlayer1.Ctlcontrols.stop()

（4）方法 fastforward。

用于将正在播放的多媒体文件快进，其格式为：

  窗体名.控件名.Ctlcontrols.fastforward()

例如：

  AxWindowsMediaPlayer1.Ctlcontrols.forward()

（5）方法 fastreverse。

用于将正在播放的多媒体文件快退，其格式为：

  窗体名.控件名.Ctlcontrols.fastreverse()

例如：

  AxWindowsMediaPlayer1.Ctlcontrols.fastreverse()

10.1.7　AxMMControl 控件属性与事件

AxMMControl 控件不是一个标准的控件，该控件是一个 ActiveX 控件，在使用该控件前，需要把该控件加载到工具箱中，方法如下。

（1）在"工具箱"中右击，从弹出的快捷菜单中选择"选择项"菜单，打开"选择工具箱项"对话框。

（2）在"选择工具箱项"对话框中选择"COM 组件"标签，在列表中找到并勾选"Microsoft Multimedia Control 6.0 控件"组件，单击"确定"按钮，将该组件添加到指定的工具箱选项卡中。

（3）在工具箱里面找 AxMMControl 控件，按住鼠标左键不放拖动到 Form 里。

1．AxMMControl 控件的常用属性

（1）Enabled/Visible 属性。

每个按钮都对应一个 Enable/Visible 属性，如

  MMControl1.PlayEnable=True MMControl1.PauseVisible=False

可以加载时使该控件不可见，通过设置自己想要的按钮来实现播放器。

（2）Command 属性。

常用命令为：open，打开 MCI 设备；play，用 MCI 设备进行播放；close：关闭 MCI 设备。

（3）Length 属性。

用于打开 MCI 设备上多媒体文件的总体播放长度，时间单位由 TimeFormat 属性决定。

（4）Position 属性。

用于返回正在播放的多媒体文件的位置，时间单位由 TimeFormat 属性决定。

（5）Notify 属性。

决定 MMControl 控件的下一条命令执行后，是否产生回调事件（Done 事件）。若为 True 则产生。每次 Notify 属性仅对一条 MCI 控制命令有效。

2．AxMMControl 控件的常用事件

（1）Click 事件：响应的是单击事件。

（2）Done 事件：当用户想了解命令何时执行完以便进行下一步处理时，就使用 Done 事件，一个 MCI 控制命令执行完后，就会触发 Done 事件。

（3）StatusUpdate 事件：常用于更新 ProgressBar 控件，表示多媒体文件的播放进度。

10.1.8　AxShockwaveFlash 控件属性与方法

应用 Windows 的 AxShockwaveFlash 控件，可以实现类似于 Flash 播放器的功能，能够打开.swf 类型的 Flash 文件，此控件是一个 ActiveX 控件，在使用该控件前，需要把该控件加载到工具箱，方法如下。

（1）在"工具箱"中右击，从弹出的快捷菜单中选择"选择项"菜单，打开"选择工具箱项"对话框。

（2）在"选择工具箱项"对话框中选择"COM 组件"标签，在列表中找到并勾选"Shockwave Flash Object"组件，单击"确定"按钮，将该组件添加到指定的工具箱选项卡中。

（3）然后在工具箱里面找 AxShockwaveFlash 控件，按住鼠标左键不放拖动到 Form 里面。AxShockwaveFlash 控件在工具箱中的图标为 [Shockwave Flash Object] 。AxShockwaveFlash 控件如图 10-10 所示。

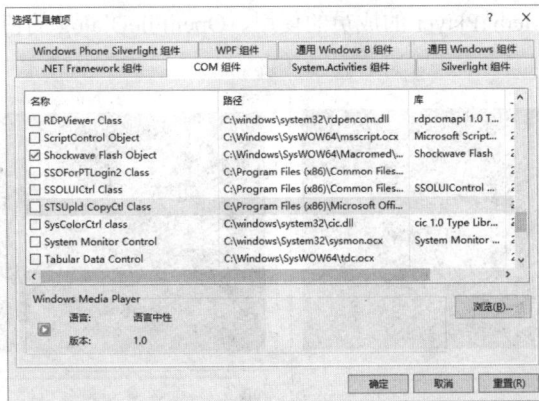

图 10-10　AxShockwaveFlash 控件

1．AxShockwaveFlash 控件的常用属性

（1）Loop 属性：是否循环播放。设为 True 是循环播放，设为 False 则只播放一次。

（2）Movie 属性：设置该属性为一个 SWF 文件的 URL 将载入文件并播放它。

（3）Playing 属性：当前播放状态。如果影片正在播放，该属性值为 True，否则为 False。

（4）Quality 属性：值为 0 表示低分辨率；值为 1 表示高分辨率；值为 2 表示自动降低分辨率；值为 3 表示自动升高分辨率。

（5）ScaleMode 属性：值为 0 表示全部显示；值为 1 表示无边界；值为 2 表示自动适应控件大小。

2．AxShockwaveFlash 控件的常用方法

（1）Back 方法：影片后退一帧，并停止播放。

（2）Forward 方法：影片前进一帧，并停止播放。

（3）Play 方法：开始播放 Flash 动画文件。

（4）Stop 方法：停止播放影片。

注意，AxShockwaveFlashObjects.AxShockwaveFlash 这个控件加载 Flash 后，当用户的 Flash Player 升级后，Flash 显示会出现黑屏现象，这是由于引用的是 C 盘系统中的 Flash 的.ocx 文件，所以会不兼容。

为解决上述问题，应在打包时把 AxInterop.ShockwaveFlashObjects.dll 复制一起打包进去，把 AxInterop.ShockwaveFlashObjects.dll 的安装路径设置成应用程序的路径。

10.2 实例探析

以下通过实例探析 Windows 应用程序图形与多媒体程序设置的应用。

10.2.1 【实例 1】MP3 媒体播放器

1．实验目的

编写一个 MP3 播放器，实现打开音乐文件、关闭音乐文件、播放音乐、停止音乐、暂停音乐和显示正在播放的音乐。程序设计界面与程序运行界面如图 10-11 所示。

知识点：AxwindowsMediaPlayer 的成员的使用、OpenFileDialog 的使用。

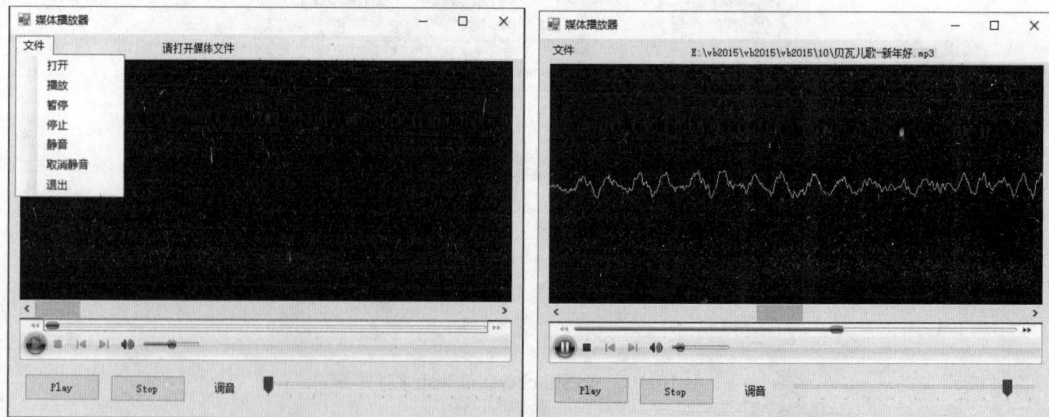

（a）程序设计界面   （b）程序运行界面

图 10-11 MP3 媒体播放器

2．实验内容

用 AxwindowsMediaPlayer 组件制作一个简单的媒体播放器，它能够播放 VCD 的.dat 文件、.mpeg 文件、.mp3 文件、.wav 文件和.avi 文件。

3．界面设计

添加 MediaPlayer 组件，在窗体上放置 AxwindowsMediaPlayer 组件、打开文件对话框、按钮和 Label 组件。窗体和控件对象属性设置及其作用见表 10-1。

表 10-1　窗体和控件对象属性设置及其作用

对　象　名	属　性　名	属　性　值	说　　明
Form1	Text	媒体播放器	显示窗体标题
Label1, 2	Text	NULL，调音	显示操作状态
MenuStrip1	""	""	打开功能
ToolStripMenuItem1	Text	打开	打开功能
ToolStripMenuItem2	Text	播放	播放功能
ToolStripMenuItem3	Text	暂停	暂停功能
ToolStripMenuItem4	Text	停止	停止功能
ToolStripMenuItem5	Text	静音	静音功能
ToolStripMenuItem6	Text	取消静音	取消静音功能
ToolStripMenuItem7	Text	退出	
TrackBar1	""	""	调节音量
HScrollBar1	""	""	调节进度
Button1, 2	Text	Play，Stop	

4．程序代码

1）操作步骤

MP3 媒体播放器实现的前提条件：添加 AxwindowsMediaPlayer 组件。操作步骤如下。

（1）首先添加 AxwindowsMediaPlayer 组件及 OpenFileDialog 控件。

（2）为 MenuStrip1 菜单添加 7 个子菜单项，其属性值见表 10-1。

（3）为"打开"菜单添加命令消息函数，实现打开对话框，选择文件的功能。

（4）为"播放"菜单添加命令消息函数，调用 AxWindowsMediaPlayer1.Ctlcontrols.play()函数，并把播放路径显示在 Label1.Text 中。

（5）为"暂停"菜单添加命令消息函数，调用 AxWindowsMediaPlayer1.Ctlcontrols.pause()函数。

（6）为"停止"菜单添加命令消息函数，调用 stop()函数。

（7）为"静音"与"取消静音"菜单添加命令消息函数，设置其 mute 属性为 True 或 False。

（8）HScrollBar1_Scroll 事件用于控制播放进度。

（9）TrackBar1 控件的值用于调节音量。

2）编写代码

```
Public Class Form1
    '为"打开"菜单添加命令消息函数，实现打开对话框，选择文件的功能
    'Private Sub Form1_Load(ByVal sender As System.Object, ByVal e As System.EventArgs)
                Handles MyBase.Load
        Label1.Text = "请打开媒体文件"
```

```
        OpenFileDialog1.Filter = "mpeg|*.mpg|avi|*.avi|wav|*.wav|mp3|*.mp3|VCD|*.dat"
'End Sub
'Private Sub 打开 ToolStripMenuItem_Click(sender As Object, e As EventArgs)
                Handles 打开 ToolStripMenuItem.Click
        OpenFileDialog1.InitialDirectory = "e:\"
        If OpenFileDialog1.ShowDialog = Windows.Forms.DialogResult.OK Then
            AxWindowsMediaPlayer1.URL = OpenFileDialog1.FileName
            Label1.Text = OpenFileDialog1.FileName
        End If
'End Sub
'为"播放"、"暂停"、"停止"菜单，添加命令消息函数，针对步骤（4）、（5）、（6）描述
'Private Sub 播放 ToolStripMenuItem_Click(sender As Object, e As EventArgs)
                Handles 播放 ToolStripMenuItem.Click
        AxWindowsMediaPlayer1.Ctlcontrols.play()
        Label1.Text = "正在播放" + OpenFileDialog1.FileName
End Sub
Private Sub 暂停 ToolStripMenuItem_Click(sender As Object, e As EventArgs)
                Handles 暂停 ToolStripMenuItem.Click
        AxWindowsMediaPlayer1.Ctlcontrols.pause()
        Label1.Text = "暂停播放" + OpenFileDialog1.FileName
End Sub
Private Sub 停止 ToolStripMenuItem_Click(sender As Object, e As EventArgs)
                Handles 停止 ToolStripMenuItem.Click
        AxWindowsMediaPlayer1.Ctlcontrols.stop()
        AxWindowsMediaPlayer1.Ctlcontrols.filename = ""
        Form1_Load(Me, New EventArgs())
        Label1.Text = "停止播放"
End Sub
'为"静音"与"取消静音"菜单添加命令消息函数，mute 属性设为 True 或 False
Private Sub 静音 ToolStripMenuItem_Click(sender As Object, e As EventArgs)
                Handles 静音 ToolStripMenuItem.Click
        AxWindowsMediaPlayer1.Ctlcontrols.mute = True
End Sub
Private Sub 取消静音 ToolStripMenuItem_Click(sender As Object, e As EventArgs)
                Handles 取消静音 ToolStripMenuItem.Click
        AxWindowsMediaPlayer1.Ctlcontrols.mute = False
End Sub
Private Sub 退出 ToolStripMenuItem_Click(sender As Object, e As EventArgs)
                Handles 退出 ToolStripMenuItem.Click
        End
End Sub
Private Sub Button1_Click(sender As Object, e As EventArgs) Handles Button1.Click
```

```
            If Button1.Text = "播放" Then
                AxWindowsMediaPlayer1.Ctlcontrols.pause()
                Button1.Text = "暂停"
            Else
                AxWindowsMediaPlayer1.Ctlcontrols.play()
                Button1.Text = "播放"
            End If
        End Sub
        Private Sub Button2_Click(sender As Object, e As EventArgs) Handles Button2.Click
            AxWindowsMediaPlayer1.Ctlcontrols.stop()
            AxWindowsMediaPlayer1.Ctlcontrols.currentPosition() = 0
            AxWindowsMediaPlayer1.URL = " "
        End Sub
        '控制播放进度
        Private Sub HScrollBar1_Scroll(sender As Object, e As ScrollEventArgs) Handles
                    HScrollBar1.Scroll
            AxWindowsMediaPlayer1.Ctlcontrols.currentPosition() = HScrollBar1.Value
        End Sub
        '调节音量
        Private Sub TrackBar1_Scroll(sender As Object, e As EventArgs) Handles TrackBar1.Scroll
            AxWindowsMediaPlayer1.settings.volume = TrackBar1.Value
        End Sub
    End Class
```

10.2.2 【实例 2】颜色渐变器的实现

1. 实验目的

制作一个程序, 可以通过拖动 3 个水平滚动条, 使 3 个图片框的颜色不断加深。程序设计界面与程序运行界面如图 10-12 所示。

知识点: Form、PictureBox、HScrollBar 控件的属性、方法与事件。

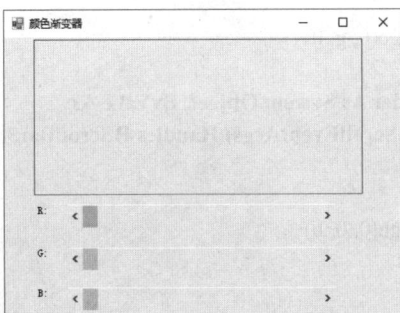

（a）程序设计界面   （b）程序运行界面

图 10-12　颜色渐变器的实现

2. 实验内容

在 Form 窗体上添加 3 个 HScrollBar 控件，用来显示调节的颜色。设置 PictureBox 的边框类型 BorderStyle 为 FixedSingle，是图片框有简单边框。添加 3 个水平滚动条，设置每个滚动条的最大值为 255。

3. 界面设计

启动 VS 2015，创建工程，为窗体添加 PictureBox 控件、HScrollBar 控件，窗体和控件对象属性设置及其作用见表 10-2。

表 10-2　窗体和控件对象属性设置及其作用

对 象 名	属 性 名	属 性 值	说 明
Form1	Text	ColorForm	显示窗体标题
PictureBox1	Name	PictureBox1	显示名称
HScrollBar1~3	Name	HScrollBar1~3	水平滚动条

4. 程序代码

1) 操作步骤

颜色渐变器实现的前提条件：添加 3 个 HScrollBar 控件。操作步骤如下。

（1）定义整型变量 r、g、b，用于获取 HScrollBar1、HScrollBar2、HScrollBar3 的 Value 值。

（2）添加事件过程，分别设置 PictureBox1 的背景颜色 BackColor 为 rgb(r, 0, 0)、rgb(0, g, 0)、rgb(0, 0, b)。

2) 编写代码

```
Public Class Form1
Private Sub HScrollBar1_Scroll(ByVal sender As System.Object, ByVal e As
                System.Windows.Forms.ScrollEventArgs) Handles HScrollBar1.Scroll
        Dim r As Integer
        r = HScrollBar1.Value
        PictureBox1.BackColor = Color.FromArgb(r, 0, 0)
End Sub
Private Sub HScrollBar2_Scroll(ByVal sender As System.Object, ByVal e As
                System.Windows.Forms.ScrollEventArgs) Handles HScrollBar2.Scroll
        Dim g As Integer
        g = HScrollBar2.Value
        PictureBox1.BackColor = Color.FromArgb(0, g, 0)
End Sub
Private Sub HScrollBar3_Scroll(ByVal sender As System.Object, ByVal e As
                System.Windows.Forms.ScrollEventArgs) Handles HScrollBar3.Scroll
        Dim b As Integer
        b = HScrollBar3.Value
        PictureBox1.BackColor = Color.FromArgb(0, 0, b)
End Sub
End Class
```

10.2.3 【实例 3】绘图板的设计

1. 实验目的

实现一个仿 Windows 的简单的画图软件的任务,实现图形绘制。程序设计界面与程序运行界面如图 10-13 所示。

知识点:画笔 Pen、画刷 Brush 及 Graphics 对象的调用。

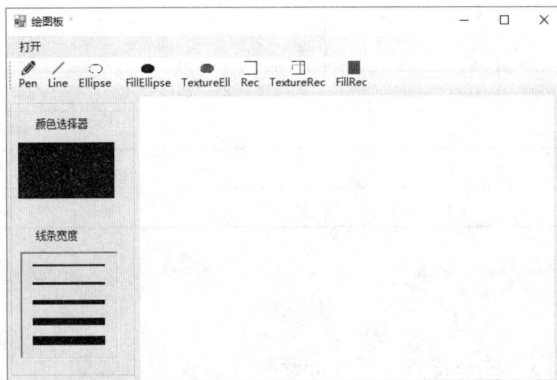

(a) 程序设计界面

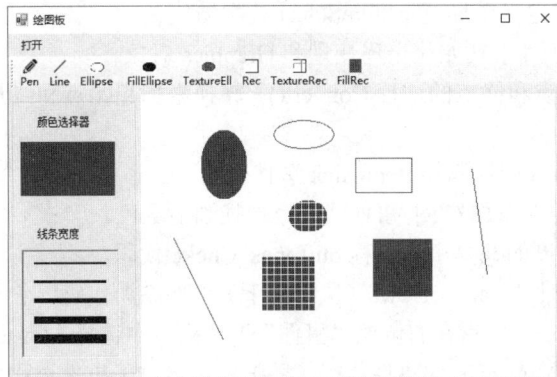

(b) 程序运行界面

图 10-13　绘图板的设计

2. 实验内容

在 ToolStrip 上选择不同的工具在 PictureBox 上画出不同的图案,通过按钮实现单击达到画笔颜色的切换及通过 Panel 里面 5 个不同 Button 的切换实现画笔的不同风格。

3. 界面设计

启动 VS 2015,创建工程,按照图 10-13 在窗体上添加:MenuStrip 菜单控件、ToolStrip 工具栏控件、用作绘图板的 PictureBox 图片框控件、让用户选择颜色和线条宽度的 Label 控件、让用户选择线条宽度的 Button 控件、Panel 控件、ImageList 控件、作为状态信息栏的 StatusStrip 控件。窗体和控件对象属性设置及其作用见表 10-3。

表 10-3　窗体和控件对象属性设置及其作用

控件类型	对 象 名	属 性 名	属 性 值	说 明
Form	FormPaint	无	画图工具	显示文本
MenuStrip	Menu	Text	打开，子项：新建，退出，操作	显示文本
ToolStrip	Paint	Text	ToolStripButton1~8	实现不同功能的切换
	Display Style	ImageAndText		
	TextImageRelation	ImageAboveText		
ImageList	ImgList1	Text	无	初始化图片
PictureBox	pic	无	无	作为画板
Label	Label1, 2	Text	颜色选择器，线条宽度	显示文本
Panel	Panel1	Text	无	作为 5 个 Button 的容器
Button	btn1~5	Text	""	代表 5 种不同的画笔风格
Button	Color	text	""	显示当前画笔颜色

4．程序代码

1）操作步骤

绘图板设计实现的前提条件：添加 1 个 Panel 控件。操作步骤如下。

（1）引入命名空间。

（2）在 FrmPaint 类里定义全局变量和 mSelect 枚举结构。

（3）在窗体的 Load 事件中初始化全局变量和 Graphics 对象。

（4）定义转换坐标起点和终点的过程 Convert()。转换坐标起始点和终点，确保起始点始终在终点的左上方。

（5）为工具栏 ToolStrip 控件添加 ItemClick 事件代码。

（6）为 btnSetColor 控件添加 Click 事件代码，选择画笔颜色。

（7）编写选择线条宽度的共享事件过程 btnLines_Click()代码。

（8）为 PictureBox 控件的 MouseDown（鼠标按下）事件添加代码。在窗体的代码窗口顶部的"对象"下拉列表中选择 pic，然后在右侧的"事件"下拉列表中选择 MouseDown，此时代码编辑器中已经自动生成了 pic_MouseUp 的事件代码，并把鼠标定位于事件过程内部的第一行。

（9）为 PictureBox 控件的 MouseUp（鼠标释放）事件添加代码。

（10）为 PictureBox 控件的 MouseMove（鼠标移动）事件添加代码。

（11）为 PictureBox 控件的 Mouse 的 Click（鼠标单击）事件添加代码。

（12）为"新建"菜单 miNew 的 Click 事件添加代码。

（13）为"退出"菜单 miExit 的 Click 事件添加代码。

2）编写代码

```
'引入命名空间
Imports System.Drawing.Drawing2D
'在 FrmPaint 类里定义全局变量和 mSelect 枚举结构
Private g As Graphics               '绘图句柄
Private s1 As Point, s2 As Point    '定义画图的起始点、终点
Private m1 As Integer               '选择图形枚举
Private mWidth As Integer           '画笔宽度
Private mIcon As Icon               '用户选择图标
Private Enum mSelect                '选择图形类别枚举
```

```vb
        Pencil                          '铅笔
        Line                            '直线
        Ellipse                         '椭圆
        FillEllipse                     '填充椭圆
        TextureEll                      '纹理椭圆
        Rec                             '矩形
        TextureRec                      '纹理矩形
        FillRec                         '填充矩形
        Icon                            '图标
        Eraser                          '橡皮
    End Enum
    '在窗体的 Load 事件中初始化全局变量和 Graphics 对象
    Private Sub Form1_Load(sender As Object, e As EventArgs) Handles MyBase.Load
        g = Me.pic.CreateGraphics '获取 PictureBox 的绘图句柄
        m1 = mSelect.Pencil                 '默认选择铅笔作为绘图工具
        mWidth = 1                          '初始化画笔宽度
    End Sub
    '定义转换坐标起点和终点的过程 Convert()
    Private Sub Convert()
        Dim ptemp As Point                  '用于交换的临时点
        If s1.X < s2.X Then
            If s1.Y > s2.Y Then
                ptemp.Y = s1.Y
                s1.Y = s2.Y
                s2.Y = ptemp.Y
            End If
        End If
        If s1.X > s2.X Then
            If s1.Y < s2.Y Then
                ptemp.X = s1.X
                s1.X = s2.X
                s2.X = ptemp.X
            End If
            If s1.Y > s2.Y Then
                ptemp = s1
                s1 = s2
                s2 = ptemp
            End If
        End If
    End Sub
    '为工具栏 ToolStrip 添加 ItemClick 事件代码
    Private Sub tsPaint_ItemClicked(sender As Object, e As ToolStripItemClickedEventArgs)
                        Handles Paint.ItemClicked
        '获取发生事件的索引号
        Me.m1 = Me.Paint.Items.IndexOf(e.ClickedItem)
        If m1 = mSelect.Icon Then
            '如果选择的是图标，则打开 OpenFileDialog 选取图标
            Dim dlgOpen As New OpenFileDialog
            dlgOpen.Filter = "图标文件|*.ico"
            If dlgOpen.ShowDialog = Windows.Forms.DialogResult.OK Then
                mIcon = New Icon(dlgOpen.FileName)
```

```
                End If
            End If
        End Sub
'为 btnSetColor 控件添加 Click 事件代码，选择画笔颜色
Private Sub btnSetColor_Click(sender As Object, e As EventArgs) Handles Color.Click
        '打开"颜色"对话框
        Dim d1 As New ColorDialog
        If d1.ShowDialog = Windows.Forms.DialogResult.OK Then
            Me.Color.BackColor = d1.Color
        End If
    End Sub
'编写选择线条宽度的共享事件过程 btnLines_Click()代码
Private Sub btnLine_Click(ByVal sender As System.Object, ByVal e As System.EventArgs)
                    Handles btn1.Click, btn2.Click, btn3.Click, btn4.Click, btn5.Click
        '把所有按钮的背景色都设为 Black
        Me.btn1.BackColor = Drawing.Color.White
        Me.btn2.BackColor = Drawing.Color.White
        Me.btn3.BackColor = Drawing.Color.White
        Me.btn4.BackColor = Drawing.Color.White
        Me.btn5.BackColor = Drawing.Color.White
        '用户选中的按钮背景色为 Blue
        CType(sender, Button).BackColor = Drawing.Color.Black
        '把画笔宽度设为用户选择按钮的 Tag 值
        mWidth = CType(sender, Button).Tag
    End Sub
'为 PictureBox 的 MouseDown（鼠标按下）事件添加代码
Private Sub picPaint_MouseDown(ByVal sender As System.Object, _ ByVal e As
                    System.Windows.Forms.MouseEventArgs)
Handles picPaint.MouseDown
    If e.Button = Windows.Forms.MouseButtons.Left Then
        '如果用户按下的是鼠标左键，则将当前点坐标赋给起始点
        pstart.X = e.X
        pstart.Y = e.Y
    End If
End Sub
'为 PictureBox 的 MouseUp（鼠标释放）事件添加代码
Private Sub picPaint_MouseUp(ByVal sender As System.Object，
    ByVal e As System.Windows.Forms.MouseEventArgs) Handles pic.MouseUp
        If e.Button = Windows.Forms.MouseButtons.Left Then
                '如果用户按下的是鼠标左键，记录终点坐标
                s2.X = e.X
                s2.Y = e.Y
                '根据保存的 m1 绘制图形
                Select Case m1
                    Case mSelect.Line '用户在工具栏中选择的是铅笔
                        Dim pen1 As New Pen(Me.Color.BackColor, mWidth)
                        g.DrawLine(pen1, s1, s2) '根据起点和终点绘制直线

                    Case mSelect.Rec        '用户在工具栏中选择的是空心矩形
                        Convert()           '转换矩形的起点为其左上点
                        Dim pen1 As New Pen(Me.Color.BackColor, mWidth)
```

```vb
                g.DrawRectangle(pen1, s1.X, s1.Y,
                    s2.X - s1.X, s2.Y - s1.Y)   '根据起点和终点绘制空心矩形
                Case mSelect.FillRec     '用户在工具栏中选择的是填充矩形
                    Convert()              '转换矩形的起点为其左上点
                    Dim rec As New Rectangle(s1.X, s1.Y,
                    s2.X - s1.X, s2.Y - s1.Y)
                    '根据起点和终点定义矩形
                    Dim sbr As New SolidBrush(Color.
    BackColor)   '定义画刷颜色为用户选择的颜色
                    g.FillRectangle(sbr, rec)   '绘制填充矩形
                Case mSelect.TextureRec   '用户在工具栏中选择的是纹理矩形
                    Convert()        '转换矩形的起点为其左上点
                    Dim rec As New Rectangle(s1.X, s1.Y,
                    s2.X - s1.X, s2.Y - s1.Y)
                    '根据起点和终点定义矩形
                    '定义画刷纹理为 Cross 型，前景色为白色，背景色为用户选择
                    Dim hbr As New HatchBrush(HatchStyle.Cross,
    Drawing.Color.White, Color.BackColor)
                    g.FillRectangle(hbr, rec)   '用画刷填充矩形
                Case mSelect.Ellipse   '用户在工具栏中选择的是空心椭圆
                    Convert()   '转换椭圆外接矩形的起点为其左上点
                    Dim pen1 As New Pen(Color.BackColor, mWidth)
                    g.DrawEllipse(pen1, s1.X, s1.Y,
                    s2.X - s1.X, s2.Y - s1.Y)   '根据椭圆外接矩形的起点和终点绘制椭圆
                Case mSelect.FillEllipse   '用户在工具栏中选择的是填充椭圆
                    Convert()    '转换椭圆外接矩形的起点为其左上点
                    Dim rec As New Rectangle(s1.X, s1.Y,
                    s2.X - s1.X, s2.Y - s1.Y)   '定义椭圆的外接矩形
                    Dim sbr As New SolidBrush(Color.
    BackColor)   '定义画刷颜色为用户选择的颜色
                    g.FillEllipse(sbr, rec)   '用画刷填充矩形
                Case mSelect.TextureEll   '用户在工具栏中选择的是纹理椭圆
                    Convert()         '转换椭圆外接矩形的起点为其左上点
                    Dim rec As New Rectangle(s1.X, s1.Y,
                     s2.X - s1.X, s2.Y - s1.Y)   '定义椭圆的外接矩形
                    '定义画刷纹理为 Cross 型，前景色为白色，背景色为用户选择
                    Dim hbr As New HatchBrush(HatchStyle.Cross,
    Drawing.Color.White, Color.BackColor)
                    g.FillEllipse(hbr, rec)   '用画刷填充矩形
            End Select
        End If
End Sub
'为 PictureBox 的 MouseMove（鼠标移动）事件添加代码
Private Sub picPaint_MouseMove(ByVal sender As System.Object,
    ByVal e As System.Windows.Forms.MouseEventArgs) Handles pic.MouseMove
        If e.Button = Windows.Forms.MouseButtons.Left Then
            '如果用户按下的是鼠标左键，根据保存的 m1 绘制图形
            Select Case m1
                Case mSelect.Pencil     '用户在工具栏中选择的是铅笔
                    Dim pen1 As New Pen(Color.BackColor, mWidth)
                    s2.X = e.X
```

```
                    s2.Y = e.Y
                    g.DrawLine(pen1, s1, s2)
                    s1 = s2    '将已经绘制的终点作为下一次的绘制的起点
              Case mSelect.Eraser    '用户在工具栏中选择的是橡皮
                    Dim pen1 As New Pen(Drawing.Color.White, mWidth)
                    '定义白色画笔作为擦除效果
                    s2.X = e.X
                    s2.Y = e.Y
              g.DrawLine(pen1, s1, s2)    '将已经绘制的终点作为下一次绘制的起点
                    s1 = s2    '将已经绘制的终点作为下一次绘制的起点
            End Select
        End If
End Sub
'为 PictureBox 的 Mouse 的 Click（鼠标单击）事件添加代码
Private Sub picPaint_Click(ByVal sender As System.Object,
      ByVal e As System.EventArgs) Handles pic.Click
        If m1 = mSelect.Icon Then
            '画图标
            g.DrawIcon(mIcon, s1.X, s1.Y)
        End If
End Sub
'为 "新建" miNew 的 Click 事件添加代码
Private Sub 新建 ToolStripMenuItem_Click(sender As Object, e As EventArgs)
                        Handles 新建 ToolStripMenuItem.Click
        Me.pic.Refresh()
End Sub
'为 "退出" 菜单 miExit 的 Click 事件添加代码
Private Sub 退出 ToolStripMenuItem_Click(sender As Object, e As EventArgs)
                        Handles 退出 ToolStripMenuItem.Click
        Application.Exit()
End Sub
```

10.3 拓展训练

以下通过拓展训练，提升并加强对 Windows 应用程序图形与多媒体程序设置的应用。

10.3.1 【任务 1】文字特效

1. 实验目的

制作一个可以实现三维立体文字、阴影文字和渐变文字的特效器。程序设计界面与程序运行界面如图 10-14 所示。

知识点：画笔、画刷的调用、Paint 事件的调用。

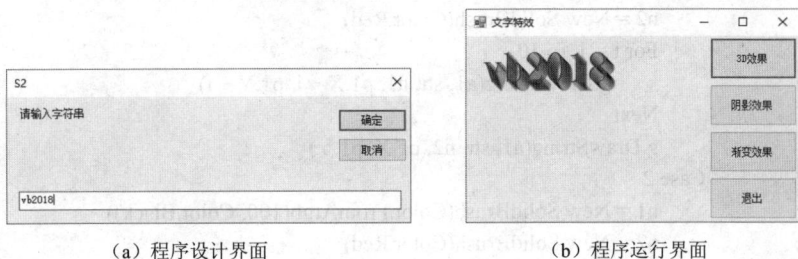

（a）程序设计界面　　　　　　　　（b）程序运行界面

图 10-14　文字特效

2. 实验内容

文字特效需要添加 3 个选择文字特效的按钮，当单击任意一个按钮时，上方 VB.NET 就会显示出不同的文字特效，同时添加一个退出窗口的按钮。

3. 界面设计

启动 VS 2015，创建工程，为窗体添加 Button 控件，窗体和控件对象属性设置及其作用见表 10-4。

表 10-4　窗体和控件对象属性设置及其作用

对　象　名	属　性　名	属　性　值	说　　明
Form1	Text	文字特效	显示窗体标题
Button1	Text	3D 效果	选择文字特效
Button2	Text	阴影效果	选择文字特效
Button3	Text	渐变效果	选择文字特效
Button4	Text	退出	选择文字特效

4. 程序代码

```
Imports System.Drawing
Imports System.Drawing.Drawing2D
Public Class Form1
    Inherits System.Windows.Forms.Form
    Private m As Integer
    Dim a1, a2, a3 As String
    Private Sub Form1_Paint(ByVal sender As System.Object, ByVal e As
                        System.Windows.Forms.PaintEventArgs) Handles MyBase.Paint
        Dim str = New Font("宋体", 36)
        Dim g As Graphics = e.Graphics
        Dim n1, n2 As Brush
        Dim i As Integer
        Dim p1, p2 As Point
        p1.X = 10
        p1.Y = 10
        p2.X = 100
        p2.Y = 10
        Select Case m
            Case 1
                n1 = New SolidBrush(Color.FromArgb(100, Color.Black))
```

```
                n2 = New SolidBrush(Color.Red)
                For i = 1 To 10
                    g.DrawString(a1, str, n1, p1.X + i, p1.Y + i)
                Next
                g.DrawString(a1, str, n2, p1.X, p1.Y)
            Case 2
                n1 = New SolidBrush(Color.FromArgb(100, Color.Black))
                n2 = New SolidBrush(Color.Red)
                g.DrawString(a2, str, n1, p1.X + 5, p1.Y + 5)
                g.DrawString(a2, str, n2, p1.X, p1.Y)
            Case 3
                n2 = New LinearGradientBrush(p1, p2, Color.Red, Color.Yellow)
                g.DrawString(a3, str, n2, p1.X, p1.Y)
        End Select
    End Sub
    Private Sub Button1_Click(ByVal sender As System.Object, ByVal e As System.EventArgs)
                    Handles Button1.Click
        m = 1
        a1 = InputBox("请输入字符串")
        Me.Invalidate()
    End Sub
    Private Sub Button4_Click(sender As Object, e As EventArgs) Handles Button4.Click
        End
    End Sub
    Private Sub Button2_Click(ByVal sender As System.Object, ByVal e As System.EventArgs)
                    Handles Button2.Click
        m = 2
        a2 = InputBox("请输入字符串")
        Me.Invalidate()
    End Sub
    Private Sub Button3_Click(ByVal sender As System.Object, ByVal e As System.EventArgs)
                    Handles Button3.Click
        m = 3
        a3 = InputBox("请输入字符串")
        Me.Invalidate()
    End Sub
End Class
```

10.3.2 【任务 2】色彩调节

1. 实验目的

制作一个调节色彩与滤镜程序，对控件的熟练和程序的编写。程序设计界面与程序运行界面如图 10-15 所示。

知识点：PictureBox 控件的 Visible 属性的应用。

（a）程序设计界面　　　　　　　　（b）程序运行界面

图 10-15　色彩调节

2．实验内容

图像绘制需要使用 Button 控件、PictureBox 控件和 Label 控件，并通过按钮单击事件控制图像的绘制。

3．界面设计

启动 VS 2015，创建工程，按照程序设计界面为窗体添加控件，窗体和控件对象属性设置及其作用见表 10-5。

表 10-5　窗体和控件对象属性设置及其作用

对　象　名	属　性　名	属　性　值	说　　明
PictureBox1	SizeMode Image	PictureBox1	根据相框整体调整大小
Button1	应用	图像绘制	显示文本
Button2	打开	图像绘制	显示文本
Button3	原图	图像绘制	显示文本
Button4	退出	图像绘制	显示文本
Button5	滤镜	图像绘制	显示文本
Button6	浮雕	图像绘制	显示文本
Label1	要增加的 RGB 的值	文本标签	显示文本
Label2	R:	文本标签	显示文本
Label3	G:	文本标签	显示文本
Label4	B:	文本标签	显示文本

4．程序代码

```
Public Class Form1
    Dim c, c2, c3 As System.Drawing.Color
    Dim r, g, b, r1, g1, b1 As Integer
    Dim p1, p2 As Bitmap
    Dim i, j, nr, ng, nb, a As Integer
    Dim w1, h1 As Integer
    Private Sub Button3_Click(ByVal sender As System.Object, ByVal e As System.EventArgs)
            Handles Button3.Click
```

```
            OpenFileDialog1.ShowDialog()
            p1 = New Bitmap(OpenFileDialog1.FileName)
            p2 = p1.Clone
            w1 = p1.Width
            h1 = p1.Height
            PictureBox1.Image = p1
    End Sub
    Private Sub Button1_Click(ByVal sender As System.Object, ByVal e As System.EventArgs)
                            Handles Button1.Click
            Dim x, y, z As Integer
            Dim i, j As Integer
            p1 = PictureBox1.Image
            x = CInt(TextBox1.Text)
            y = CInt(TextBox2.Text)
            z = CInt(TextBox3.Text)
            For i = 0 To w1 - 1
                For j = 0 To h1 - 1
                    c = p1.GetPixel(i, j)
                    r = c.R
                    g = c.G
                    b = c.B
                    r1 = r + x
                    g1 = g + y
                    b1 = b + z
                    If r1 < 0 Then r1 = 0
                    If r1 > 255 Then r1 = 255
                    If g1 < 0 Then g1 = 0
                    If g1 > 255 Then g1 = 255
                    If b1 < 0 Then b1 = 0
                    If b1 > 255 Then b1 = 0
                    c = Color.FromArgb(r1, g1, b1)
                    p1.SetPixel(i, j, c)
                Next
                PictureBox1.Refresh()
            Next
    End Sub
    Private Sub Button2_Click(ByVal sender As System.Object, ByVal e As System.EventArgs)
                            Handles Button2.Click
            PictureBox1.Image = Nothing
            PictureBox1.Image = p2
    End Sub
    Private Sub Button4_Click(ByVal sender As System.Object, ByVal e As System.EventArgs)
                            Handles Button4.Click
            End
    End Sub
    Private Sub Button5_Click(ByVal sender As System.Object, ByVal e As System.EventArgs)
                            Handles Button5.Click
            p1 = PictureBox1.Image
            Dim i, j, nr1, ng1, nb1, nr2, ng2, nb2, r1, r2, r3, b1, b2, b3, g1, g2, g3 As Integer
            For j = 0 To PictureBox1.Size.Width - 1
                For i = 0 To PictureBox1.Size.Height - 1
```

```
                    c = p1.GetPixel(j, i)
                    r1 = c.R
                    g1 = c.G
                    b1 = c.B
                    a = c.A
                    c2 = p1.GetPixel(j + 1, i)
                    r2 = c2.R
                    g2 = c2.G
                    b2 = c2.B
                    c3 = p1.GetPixel(j, i + 1)
                    r3 = c3.R
                    g3 = c3.G
                    b3 = c3.B
                    nr1 = (r1 - r2) ^ 2
                    nr2 = (r1 - r3) ^ 2
                    nr = 2 * (nr1 + nr2) ^ 0.5
                    ng1 = (g1 - g2) ^ 2
                    ng2 = (g1 - g3) ^ 2
                    ng = 2 * (ng1 + ng2) ^ 0.5
                    nb1 = (b1 - b2) ^ 2
                    nb2 = (b1 - b3) ^ 2
                    nb = 2 * (nb1 + nb2) ^ 0.5
                    If nr < 0 Then nr = 0
                    If nr > 255 Then nr = 255
                    If ng < 0 Then ng = 0
                    If ng > 255 Then ng = 255
                    If nb < 0 Then nb = 0
                    If nb > 255 Then nb = 255
                    c = Color.FromArgb(a, nr, ng, nb)
                    p1.SetPixel(j, i, c)
                Next
                PictureBox1.Refresh()
        Next
    End Sub
    Private Sub Button6_Click(ByVal sender As System.Object, ByVal e As System.EventArgs)
                    Handles Button6.Click
        Dim nr, ng, nb, i, j, a, r1, r2, b1, b2, g1, g2 As Integer
        p1 = PictureBox1.Image
        For j = 0 To PictureBox1.Size.Height - 1
            For i = 0 To PictureBox1.Size.Width - 1
                c = p1.GetPixel(i, j)
                r1 = c.R
                g1 = c.G
                b1 = c.B
                c2 = p1.GetPixel(i + 1, j + 1)
                r2 = c2.R
                g2 = c2.G
                b2 = c2.B
                nr = r2 - r1 + 128
                ng = g2 - g1 + 128
                nb = b2 - b1 + 128
```

```
                    If nr < 0 Then nr = 0
                    If nr > 255 Then nr = 255
                    If ng < 0 Then ng = 0
                    If ng > 255 Then ng = 255
                    If nb < 0 Then nb = 0
                    If nb > 255 Then nb = 255
                    c = Color.FromArgb(a, nr, ng, nb)
                    p1.SetPixel(i, j, c)
                Next
                PictureBox1.Refresh()
            Next
        End Sub
    End Class
```

10.3.3　【任务 3】模拟雨珠的实现

1．实验目的

制作一个模拟雨珠，对 PictureBox 和 Timer 控件的掌握。程序设计界面与程序运行界面如图 10-16 所示。

知识点：Form、Label、Button、PictureBox 控件的属性、方法与事件。

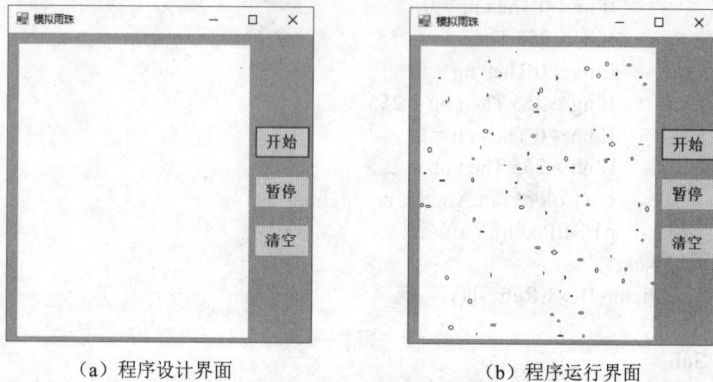

（a）程序设计界面　　　　　　　　　（b）程序运行界面

图 10-16　模拟雨珠的实现

2．实验内容

制作一个模拟雨珠，按下显示按钮时，会有很多的泡泡冒出，暂停按钮是将泡泡暂停显示，清空按钮则把窗口的泡泡全部去掉但不能阻止泡泡的冒出。

3．界面设计

启动 VS 2015，创建工程，按照程序设计界面为窗体控件，窗体和控件对象属性设置及其作用见表 10-6。

表 10-6　窗体和控件对象属性设置及其作用

对 象 名	属 性 名	属 性 值	说　明
Form1	Text	模拟雨珠	显示窗体标题
PictureBox	Name	PictureBox1	显示名称

对 象 名	属 性 名	属 性 值	说 明
Button1	Text	开始	显示文本
Button2	Text	暂停	显示文本
Button3	Text	清空	显示文本

4．程序代码

```
Public Class Form1
    Dim MyGraphics As Graphics
    Private Sub Button1_Click(ByVal sender As System.Object, ByVal e As System.EventArgs)
                Handles Button1.Click
        Timer1.Enabled = True
    End Sub
    Private Sub Timer1_Tick(ByVal sender As System.Object, ByVal e As System.EventArgs)
                Handles Timer1.Tick
        MyGraphics = PictureBox1.CreateGraphics
        Dim x, y, z, k As Integer
        x = PictureBox1.Width * Rnd()
        y = PictureBox1.Height * Rnd()
        z = PictureBox1.Height / 50 * Rnd()
        k = PictureBox1.Width / 50 * Rnd()
        MyGraphics.DrawEllipse(Pens.Green, x, y, z, k)
    End Sub
    Private Sub Button2_Click(ByVal sender As System.Object, ByVal e As System.EventArgs)
                Handles Button2.Click
        MyGraphics.Clear(Color.LightYellow)
    End Sub
    Private Sub Button3_Click(ByVal sender As System.Object, ByVal e As System.EventArgs)
                Handles Button3.Click
        Timer1.Enabled = False
    End Sub
End Class
```

第 11 章　综合数据库编程

本章要点
- 数据库的基本概念。
- VB.NET 数据访问技术。
- ADO.NET 对象。
- ADO.NET 数据控件。
- ADO.NET 数据库编程方法。

11.1　理论知识

本章主要介绍数据库系统与 VB.NET 中数据库访问技术、数据控件的应用，以及数据库编程的方法步骤。以 SQL Server 2015 数据库结合实例详细分析了如何用 VB.NET 实现学生选课管理系统。最后通过拓展训练使读者进一步深化对实际项目开发的掌握。

11.1.1　数据库的基本概念

所谓数据库（DataBase，DB），其实就是存放在计算机的外存储器的相关数据的集合，可以形象地看作数据的"仓库"，它是通过文件或类似于文件的数据单位组织起来的。一个完整的数据库系统由数据库、数据库管理系统、数据库应用程序、计算机软件和硬件系统及数据库管理员（DataBase Administrator，DBA）组成。数据库只是数据的集合，建立数据库的目的是为了使用数据库，为了对数据库中的数据进行存取，必须使用数据库管理系统（DataBase System Management，DBMS）。

数据库管理系统是对数据进行管理的软件，是一个数据库系统的核心，数据库的一切操作，包括数据库的建立、数据的检索、修改、删除等操作，都是通过 DBMS 来实现的。DBMS 只提供对数据的管理功能，为了实现某种具体的功能，必须有相应的数据库应用系统。

11.1.2　VB.NET 数据访问技术

ADO.NET 是由微软 Microsoft ActiveX Data Object(ADO)升级发展而来的，是在.NET 中创建分布式数据共享程序的开发接口。ADO.NET 的数据存取 API 提供两种数据访问方式，分别用来识别并处理两种类型的数据源，即 SQL Server 7.0（及更高的版本）和可以通过 OLE DB 进行访问的其他数据源。ADO.NET 中包含了两个类库，System.Data.SQL 库可以直接连接到 SQL Server 的数据，System.Data.ADO 库可以用于其他通过 OLE DB 进行访问的数据源，如 Access 数据。

ADO.NET 同时包含两大核心控件：.NET Framework 数据提供程序及 Data Set 数据集。ADO.NET 是围绕 System.Data 基本名称空间设计，其他名称空间都是从 System.Data 派生而来的。它们使得 ADO.NET 不仅可以访问 DataBase 中的数据，而且可以访问支持 OLE DB 的数据源。当我们讨论 ADO.NET 时，实际讨论的是 System.Data 和 System.Data.OleDb 名称空间。这两个空间的所有类几乎都可以支持所有类型的数据源中的数据。这里我们讨论与后文实例有关的类，即 OleDbConnection、OleDbDataAdapter、DataSet 和 DataView 等。

在使用中，如果要引用 OleDb 前缀的类，必须导入 System.Data.OleDb 名称空间，语法如下。

> Imports System.Data.OleDb

使用没有此前缀的类必须导入 System.Data 名称空间，语法如下。

> Imports System.Data

1. OleDbConnection 类

OleDbConnection 类提供了一个数据源连接。这个类的构造函数接受一个可选参数，称为连接字符串。

1）连接字符串

下面看一下如何在连接字符串上使用参数来初始化一个连接对象。

> Dim objConnection as OleDbConnection=New OleDbConnection("Provider=SQLOLEDB;" &
> "DataSource=localhost;Initial Catalog=test;" & "UserID=admin;Password=123;")

上面的连接字符串使用 SQLOLEDB 提供者访问 SQL Server 数据库。Data Source 参数指定数据库位于本地机器上，Initial Catalog 参数表示我们要访问的数据库名称是 test。

2）打开和关闭数据库

一旦用上面的方法初始化了一个连接对象，就可以调用 OleDbConnection 类的任何方法来操作数据。其中打开与关闭数据库方法是任何操作的基本环节。

打开数据库命令格式如下。

> **objConnection.Open()**

关闭数据库命令格式如下。

> **objConnection.Close()**

3）OleDbConnection 类的属性设置

OleDbConnection 类的属性设置见表 11-1。

表 11-1　OleDbConnection 类的属性

OleDbConnection 类的属性	说　明
ConnectionString	获取或设置用于打开数据库的字符串
ConnectionTimeout	获取在尝试建立连接时终止尝试并生成错误之前所等待的时间
Database	获取当前数据库或连接打开后要使用的数据库的名称
DataSource	获取数据源的服务器名或文件名
Provider	获取在连接字符串的"Provider="子句中指定的 OLEDB 提供程序的名称
State	获取连接的当前状态

4）OleDbConnection 类的方法

OleDbConnection 类的方法见表 11-2。

表 11-2　OleDbConnection 类的方法

OleDbConnection 类的方法	说　明
Open	使用 ConnectionString 所指定的属性设置打开数据库连接
Close	关闭与数据库的连接，这是关闭任何打开连接的首选方法
CreateCommand	创建并返回一个与 OleDbConnection 关联的 OleDbCommand 对象
ChangeDatabase	为打开的 OleDbConnection 更改当前数据库

2．OleDbCommand 类

建立数据连接之后，就可以执行数据访问操作和数据操纵操作了。一般对数据库的操作被概括为 Create、Read、Update 和 Delete。在 ADO.NET 中定义 OleDbCommand 类去执行这些操作。

1）OleDbCommand 类的属性

OleDbCommand 类的属性见表 11-3。

表 11-3   OleDbCommand 类的属性

OleDbCommand 类的属性	说　　明
CommandText	获取或设置要对数据源执行的 T-SQL 语句或存储过程
CommandTimeout	获取或设置在终止执行命令的尝试并生成错误之前等待时间
CommandType	获取或设置一个值，该值指示如何解释 CommandText 属性
Connection	数据命令对象所使用的连接对象
Parameters	参数集合（OleDbParameterCollection）

2）OleDbCommand 类的方法

OleDbCommand 类的方法见表 11-4。

表 11-4   OleDbCommand 类的方法

OleDbCommand 类的方法	说　　明
CreateParameter	创建 OleDbParameter 对象的新实例
ExecuteNonQuery	针对 Connection 执行 SQL 语句并返回受影响的行数
ExecuteReader	将 CommandText 发送到 Connection 并生成一个 OleDbDataReader
ExecuteScalar	执行查询，并返回查询所返回的结果集中第一行的第一列，忽略其他列或行

3．OleDbDataAdapter 类

OleDbDataAdapter 对象（数据适配器）可以执行 SQL 命令以及调用存储过程、传递参数，最重要的是取得数据结果集，在数据库和 DataSet 对象之间来回传输数据。

OleDbDataAdapter 类可以在所有 OLE DB 数据源中读写数据，并且可以设置为包含要执行的 SQL 语句或者存储过程名。OleDbDataAdapter 类并不真正存储任何数据，而是作为 DataSet 类和数据库之间的桥梁。DataAdapter 对象用于从数据源中检索数据，并填充 DataSet 数据集中的表。DataReader 则不能，所以不能作为相关控件的数据源。

1）OleDbDataAdapter 类属性

OleDbDataAdapter 类属性见表 11-5。

表 11-5   OleDbDataAdapter 类属性

OleDbDataAdapter 类的属性	说　　明
SelectCommand	获取或设置 SQL 语句或存储过程，用于选择数据源记录
InsertCommand	获取或设置 SQL 语句或存储过程，将新记录插入到数据源
UpdateCommand	获取或设置 SQL 语句或存储过程，用于更新数据源记录
DeleteCommand	获取或设置 SQL 语句或存储过程，用于从数据集删除记录
AcceptChangesDuringFill	获取或设置一个值，该值指示在任何 Fill 操作过程中时，是否接受对行所做的修改
AcceptChangesDuringUpdate	获取或设置在 Update 期间是否调用 AcceptChanges
FillLoadOption	获取或设置 LoadOption，后者确定适配器如何从 DbDataReader 中填充 DataTable

OleDbDataAdapter 类的属性	说　　明
MissingMappingAction	确定传入数据没有匹配的表或列时需要执行的操作
MissingSchemaAction	确定现有 DataSet 架构与传入数据不匹配时需要执行的操作
TableMappings	获取一个集合，它提供源表和 DataTable 之间的主映射

2）OleDbDataAdapter 类方法设置

OleDbDataAdapter 类方法设置见表 11-6。

表 11-6　OleDbDataAdapter 类方法

OleDbDataAdapter 类的方法	说　　明
Fill	用来自动执行 OleDbDataAdapter 对象的 SelectCommand 属性中相对应的 SQL 语句，以检索数据库中的数据，然后更新数据集中的 DataTable 对象，如果 DataTable 对象不存在，则创建它
FillSchema	将 DataTable 添加到 DataSet 中，并配置架构以匹配数据源中的架构
GetFillParameters	获取当执行 SQL SELECT 语句时由用户设置的参数
Update	用来自动执行 UpdateCommand、InsertCommand 或 DeleteCommand 属性相对应的 SQL 语句，以使数据集中的数据来更新数据库

3）创建 OleDbDataAdapter 对象

创建 OleDbDataAdapter 对象有两种方式。

（1）用程序代码创建 OleDbDataAdapter 对象。

OleDbDataAdapter 类有以下构造函数：

OleDbDataAdapter();
OleDbDataAdapter(selectCommandText);
OleDbDataAdapter(selectCommandText, selectConnection);
OleDbDataAdapter((selectCommandText, selectConnectionString);

（2）通过设计工具创建 OleDbDataAdapter 对象。

从工具箱中的"数据"选项卡中选取 OleDbDataAdapter 并拖放到窗体中，这时会出现数据适配器配置向导。根据向导进行配置。

4）使用 Fill 方法

Fill 方法用于向 DataSet 对象填充从数据源中读取的数据。调用 Fill 方法的语法格式有多种，常见的格式如下。

OleDbDataAdapter 对象名.Fill(DataSet 对象名, "数据表名");

其中第 1 个参数是数据集对象名，表示要填充的数据集对象；第 2 个参数是一个字符串，表示在本地缓冲区中建立的临时表的名称。

例如，以下语句用 student 表数据填充数据集 mydataset1：

OleDbDataAdapter1.Fill(mydataset1, "student");

5）使用 Update 方法

Update 方法用于将数据集 DataSet 对象中的数据按 InsertCommand 属性、DeleteCommand 属性和 UpdateCommand 属性所指定的要求更新数据源，即调用 3 个属性中所定义的 SQL 语句来更新数据源。

OleDbDataAdapter 对象名.Update(DataSet 对象名, [数据表名]);

例如，以下语句创建一个 OleDbCommandBuilder 对象 mycmdbuilder，用于产生 myadp 对象

的 InsertCommand、DeleteCommand 和 UpdateCommand 属性值，然后调用 Update 方法执行这些修改命令以更新数据源：

```
OleDbCommandBuilder mycmdbuilder = new;
OleDbCommandBuilder(myadp);
myadp.Update(myds, "student");
```

4．DataView 类

DataView 类一般用于从 DataSet 类中排序、过滤、查找、编辑和导航数据。与 DataSet 一样，其内部数据使用的是 DataTable 对象。DataView 类是 DataTable 对象的一个自定义视图。同时 DataView 中的数据又独立于 DataSet 中 DataTable 包含的数据，所以可以对数据进行操作而又不会影响 DataSet 中的数据。

1）DataView 对象的属性

DataView 对象的属性见表 11-7。

表 11-7　DataView 对象的属性

DataView 对象的属性	说　明
AllowDelete	设置或获取一个值，该值指示是否允许删除
AllowEdit	获取或设置一个值，该值指示是否允许编辑
Allownew	获取或设置一个值，该值指示是否可以使用 Addnew 方法添加新行
ApplyDefaultSort	获取或设置一个值，该值指示是否使用默认排序
Count	在应用 RowFilter 和 RowStateFilter 之后，获取 DataView 中记录的数量
Item	从指定的表获取一行数据
RowFilter	获取或设置用于筛选在 DataView 中查看哪些行的表达式
RowStateFilter	获取或设置用于 DataView 中的行状态筛选器
Sort	获取或设置 DataView 的一个或多个排序列以及排序顺序
Table	获取或设置源 DataTable

2）DataView 对象的方法

DataView 对象的方法见表 11-8。

表 11-8　DataView 对象的方法

DataView 对象的方法	说　明
Addnew	将新行添加到 DataView 中
Delete	删除指定索引位置的行
Find	按指定的排序关键字值在 DataView 中查找行
FindRows	返回 DataRowView 对象的数组，这些对象的列与指定的排序关键字值匹配
ToTable	根据现有 DataView 中的行，创建并返回一个新的 DataTable

3）DataView 对象的列排序设置

DataView 取得一个表之后，利用 Sort 属性指定依据某些列（Column）排序，Sort 属性允许复合键的排序，列之间使用逗号隔开即可。

排序的方式又分为升序（Asc）和降序（Desc），在列之后接 Asc 或 Desc 关键字即可。

11.1.3 ADO.NET 对象

ADO.NET 数据提供了几个核心组件：用于连接管理数据库事务 Connection 对象，用于向数据库发送的操作命令 Command 对象，用于直接读取数据流的 DataReader 对象，用数据源填充 DataSet 数据集并更新数据的 DataAdapter 对象。

ADO.NET 首先用 Connection 对象在 Web 页面和数据库之间建立连接，然后通过 Command 向数据库提供者发出操作命令，使操作结果以流数据的形式返回连接。再通过 DataReader 快速读取流数据，保存数据到 DataSet 对象。最后再由 DataSetCommand 对象对数据进行集中访问和操作。较之于传统的 VB6.0 数据访问对象 ADO，VB.NET 可以通过新的 ADO.NET 访问离线的数据源。

1．Connection 对象及其作用

.NET 框架中共提供了两个 Connection 对象：SQLConnection 和 ADOConnection。应用 Connection 对象时，先用 Connection 对象建立连接，然后调用 Open 方法来打开连接。通常建立连接时，要提供一些信息，如数据库所在位置、数据库名称、用户账号、密码等相关信息，Connection 对象提供了一些常用属性用来进行此类设置。

（1）SQLConnection 的具体操作方法。

```
Dim myConnection as string = "server=localhost;uid=admin;pwd=123;database=northwind"
Dim myConn As OleDbConnection = New OleDbConnection(myConnection)
```

（2）ADOConnection 的具体操作方法。

```
Dim myConnection As string  =  "localhost;uid=admin;pwd=123;Intial catalog= northwind;"
Dim myConn As OleDbConnection = New OleDbConnection(myConnection)
myConn.Open()
```

2．Command 对象及其作用

当连接到数据库之后，可以使用 Command 对象对数据库进行操作，如进行数据添加、删除、修改等操作。一个命令（Command）可以用典型的 SQL 语句来表达，包括执行选择查询（Select Query）来返回记录集，执行行动查询（Action Query）来更新（增加、编辑或删除）数据库的记录，或者创建并修改数据库的表结构。当然命令（Command）也可以传递参数并返回值。Command 可以被明确的界定，或者调用数据库中的存储过程。

```
Dim ob as New OleDbCommand("SELECT * From test", objConn)
```

3．DataReader 对象

当执行返回结果集的命令时，需要一个方法从结果集中提取数据。处理结果集的方法有两个：
● 使用 DataReader 对象（数据阅读器）。
● 同时使用 DataAdapter 对象（数据适配器）和 ADO.NET DataSet。

使用 DataReader 对象可以从数据库中得到只读的、只能向前的数据流。使用 DataReader 对象还可以提高应用程序的性能，减少系统开销，因为同一时间只有一条行记录在内存中。DataReader 是专门用来读取数据的对象，这个对象除了读数据以外，不能做其他任何数据库操作。使用 Connection 和 Command 对象建立好数据库连接并执行命令后，可以用 DataReader 对象逐行从数据源中读取数据，放进缓冲区进行处理，这时只能读，不能写。

DataReader 对象和数据源的类型紧密连接：SQL Server 数据源使用 SqlDataReader 类，OLE DB 数据源使用 OleDbDataReader。

1）DataReader 对象的属性

DataReader 对象的属性见表 11-9。

表 11-9　DataReader 对象的属性

DataReader 类的属性	说　　明
FieldCount	获取当前行中的列数
IsClosed	获取一个布尔值，指出 DataReader 对象是否关闭
RecordsAffected	获取执行 SQL 语句时修改的行数

2）DataReader 对象的方法

DataReader 对象的方法见表 11-10。

表 11-10　DataReader 对象的方法

DataReader 类的方法	说　　明
Read	将 DataReader 对象前进到下一行并读取，返回布尔值指示是否有多行
Close	关闭 DataReader 对象
IsDBNull	返回布尔值，表示列是否包含 NULL 值
NextResult	将 DataReader 对象移到下一个结果集，返回布尔值指示该结果集是否有多行
GetBoolean	返回指定列的值，类型为布尔值
GetString	返回指定列的值，类型为字符串
GetByte	返回指定列的值，类型为字节
GetInt32	返回指定列的值，类型为整型值
GetDouble	返回指定列的值，类型为双精度值
GetDataTime	返回指定列的值，类型为日期时间值
GetOrdinal	返回指定列的序号或数字位置（首为 0）

3）创建 DataReader 对象

DataReader 类没有提供公有的构造函数。通常调用 Command 类的 ExecuteReader 方法，这个方法将返回一个 DataReader 对象。

例如，以下代码创建一个 myreader1 对象。

```
OleDbCommand cmd = new OleDbCommand(CommandText, ConnectionObject);
OleDbDataReader myreader1 = cmd.ExecuteReader();
```

注意，OleDbDataReader 对象不能使用 new 来创建。

4）遍历 OleDbDataReader 对象的记录

使用 While 循环来遍历记录：

```
while (myreader.Read())
{    '读取数据    }
```

5）访问字段中的值

使用以下语句获取一个 OleDbDataReader 对象：

```
OleDbDataReader myreader = mycmd.ExecuteReader();
```

（1）Item 属性。

每一个 DataReader 对象都定义了一个 Item 属性，此属性返回一个代码字段属性的对象。Item 属性是 DataReader 对象的索引。需要注意 Item 属性总是基于 0 开始编号的：

```
myreader[FieldName]
myreader[FieldIndex]
```

（2）Get 方法。

每一个 DataReader 对象都定义了一组 Get 方法，那些方法将返回适当类型的值。例如：

    myreader.GetInt32[0]   '第 1 个字段值

    myreader.GetString[1]   '第 2 个字段值

4．DataSet 对象及其作用

DataSet 数据集对象是 ADO.NET 的核心，作为离线数据库存在于内存中，并没有同数据库建立即时的连线，作为 Microsoft NET Framework 的一个创新技术，DataSet 是不依赖于数据库的独立数据集合。在 ADO.NET 中，DataSet 是专门用来处理从数据保存体（Data Store）中读出的数据。不管底层的数据库是 SQL Server 还是 ADO，DataSet 的行为都是一致的。可以使用相同的方式来操作从不同数据源取得数据。

在 DataSet 中可以包含任意数量的 DataTable（数据表），且每个 DataTable 对应一个数据库的数据表（Table）或视图（View）。一般来说，一个对应 DataTable 对象的数据表就是一堆数据行（DataRow）与列（DataColumn）的集合。DataTable 会负责维护每一笔数据行保留它的初始状态（Original State）和当前的状态（Current State），以解决多人同时修改数据时引发的冲突问题。

DataSet 是 XML 与 ADO 结合的产物，它的一个重要的特点是与数据库或 SQL 无关。它只是简单地对数据表进行操作，交换数据或是将数据绑定到用户界面上。

1）Dataset 对象的属性

Dataset 对象的属性见表 11-11。

表 11-11　Dataset 对象的属性

Dataset 对象的属性	说　明
CaseSensitive	获取或设置一个值，该值指示 DataTable 对象中字符串比较是否区分大小写
DataSetName	获取或设置当前 DataSet 的名称
DataRelation	用于表示表间可能存在的主外键关系
DataTable	作为数据表获取包含在 DataSet 中表的集合

2）Dataset 对象的方法

Dataset 对象的方法见表 11-12。

表 11-12　Dataset 对象的方法

DataSet 对象的方法	说　明
AcceptChanges	提交自加载此 DataSet 或上次调用 AcceptChanges 以来对其进行的所有更改
Clear	通过移除所有表中的所有行来清除任何数据的 DataSet
CreateDataReader	为每个 DataTable 返回带有一个结果集的 DataTableReader，顺序与 Tables 集合中表的显示顺序相同
GetChanges	获取 DataSet 的副本，该副本包含自上次加载以来或自调用 AcceptChanges 以来对该数据集进行的所有更改。
HasChanges	获取一个值，该值指示 DataSet 是否有更改，包括新增行、已删除的行或已修改的行
Merge	将指定 DataSet、DataTable 或 DataRow 对象数组合并到 DataSet 或 DataTable 中
Reset	将 DataSet 重置为其初始状态

5. DataAdapter 对象及其作用

为了实现 DataSet 的数据交互功能，.NET 提供了 DataAdapter 类。该类的对象为 DataSet 和数据源之间交互数据提供支持。DataAdapter 类代表用于填充 DataSet 以及更新数据源的一组数据库命令和一个数据库连接。DataAdapter 对象是 ADO.NET 数据提供程序的组成部分，该数据提供程序还包括连接对象、数据读取器对象和命令对象。

DataAdapter 对象可以在 DataSet 中的单个 DataTable 对象和 SQL 语句或存储过程所产生的单个结果集之间交换数据。可以使用 DataAdapter 在 DataSet 和数据源之间交换数据。

1）DataAdapter 对象的属性

SelectCommand 属性：用于从数据源中检索行的 Command 对象，执行 SELECT 语句。

InsertCommand 属性：用于将插入的行从 DataSet 写入数据源的 Command 对象，执行 INSERT 语句。

UpdateCommand 属性：用于将修改的行从 DataSet 写入数据源的 Command 对象，执行 UPDATE 语句。

DeleteCommand 属性：用于从数据源中删除行的 Command 对象，执行 DELETE 语句。

2）DataAdapter 对象的方法

DataAdapter 提供的方法，可以填充 DataSet 或将 DataSet 表中的数据更新传送到相应的数据存储区。

Fill 方法：可以使用 SqlDataAdapter 或 OleDbDataAdapter 方法，从数据源增加或刷新行，并将这些行存放到 DataSet 表中。Fill 方法调用 SelectCommand 属性所指定的 SELECT 语句。

Update 方法：此方法将 DataSet 表的数据更新传送到相应的数据源中。该方法为 DataSet 的 DataTable 中每一指定的行调用相应的 INSERT、UPDATE 或 DELETE 命令。

6. ADO.NET 数据库访问的流程步骤

使用 ADO.NET 开发数据库应用程序一般可分为以下几个步骤。

（1）建立 Connection 对象，创建基于.NET Framework 数据提供的数据库连接。

（2）使用 Command 对象以及 SQL 命令实现对数据库查询、新增、修改和删除等命令。

（3）创建 DataAdapter 对象，从数据库中取得数据。

（4）创建 DataSet 对象，将 DataAdapter 对象填充到 DataSet 对象（数据集）中，一个 DataSet 对象可以容纳多个数据集合。

（5）关闭数据库。

（6）在 DataSet 上进行所需要的操作。数据集的数据要输出到窗体中或者网页上面，需要设定数据显示控件的数据源为数据集。

由此可见，可以使用 ADO.NET 开发数据库应用程序，同时也可以应用 Visual Basic 2015 提供的数据控件进行编程。

11.1.4　ADO.NET 数据控件

在 Visual Basic 2015 中，我们可以使用 ADO.NET 对象访问数据库，还可以使用 ADO.NET 数据控件访问数据库，ADO.NET 控件包括 DataSet、BindingDataSource、BindingNavigtor、DataGridView 等，使用 ADO.NET 数据控件访问数据库的方法灵活好用，本章所有的数据库应用程序都使用该连接方法。

1. 数据绑定概述

VB.NET 大部分控件都有数据绑定功能，如 Label、TextBox、DataGridView 等控件。当控件进行数据绑定操作后，该控件即会显示所查询的数据记录。窗体控件的数据绑定一般可以分为两种方式：单一绑定和复合绑定。

1）单一绑定

将单一的数据元素绑定到控件的某个属性。例如，将 TextBox 控件的 Text 属性与 student 数据表中的姓名列进行绑定。

单一绑定是利用控件的 DataBindings 集合属性来实现的，其一般形式如下。

控件名称.DataBindings.Add("控件的属性名称", 数据源, "数据成员");

这 3 个参数构成了一个 Binding 对象。也可以先创建 Binding 对象，再使用 Add 方法将其添加到 DataBindings 集合属性中。Binding 对象的构造函数如下。

Binding("控件的属性名称", 数据源, "数据成员");

例如，以下语句建立 my 数据集的"Student.学号"列到一个控件 Text 属性的绑定。

DataSet my = new DataSet();

…

Binding mybinding = new Binding("Text", my, "Student.学号");

TextBox1.DataBindings.Add(mybinding)

这种方式是将每个文本框与一个数据成员进行绑定，不便于数据源的整体操作。

2）复合绑定

复合绑定是指一个控件和一个以上的数据元素进行绑定，通常是指将控件和数据集中的多个数据记录或多个字段值、数组中的多个数组元素进行绑定。

ComboBox、ListBox 和 CheckedListBox 等控件都支持复合数据绑定。在实现复合绑定时，关键的属性是 DataSource 和 DataMember（或 DisplayMember）等。

复合绑定的语法格式如下。

控件对象名称.DataSource = 数据源

控件对象名称.DisplayMember = 数据成员

2. BindingNavigator 控件

在大多数情况下，BindingNavigator 控件（绑定到导航工具栏）与 BindingSource 控件（绑定到数据源）成对出现，用于浏览窗体上的数据记录，并与它们交互。在这些情况下，BindingSource 属性被设置为作为数据源的关联 BindingSource 控件（或对象），其成员关系见表 11-13。

表 11-13 BindingNavigator 成员和 BindingSource 成员的对应关系

UI 控件	BindingNavigator 成员	BindingSource 成员
移到最前	MoveFirstItem	MoveFirst
前移一步	MovePreviousItem	MovePrevious
当前位置	PositionItem	Current
统计	CountItem	Count
移到下一条记录	MoveNextItem	MoveNext
移到最后	MoveLastItem	MoveLast
新添	AddNewItem	AddNew
删除	DeleteItem	RemoveCurrent

3．DataGridView 控件

DataGridView 控件用于在窗体中显示表格数据。

1）创建 DataGridView 对象

通常使用设计工具创建 DataGridView 对象，其操作步骤如下。

（1）在项目中右击，从快捷菜单中选择"添加新项"，然后选择"数据集"，默认名称为 DataSet1，然后拖动一张表到数据集，如图 11-1 所示。

图 11-1　添加数据集

（2）从工具箱中将 DataGridView 控件拖放到窗体上，此时在 DataGridView 控件右侧出现"DataGridView 任务"菜单，选择数据源如图 11-2 和图 11-3 所示。

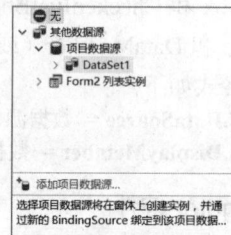

图 11-2　选择数据源　　　　　　　　图 11-3　选择 DataSet1

（3）右击 DataSet1BindingSource1，从快捷菜单中选择"属性"，并设置其 DataMember 属性为 student，DataSource 为 DataSet1。

此时创建的 DataGridView 控件 DataGridView1，如图 11-4 所示。

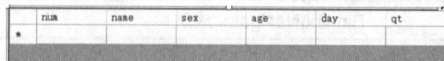

图 11-4　创建 DataGrid1View1 控件

（4）选中 DataGrid1View1 控件，右击，在弹出的快捷菜单中选择"编辑列"命令，打开 "编辑列"对话框，将每个列的 AutoSizeMode 属性设置为 AllCells，还可以改变每个列的样式等，单击"确定"按钮后返回，编辑列对话框如图 11-5 所示。

ADO.NET 控件在 Visual Studio 2015 的"工具箱"的"数据"工具组中，可以通过鼠标直接拖动到相应的窗体上，生成相应的实例。

综上所述，在访问数据库方面，VB 6.0 与 VB.NET 两者有较大的区别。在具体编程时，窗体 Form 往往都包含数据库访问控件，VB 6.0 访问的是 ADO 控件，而 VB.NET 访问的是 ADO.NET

控件。那么 ADO 和 ADO.NET 区别又有什么区别呢？

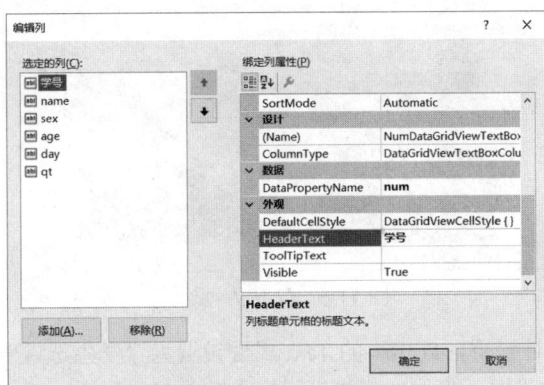

图 11-5 "编辑列"对话框

（1）较之于 ADO 的 RecordSet 类型，ADO.NET 增加了许多在传统 ADO 中找不到的新类型（如数据适配器 DataAdapter）。

（2）DataSet 是 ADO.NET 离线数据访问模型中的核心对象，能够独立于任何数据源的访问，使得数据能够在断开数据库连接的基础上调用程序集处理，然后使用关联的数据适配器将修改后的数据回传数据库。这使得 ADO.NET 在数据库处理上超越应用于客户端/服务器系统的 ADO 技术。

（3）ADO.NET 优于 ADO 的一个突出特征是它能支持 XML 数据呈现。一般从数据库中获得的数据默认被序列化为 XML，假设 XML 通过标准的 HTTP 在层之间传输，ADO.NET 就能突破防火墙的限制。

（4）两者之间最本质的区别在于 ADO.NET 能够托管代码库。

11.2 实例探析——学生选课管理系统

在实际应用中，我们有必要了解如何增加记录、删除记录、更新记录等数据库记录的操作方法。这里我们将以"学生选课管理系统"为例阐述 ADO.NET 数据库控件的数据库编程方法。

本系统是用 VB.NET 实现的学生选课管理系统，同时使用 DataSet 及可视的 DataGridView 控件和 SQL 数据库，并生成报表。系统包含有学生管理子窗体、选课查询子窗体、成绩查询子窗体。系统功能包含学生信息的添加、修改、删除、查询和打印。

11.2.1 学生选课管理系统

1. 设计主窗体

目的与要求：掌握父窗体的创建以及菜单栏、工具栏和状态栏的综合应用。

主要功能：通过菜单和工具按钮导航，可以进入相应的管理窗口，本项目以 Form1 窗体作为系统的父窗体，父窗体设计如图 11-6 所示。

1）父窗体创建

（1）创建窗体 Form1，如图 11-6 所示，从工具箱中添加 MenuStrip、ToolStrip、StatusStrip、Timer、PictureBox 等控件到 Form1 窗体中。

图 11-6　父窗体设计

（2）窗体及控件的属性设置，Form1 的 Text 属性设置为"学生选课管理系统"。

菜单栏 MenuStrip1 的设置，分别为菜单栏添加主菜单项：系统(&O)、管理(&M)、查询(&Q)、帮助(&H)。其中，"管理"菜单包含"学生管理"与"选课查询"项，"查询"菜单包含"成绩查询"项。

工具栏 ToolStrip1 的设置，分别添加 4 个 ToolStripButton 控件，Text 属性值分别设置为"学生管理""选课查询""成绩查询""退出"；TextImageRelation 和 DisplayStyle 的属性都设置为 ImageAboveText 和 ImageAndText；Image 使用准备好的图片。

（3）状态栏 StatusStrip 的设置，添加一个 ToolStripStatusLabel 控件，用于显示当前时间，Text 属性设置为空值。

（4）计时器 Timer1 的设置，Interval 属性设置为 1000μs，Enabled 设置为 True。

2）实现过程

选择"学生管理"菜单项或者单击工具按钮，将创建学生管理窗体，并显示出来，其他菜单功能与其对应的工具按钮功能一致。

事件代码如下。

```
Public Class Form1
    '显示当前时间，并设置 Timer1 的 Enabled 属性为 True
    Private Sub Timer1_Tick(ByVal sender As System.Object, ByVal e As System.EventArgs)
                    Handles Timer1.Tick
        ToolStripStatusLabel1.Text = Now.ToString()
    End Sub
    '选择"学生管理"菜单项
    Private Sub 学生管理 ToolStripMenuItem_Click(sender As Object, e As EventArgs)
                    Handles 学生管理 ToolStripMenuItem.Click
        Form2.Show()
    End Sub
    '选择"选课查询"菜单项
    Private Sub 选课查询 ToolStripMenuItem_Click(sender As Object, e As EventArgs)
                    Handles 选课查询 ToolStripMenuItem.Click
        Form3.Show()
    End Sub
    '选择"成绩查询"菜单项
    Private Sub 成绩查询 ToolStripMenuItem_Click(sender As Object, e As EventArgs)
                    Handles 成绩查询 ToolStripMenuItem.Click
        Form4.Show()
    End Sub
    '单击工具按钮：学生管理、选课查询、成绩查询、退出
```

```
Private Sub ToolStripButton1_Click(sender As Object, e As EventArgs)
                Handles ToolStripButton1.Click
    Form2.Show()
End Sub
Private Sub ToolStripButton2_Click(sender As Object, e As EventArgs)
                Handles ToolStripButton2.Click
    Form3.Show()
End Sub
Private Sub ToolStripButton3_Click(sender As Object, e As EventArgs)
                Handles ToolStripButton3.Click
    Form4.Show()
End Sub
Private Sub ToolStripButton4_Click(sender As Object, e As EventArgs)
                Handles ToolStripButton4.Click
    End
End Sub
End Class
```

2. 设计学生信息管理子窗体

1）目的与要求

掌握 VB.NET 数据库应用程序中数据集相关知识以及数据表控件的应用。

2）主要功能

通过菜单和工具按钮导航，进入管理窗体，实现添加、删除、更新及查询等操作，学生信息管理窗口设计如图 11-7 所示。

图 11-7　学生信息管理窗体

3）子窗体创建

（1）创建 Form2 窗体，如图 11-7 所示，从工具箱中添加 GroupBox、Button、TextBox、RadioButton、DateTimePicker、ComboBox、Label、DataGridView 等控件到窗口中。

（2）Form2 窗体的 FormBorderStyle 属性设置为 FixedDialog，MaximizeBox 设置为 False，其中控件的属性设置如表 11-14 所示。

表 11-14　控件的属性设置

对　象　名	属　性　名	属　性　值	说　　明
GroupBox1, 2	Text	学生基本信息，功能选项	显示静态文本信息
Button1~4	Text	增加，删除，修改，查询	用于实现功能

对 象 名	属 性 名	属 性 值	说 明
TextBox1~3	Multiline	False	输入或显示内容
RadioButton1, 2	Text	男，女	显示性别
DateTimePicker1			选择日期
ComboBox1	Text	是	选择是否为团员
	Item	是，否	
Label1~6	Text	学号，姓名，性别，年龄，入校日期，团员	显示静态文本
DataGridView1	ScrollBars	Both	显示表数据

4）实现过程

当出现学生管理窗体时，将信息显示在数据表中，可以为数据库及数据表"添加"一条学生信息记录，"删除"学生信息记录，双击数据表的学号可以把这一条记录显示在对应的控件对象中，可以进行"修改"学生信息记录。单击"查询"按钮可以打开查询子窗体，实现多表查询。

5）事件代码

（1）为 DataGridView1 添加数据源如图 11-8 和图 11-9 所示。

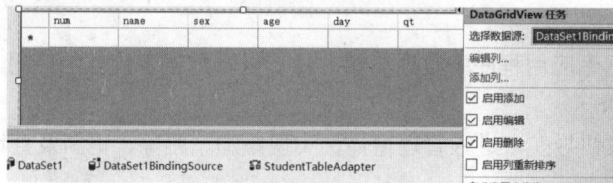

图 11-8　添加数据源

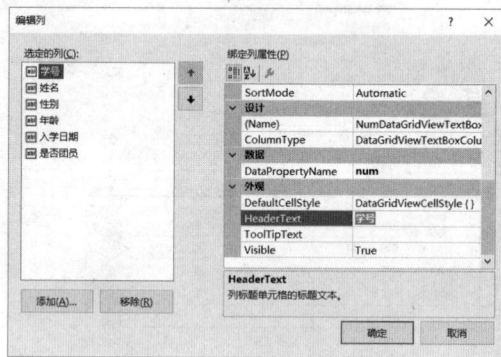

图 11-9　编辑列的显示值

（2）双击打开 studentDataSet1 数据集，为 studentTableAdapter 适配表添加方法，分别为：增加新记录方法 Insert1、删除方法 Delete1、查询方法 GetDataBy2、更新方法 Update1。右击 student 表，从快捷菜单中选择"添加"，然后选择"查询"，如图 11-10 所示。弹出查询配置向导对话框，如图 11-11 所示。

增加新记录方法 Insert1：在查询配置向导对话框中，选择 INSERT 项。增加数据记录与修改数据在实现方法上有很多相同之处，以下使用的是数据控件增加数据记录的方法，设置过程如图 11-12 至图 11-14 所示。

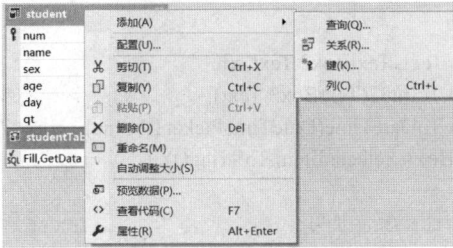

图 11-10 配置数据集

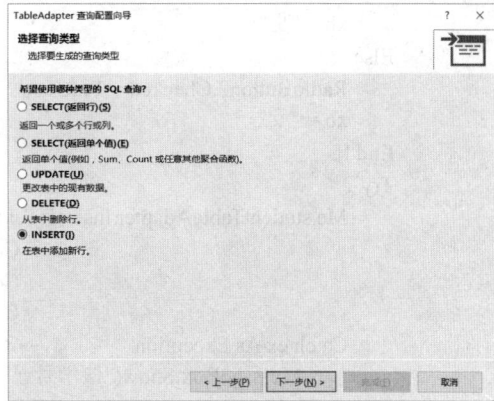

图 11-11 选择查询类型

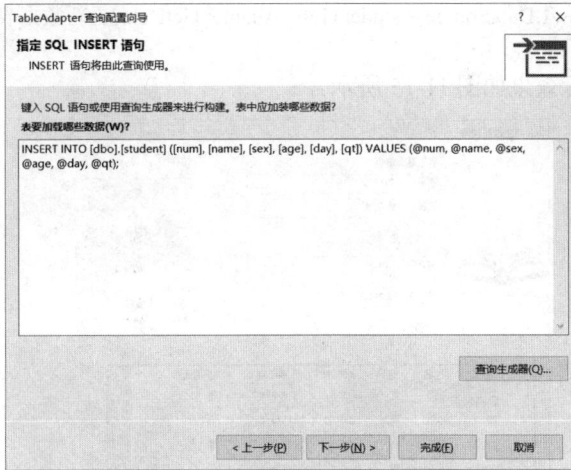

图 11-12 指定 SQL INSERT 语句

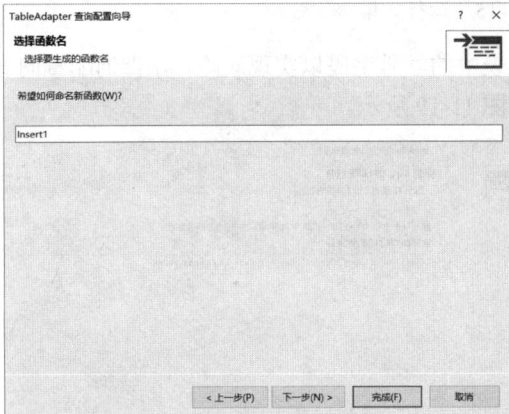

图 11-13 命名函数名

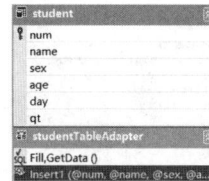

图 11-14 添加 Insert1 方法

然后为"增加"按钮添加单击事件代码，调用 Insert1 方法，代码如下。

```
Private Sub Button1_Click(ByVal sender As System.Object, ByVal e As System.EventArgs)
Handles Button1.Click
    Dim xb As String
    If RadioButton1.Checked = True Then
```

```
                xb = "男"
        Else
                RadioButton2.Checked = True
                xb = "女"
        End If
        Try
                Me.studentTableAdapter.Insert1(TextBox1.Text, TextBox2.Text, xb,
                                        Convert.ToInt32(TextBox3.Text),
                                        Convert.ToDateTime(DateTimePicker1.Value),
                                        ComboBox1.SelectedItem.ToString())
        Catch ex As Exception
                MessageBox.Show("该学号已有，不能重复添加")
        End Try
        TextBox1.ReadOnly = False
        DataGridView1.DataSource = studentTableAdapter.GetData '更新数据表的显示数据
    End Sub
```
增加一条记录的运行效果如图 11-15 所示。

图 11-15 运行效果

删除方法 Delete1：其功能是，选中数据表中的学号字段以实现删除。在查询配置向导对话框中选择 DELETE 项，设置过程如图 11-16 至图 11-19 所示。

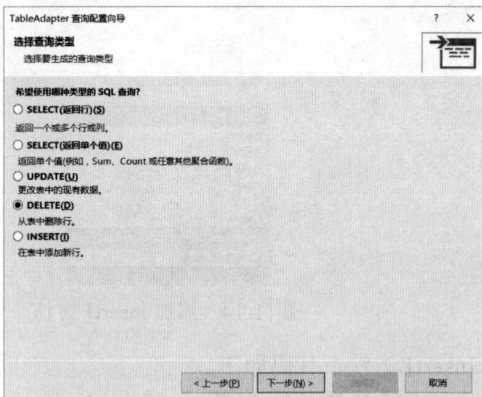

图 11-16 选择 DELETE 查询类型

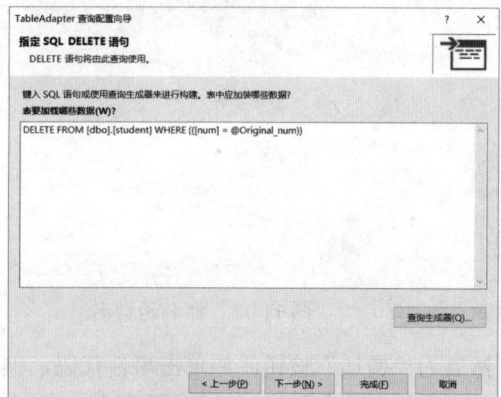

图 11-17 指定 SQL DELETE 语句

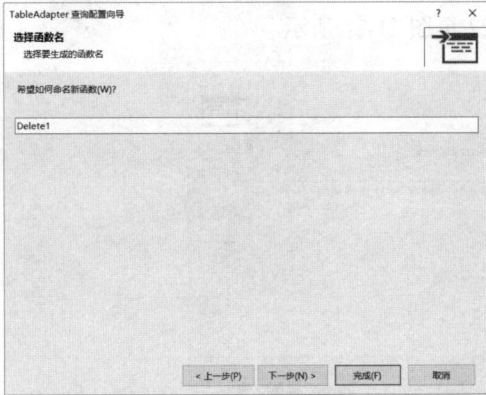

图 11-18　命名函数名

图 11-19　添加 Delete1 方法

然后为"删除"按钮添加单击事件代码，调用 Delete1 方法，代码如下。

```
Private Sub Button2_Click(ByVal sender As System.Object, ByVal e As System.EventArgs)
                              Handles Button2.Click
    Me.studentTableAdapter.Delete1(Convert.ToInt32(DataGridView1.SelectedCells(0).Value))
    DataGridView1.DataSource = studentTableAdapter.GetData
End Sub
```

查询方法 GetDataBy2：其功能是，根据学号进行查询，以便于实现修改操作。其设置过程如图 11-20 和图 11-21 所示。

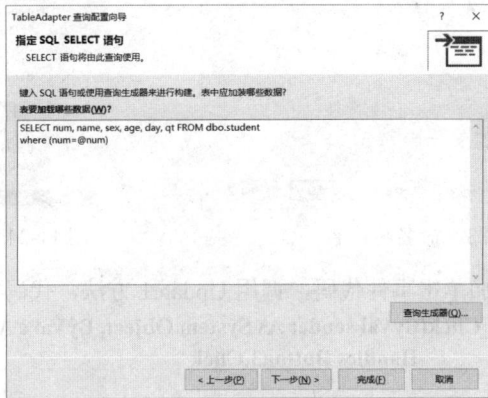

图 11-20　指定 SQL SELECT 语句

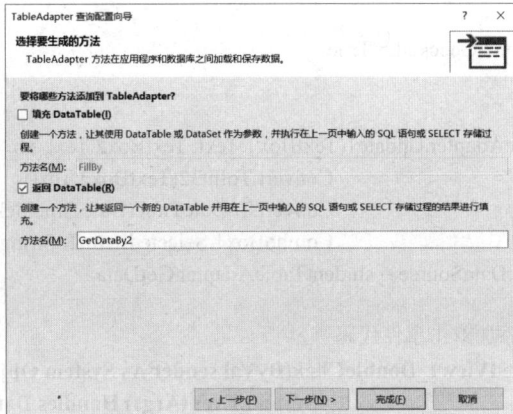

图 11-21　生成 GetDataBy2 方法

更新方法 Update1：其设置过程如图 11-22 至图 11-24 所示。

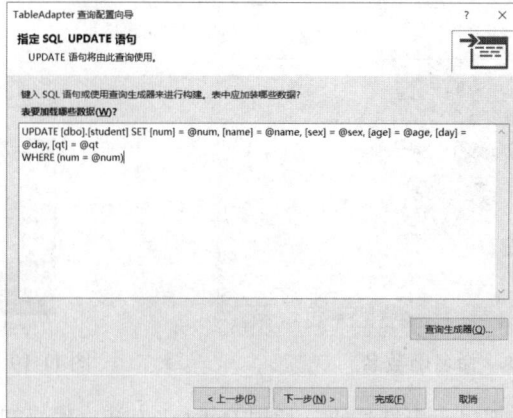

图 11-22　指定 SQL UPDATE 语句

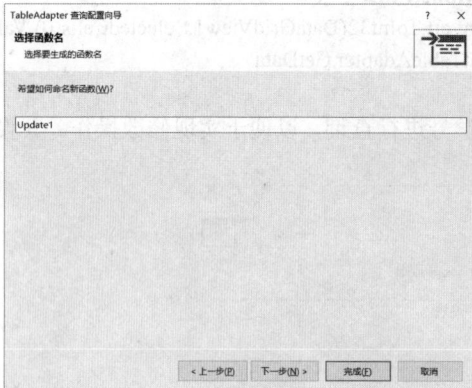

图 11-23　命名函数名

图 11-24　添加 Update1 方法

然后为"更新"按钮添加单击事件代码，调用 Update1 方法，代码如下。

```
Private Sub Button3_Click(ByVal sender As System.Object, ByVal e As System.EventArgs)
                Handles Button3.Click
    Dim xb As String
    If RadioButton1.Checked = True Then
        xb = "男"
    Else
        RadioButton2.Checked = True
        xb = "女"
    End If
    Me.studentTableAdapter.Update1(TextBox1.Text, TextBox2.Text, xb,
                Convert.ToInt32(TextBox3.Text),
                Convert.ToDateTime(DateTimePicker1.Value),
                ComboBox1.SelectedItem.ToString())
    DataGridView1.DataSource = studentTableAdapter.GetData
End Sub
'为 DataGridView1 添加双击事件代码
Private Sub DataGridView1_DoubleClick(ByVal sender As System.Object, ByVal e As
                System.EventArgs) Handles DataGridView1.DoubleClick
    TextBox1.ReadOnly = True
```

```
        Dim DT As DataSet1.studentDataTable
        DT = studentTableAdapter.GetDataBy2(Convert.ToInt32(DataGridView1.SelectedCells(0).Value))
        TextBox1.Text = DT.Rows(0)("num")
        TextBox2.Text = DT.Rows(0)("name")
        RadioButton1.Text = DT.Rows(0)("sex")
        TextBox3.Text = DT.Rows(0)("age")
        DateTimePicker1.Value = DT.Rows(0)("day")
        ComboBox1.SelectedItem = DT.Rows(0)("qt")
        RadioButton1.Text = "男"
    End Sub
    '打开查询子窗体
    Private Sub Button4_Click(ByVal sender As System.Object, ByVal e As System.EventArgs)
                            Handles Button4.Click
        Form4.Show()
    End Sub
```

3. 设计选课查询子窗体

1）目的与要求

掌握多表查询及条件查询的综合应用。

2）主要功能

通过菜单和工具按钮导航，进入选课查询子窗体，根据课程编号实现多表查询操作。选课查询子窗体设计如图 11-25 所示。

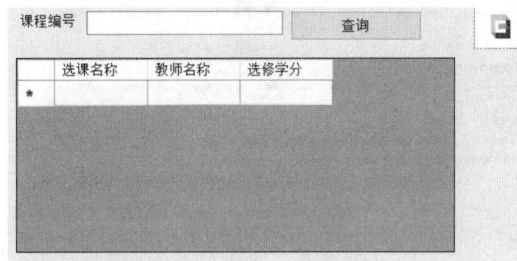

图 11-25　选课查询子窗体

3）子窗体创建

（1）创建 Form3 窗体，如图 11-25 所示，从工具箱中添加 Button、TextBox、Label、DataGridView、PictureBox 控件到窗体中。

（2）控件属性设置见表 11-15。

表 11-15　选课查询子窗体控件属性设置

对　象　名	属　性　名	属　性　值	说　　明
Button1	Text	查询	用于实现查询功能
TextBox1	Multiline	False	输入或显示内容
Label1	Text	课程编号	显示静态文本
PictureBox1	Image	添加一张图片	显示静态图片

4）实现过程

（1）当出现选课查询子窗体时，在 TextBox1 中输入课程编号，即可根据条件查询结果，并显示在数据表中。根据课程表 kc 中的编号 k_id 字段查询：表中的课程名称 km 字段与学分 xf 字段，教师表 teacher 中教师名称 sname，其设置如图 11-26 和图 11-27 所示。

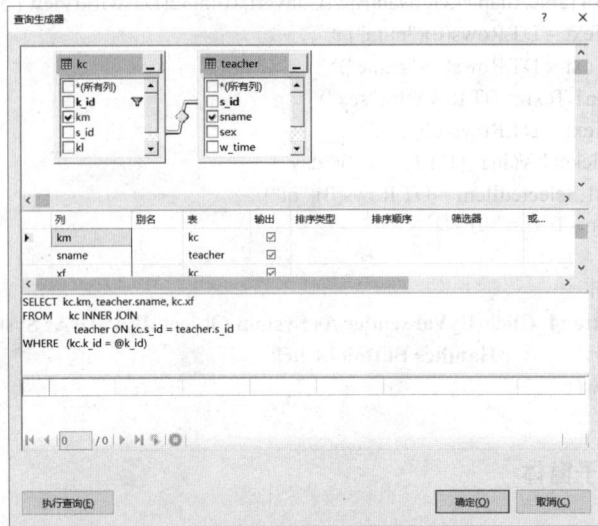

图 11-26　查询生成器

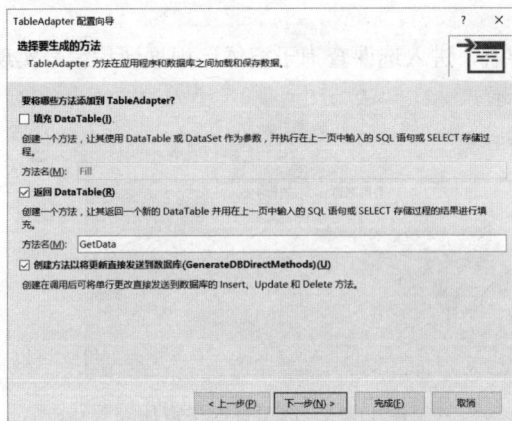

图 11-27　添加 DataTable1 适配表

（2）为选课查询子窗体添加一个 DataGridView，为 DataGridView1 添加数据源 DataSet3，选择 DataSet3BindingSource，设置其 DataMember 属性为 kc 表，并编辑列的显示值，其中表内数据显示如图 11-28 所示。

修改所有编辑列的 HeaderText 属性分别为"选课名称""教师名称""学分"。AutoSizeMode 属性为 Fill，其中编辑列如图 11-29 所示。

（3）双击打开"查询"按钮控件，添加事件代码。

```
Private Sub Button1_Click(ByVal sender As System.Object, ByVal e As System.EventArgs)
                Handles Button1.Click
    If TextBox1.Text <> "" Then
        DataGridView1.DataSource = KcTableAdapter.GetData(TextBox1.Text)
    End If
End Sub
```

图 11-28　表内数据显示

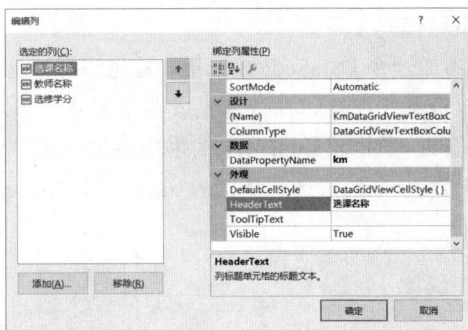

图 11-29　编辑列

4．设计成绩查询子窗体

1）目的与要求

掌握多表查询及条件查询的综合应用。

2）主要功能

通过菜单和工具按钮导航，进入成绩查询子窗体，根据学号实现多表查询操作。成绩查询子窗体设计如图 11-30 所示。

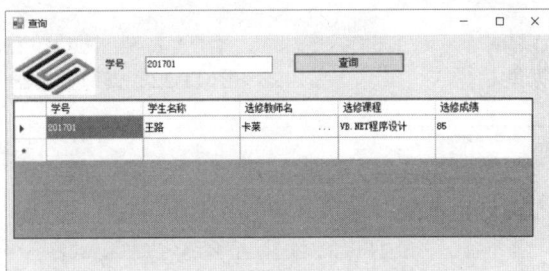

图 11-30　成绩查询子窗体

3）子窗体创建

（1）创建 Form4 窗体，按照图 11-30，从工具箱中添加 Button、TextBox、Label、DataGridView、PictureBox 控件到窗体中。

（2）控件属性设置见表 11-16。

表 11-16　成绩查询子窗体控件属性设置

对 象 名	属 性 名	属 性 值	说 明
Button1	Text	查询	用于实现查询功能
TextBox1	Multiline	False	输入或显示内容
Label1	Text	学号	显示静态文本
PictureBox1	Image	添加一张图片	显示静态图片

4）实现过程

当出现成绩查询子窗体时，在 TextBox1 中输入学号，就可以根据条件查询结果，并显示在数据表中。根据学生表（student）中的学号（num）字段，查询学生表中学生姓名（name）字段，课程表（kc）中课程名称（km），教师表（teacher）中教师名称（sname），选课成绩表（xkcj）中成绩（cj）字段。

5）事件代码

（1）添加一个 DataSet2 数据集，首先添加 student 表，在该表上右击，从快捷菜单中选择"配置"，弹出查询生成器。在查询生成器中把 4 张表添加到适配表中，根据学生表 student 中的学号 num 字段查询：学生表 student 中的学生姓名 name 字段，课程表 kc 中的课程名称 km，教师表 teacher 中的教师名称 sname，选课成绩表 xkcj 中的成绩 cj 字段，设置过程如图 11-31 至图 11-33 所示。

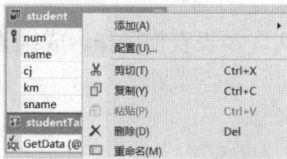

图 11-31　配置数据集

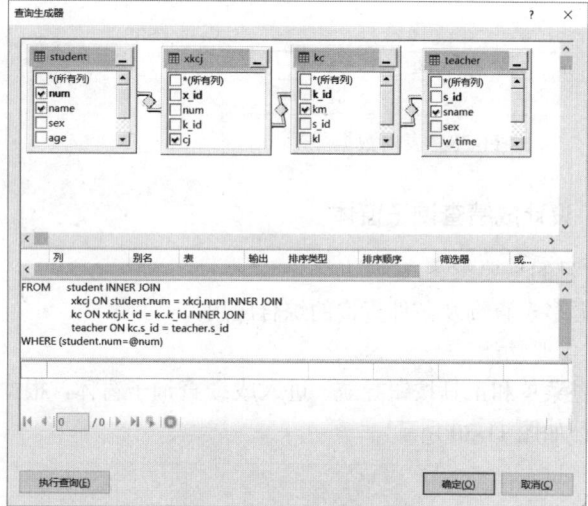

图 11-32　查询生成器

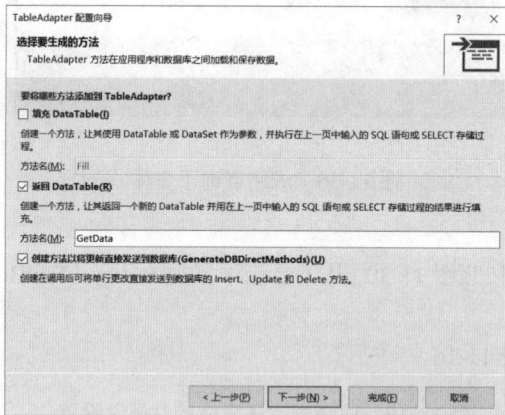

图 11-33　添加 DataTable1 适配表

（2）为成绩查询子窗体添加一个 DataGridView，为 DataGridView1 添加数据源 DataSet2，选择 DataSet2BindingSource，设置其 DataMember 属性为 student 表，并编辑列的显示值，其表内数据如图 11-34 所示。

	num	name	cj	km	sname
*					

图 11-34　表内数据

并修改所有编辑列的 HeaderText 属性分别为"学号""学生名称""选修教师名""选修课程""选修成绩"。AutoSizeMode 属性为 Fill，编辑列如图 11-35 所示。

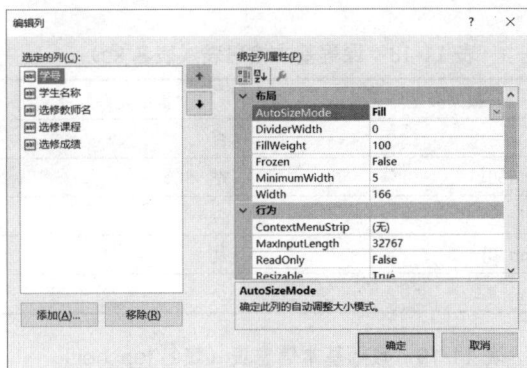

图 11-35　编辑列

（3）双击打开"查询"按钮控件，添加事件代码。

Private Sub Button1_Click(ByVal sender As System.Object, ByVal e As System.EventArgs)
Handles Button1.Click
　　If TextBox1.Text <> "" Then
　　　　DataGridView1.DataSource = studentTableAdapter1.GetData(TextBox1.Text)
　　End If
End Sub

11.2.2　学生管理数据库

首先使用 SQL 创建数据库名为 student，并创建 4 张表，表名分别为 kc、student、teacher、xkcj，如图 11-36 所示。

（1）表内关系结构如图 11-37 所示。

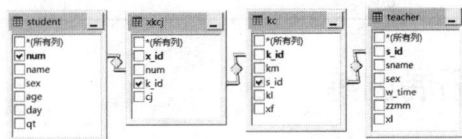

图 11-36　表名　　　　　　　　　　图 11-37　表内关系结构

（2）表内各字段命名与数据类型的设置见表 11-17、表 11-18、表 11-19 和表 11-20。

表 11-17　学生基本信息表（表名 student）

列　　名	数据类型与长度	是否允许为空	说　明
num	varChar(10)	否	学号，主键
name	varChar(10)	是	姓名
sex	varChar(2)	是	性别
age	Int	是	年龄
day	Datetime	是	入学日期
qt	varChar(2)	是	团员

表 11-18　课程基本信息表（表名 kc）

列　　名	数据类型与长度	是否允许为空	说　　明
k_id	Int	否	课程号，主键
km	varChar(30)	是	课程名
s_id	Int	否	任课教师编号
kl	varChar(30)	是	课程类别
xf	Int	是	学分

表 11-19　教师基本信息表（表名 teacher）

列　　名	数据类型与长度	是否允许为空	说　　明
s_id	Int	否	主键
sname	varChar(30)	是	姓名
sex	varChar(2)	是	性别
w_time	Datetime	是	工作时间
zzmm	varChar(50)	是	政治面貌
xl	varChar(50)	是	学历

表 11-20　选课成绩基本信息表（表名 xkcj）

列　　名	数据类型与长度	是否允许为空	说　　明
x_id	Int	否	主键，选课 ID
num	varChar(30)	是	学号
k_id	Int	否	课程编号
cj	Int	是	成绩

11.3　拓展训练

11.3.1　【任务 1】超市管理系统

本系统是用 VB.NET 实现的超市管理系统，同时使用 DataSet 及可视的 DataGridView 控件和 SQL 数据库，并生成报表。系统包含货物管理子窗体、货物销售子窗体、多表查询子窗体及货物报表窗体。系统功能包含货物信息的添加、修改、删除、查询和打印。

1．设计登录窗体

1）目的与要求

掌握窗体的事件的调用，GUI+的使用。

2）主要功能

通过菜单和工具按钮导航，可以进入相应管理窗体，本项目以 Login 窗体作为系统的父窗体。登录窗体设计如图 11-38 所示。

图 11-38　登录窗体设计

3）登录窗体创建

（1）更改窗体的 Name 属性为 Login，Text 属性设置为"系统登录"，FormBorderStyle 属性设置为 None。

（2）添加控件，从工具箱中添加 Label、Button、TextBox 控件到 Form1 窗体中。

（3）实现过程。

填入用户名和密码，然后单击"登录"按钮，进入系统。

（4）窗体代码如下。

```
Public Class Login
    Public Shared fr_login As Login
    Dim sp As New Point
    Public Shared img As Image = Image.FromFile(Application.StartupPath & "\res\bg.jpg")
    Dim br As New SolidBrush(Color.FromArgb(167, 217, 247))
    Public Shared userid As String
    Private Sub Form1_Load(ByVal sender As System.Object, ByVal e As System.EventArgs)
                Handles MyBase.Load
    'TODO:这行代码将数据加载到表 hongluoboDataSet.employee 中。您可以根据需要移动或移除它
        Me.EmployeeTableAdapter.Fill(Me.hongluoboDataSet.employee)
        fr_login = Me
        Label1.Text = "用户名："
        Label2.Text = "密码："
        Button1.Text = "登录"
        Button2.Text = "退出"
        Label1.BackColor = Color.Transparent
        Label2.BackColor = Color.Transparent
        Button1.BackColor = Color.White
        Button2.BackColor = Color.White
        TextBox2.PasswordChar = "*"
    End Sub
    Private Sub Button1_Click(ByVal sender As System.Object, ByVal e As System.EventArgs)
                Handles Button1.Click
        Try
            Dim dt As hongluoboDataSet.employeeDataTable
            dt = EmployeeTableAdapter.GetDataBy2(TextBox1.Text, TextBox2.Text)
            userid = dt.Rows(0)(0)
            Dim fr_main As Main = New Main
            If 1 = dt.Rows(0)(3) Then
                fr_main.用户管理 ToolStripMenuItem.Visible = True
            End If
            Me.Hide()
```

```
                fr_main.Show()
        Catch ex As Exception
                MessageBox.Show("登录失败")
        End Try
    End Sub
    Private Sub TextBox1_KeyDown(ByVal sender As Object, ByVal e As
                System.Windows.Forms.KeyEventArgs) Handles TextBox1.KeyDown
        If e.KeyValue = 13 Then
                TextBox2.Focus()
        End If
    End Sub
    Private Sub TextBox2_KeyDown(ByVal sender As Object, ByVal e As
                System.Windows.Forms.KeyEventArgs) Handles TextBox2.KeyDown
        If e.KeyValue = 13 Then
                Button1_Click(sender, e)
        End If
    End Sub
    Private Sub Login_MouseDown(ByVal sender As Object, ByVal e As
                System.Windows.Forms.MouseEventArgs) Handles Me.MouseDown
        sp.X = e.X
        sp.Y = e.Y
    End Sub
    Private Sub Login_MouseMove(ByVal sender As Object, ByVal e As
                System.Windows.Forms.MouseEventArgs) Handles Me.MouseMove
        If e.Button = Windows.Forms.MouseButtons.Left Then
            Me.Location = New Point(Me.Location.X + e.X - sp.X, Me.Location.Y + e.Y - sp.Y)
        End If
    End Sub
    Private Sub Login_Paint(ByVal sender As Object, ByVal e As
                System.Windows.Forms.PaintEventArgs) Handles Me.Paint
        e.Graphics.FillRectangle(br, 0, 0, Me.Width, Me.Height)
        e.Graphics.DrawImage(img, 3, 3, Me.Width - 6, Me.Height - 6)
        e.Graphics.DrawString("超市管理系统", New Font("宋体", 20, FontStyle.Bold),
                Brushes.Black, 50, 50)
    End Sub
    Private Sub Button2_Click(ByVal sender As System.Object, ByVal e As System.EventArgs)
                Handles Button2.Click
        End
    End Sub
End Class
```

2. 设计超市管理主窗体

1）目的与要求

掌握 VB.NET 数据库应用程序中数据集相关知识及数据表控件的应用。

2）主要功能

掌握窗体的添加及菜单栏、工具栏和状态栏的综合应用。

主窗体设计如图 11-39 所示。

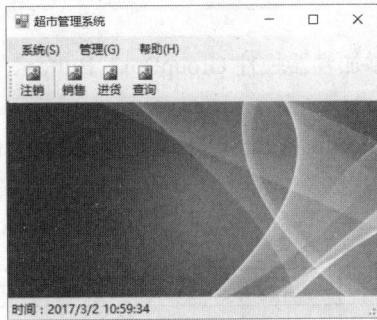

图 11-39　超市管理系统主窗体

3）主窗体创建

（1）添加控件，从工具箱中添加 MenuStrip、ToolStrip、StatusStrip、Timer 控件到 Main 窗体中。

（2）窗体及控件的属性设置，Main 的 Text 属性设置为"超市管理系统"。

菜单栏 MenuStrip1 的设置，分别为菜单栏添加菜单（系统—管理—帮助）。

工具栏 ToolStrip1 的设置，分别添加 4 个 ToolStripButton 控件，Text 属性值分别设置为"注销""销售""进货""查询"；4 个 ToolStripButton 的 TextImageRelation 和 DisplayStyle 的属性都设置为 ImageAboveText 和 ImageAndText；Image 分别添加已准备的图片。

（3）状态栏 StatusStrip1 的设置，添加一个 ToolStripStatusLabel 控件，用于显示当前时间，Text 属性设置为空值。

（4）计时器 Timer1 的设置，Interval 属性设置为 1000μs，Enabled 设置为 True。

4）实现过程

若选择"学生管理"菜单项或工具按钮，则创建学生管理窗体，并显示出来，其他菜单功能与其对应的工具按钮功能一一对应。

3. 设计销售子窗体

1）目的与要求

掌握 VB.NET 数据库应用程序中数据集相关知识以及数据表控件的应用。

2）主要功能

通过菜单和工具按钮导航，进入管理窗体，实现添加、重置等操作。

子窗体设计如图 11-40 所示。

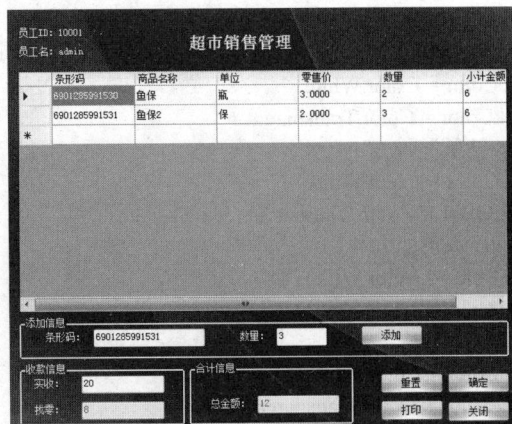

图 11-40　销售窗体

3）子窗体创建

（1）添加控件，从工具箱中添加容器控件 GroupBox、Button、TextBox、Label、DataGridView 控件到 Sell 窗体中。

（2）设置窗体和控件属性，FormBorderStyle 属性设置为 None，窗体中控件的属性设置见表 11-21。

表 11-21　子窗体布局

对 象 名	属 性 名	属 性 值	说 明
GroupBox1~3			显示静态文本信息
Button1~5	Text	添加、确定、打印、关闭、重置	用于实现功能
TextBox1~5			输入或显示内容
DataGridView			显示
Label1~8			显示静态文本

（3）窗体代码如下。

```
Imports supermarket.Login
Public Class Sell
    Public Shared img As Image = Image.FromFile(Application.StartupPath & "\res\bg1.jpg")
    Dim sp As New Point
    Public Shared dt As New DataTable
    Public Shared allprice As Double = 0
    Private Sub Sell_Load(ByVal sender As System.Object, ByVal e As System.EventArgs)
            Handles MyBase.Load
        'TODO:这行代码将数据加载到表 hongluoboDataSet.goods 中。您可以根据需要
        '移动或移除它
        Me.GoodsTableAdapter.Fill(Me.hongluoboDataSet.goods)
        'TODO:这行代码将数据加载到表 hongluoboDataSet.out_log 中。您可以根据需要
        '移动或移除它
        Me.Out_logTableAdapter.Fill(Me.hongluoboDataSet.out_log)
        Label1.Text = "员工 ID：" + userid
        Label1.ForeColor = Color.White
        Label1.BackColor = Color.Transparent
        Label2.Text = "员工名：" + username
        Label2.ForeColor = Color.White
        Label2.BackColor = Color.Transparent
        Label3.Text = "超市销售管理"
        Label3.Font = New Font("宋体", 20, FontStyle.Bold, GraphicsUnit.Pixel)
        Label3.ForeColor = Color.White
        Label3.BackColor = Color.Transparent
        Label4.Text = "条形码："
        Label4.ForeColor = Color.White
        Label4.BackColor = Color.Transparent
        Label5.Text = "数量："
        Label5.ForeColor = Color.White
        Label5.BackColor = Color.Transparent
        Label6.Text = "实收："
        Label6.ForeColor = Color.White
        Label6.BackColor = Color.Transparent
        Label7.Text = "找零："
        Label7.ForeColor = Color.White
```

```vb
        Label7.BackColor = Color.Transparent
        Label8.Text = "总金额："
        Label8.ForeColor = Color.White
        Label8.BackColor = Color.Transparent
        GroupBox1.Text = "添加信息"
        GroupBox1.ForeColor = Color.White
        GroupBox1.BackColor = Color.Transparent
        GroupBox2.Text = "收款信息"
        GroupBox2.ForeColor = Color.White
        GroupBox2.BackColor = Color.Transparent
        GroupBox3.Text = "合计信息"
        GroupBox3.ForeColor = Color.White
        GroupBox3.BackColor = Color.Transparent
        Button1.ForeColor = Color.Black
        Button2.ForeColor = Color.Black
        Button3.ForeColor = Color.Black
        Button4.ForeColor = Color.Black
        Button5.ForeColor = Color.Black
        dt.Columns.Add("条形码")
        dt.Columns.Add("商品名称")
        dt.Columns.Add("单位")
        dt.Columns.Add("零售价")
        dt.Columns.Add("数量")
        dt.Columns.Add("小计金额")
        DataGridView1.DataSource = dt.DefaultView
End Sub
Private Sub Sell_MouseDown(ByVal sender As Object, ByVal e As
                System.Windows.Forms.MouseEventArgs) Handles Me.MouseDown
        sp.X = e.X
        sp.Y = e.Y
End Sub
Private Sub Sell_MouseMove(ByVal sender As Object, ByVal e As
                System.Windows.Forms.MouseEventArgs) Handles Me.MouseMove
        If e.Button = Windows.Forms.MouseButtons.Left Then
                Me.Location = New Point(Me.Location.X + e.X - sp.X, Me.Location.Y + e.Y - sp.Y)
        End If
End Sub
Private Sub Sell_Paint(ByVal sender As Object, ByVal e As
                System.Windows.Forms.PaintEventArgs) Handles Me.Paint
        e.Graphics.DrawImage(img, 0, 0, Me.Width, Me.Height)
End Sub
Private Sub Button4_Click(ByVal sender As System.Object, ByVal e As System.EventArgs)
                Handles Button4.Click
        Me.Dispose()
End Sub
Private Sub Button1_Click(ByVal sender As System.Object, ByVal e As System.EventArgs)
                Handles Button1.Click
        Try
                Dim dt1 As hongluoboDataSet.goodsDataTable
                dt1 = GoodsTableAdapter.GetDataBy1(TextBox1.Text)
                Dim dr1 As DataRow = dt.NewRow
```

```vb
                dr1.Item(0) = dt1.Rows(0)(0)
                dr1.Item(1) = dt1.Rows(0)(1)
                dr1.Item(2) = dt1.Rows(0)(2)
                dr1.Item(3) = dt1.Rows(0)(3)
                dr1.Item(4) = TextBox2.Text
                dr1.Item(5) = Val(dr1.Item(3) * Val(dr1.Item(4))) * 1.0
                dt.Rows.Add(dr1)
                allprice = allprice + dr1.Item(5)
                TextBox5.Text = allprice
            Catch ex As Exception
                MessageBox.Show("添加失败")
            End Try
    End Sub
    Private Sub Button5_Click(ByVal sender As System.Object, ByVal e As System.EventArgs)
                        Handles Button5.Click
            dt.Clear()
            TextBox1.Text = ""
            TextBox2.Text = ""
            TextBox3.Text = ""
            TextBox4.Text = ""
            TextBox5.Text = ""
    End Sub
    Private Sub TextBox3_TextChanged(ByVal sender As System.Object, ByVal e As
                        System.EventArgs) Handles TextBox3.TextChanged
            TextBox4.Text = Val(TextBox3.Text) - allprice
    End Sub
    Private Sub Button2_Click(ByVal sender As System.Object, ByVal e As System.EventArgs)
                        Handles Button2.Click
        Try
            Dim i As Integer = 0
            For i = 0 To dt.Rows.Count - 1
                Me.Out_logTableAdapter.InsertQuery1(Now.ToString, dt.Rows(i)(0), userid,
                            dt.Rows(i)(1), dt.Rows(i)(4), dt.Rows(i)(3))
            Next i
            MessageBox.Show("数据库写入成功")
        Catch ex As Exception
            MessageBox.Show("数据库写入失败")
        End Try
    End Sub
    Private Sub Button3_Click(ByVal sender As System.Object, ByVal e As System.EventArgs)
                        Handles Button3.Click
        Dim fr_print As New Print
        fr_print.Show()
    End Sub
End Class
```

4. 设计进货子窗体

1）目的与要求

掌握 VB.NET 数据库应用程序中数据集相关知识以及数据表控件的应用。

2）主要功能

通过菜单和工具按钮导航，进入管理窗体，实现添加、重置等操作。

子窗体设计如图 11-41 所示。

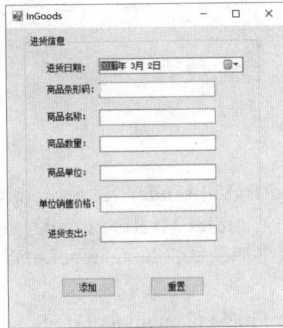

图 11-41　进货管理窗体

3）子窗体创建

（1）添加控件，从工具箱中添加 1 个容器控件 GroupBox，2 个 Button，6 个 TextBox，7 个 Label，1 个 DateTimePicker 控件到 InGoods 窗体中。

（2）设置窗体和控件属性，"FormBorderStyle" 属性设置为 "FixedDialog"，"MaximizeBox" 设置为 "False"，窗体中控件的属性设置见表 11-22。

表 11-22　子窗体布局

对　象　名	属　性　名	属　性　值	说　　明
GroupBox1	Text	进货	显示静态文本信息
Button1~2	Text	添加、重置	用于实现功能
TextBox1~6			输入或显示内容
DateTimePicker1			选择日期
Label1~7	Text	进货日期、商品条形码、商品名称、商品数量、商品单位、单位销售价格、进货支出	显示静态文本

（3）事件代码如下。

```
Imports supermarket.Login
Public Class InGoods
    Private Sub Button1_Click(ByVal sender As System.Object, ByVal e As System.EventArgs)
Handles Button1.Click
'(@date, @goods_ID, @employee, @goods_name, @goods_num, @cost, @goods_unit, @price);
        Try
            If 1 = In_logTableAdapter.InsertQuery1(DateTimePicker1.Value, TextBox1.Text, userid,
                TextBox2.Text, TextBox3.Text, TextBox4.Text,
                TextBox5.Text, TextBox6.Text) Then
                MessageBox.Show("添加成功")
            Else
                MessageBox.Show("添加失败")
            End If
        Catch ex As Exception
            MessageBox.Show("添加失败")
        End Try
    End Sub
    Private Sub Button2_Click(ByVal sender As System.Object, ByVal e As System.EventArgs)
Handles Button2.Click
```

```
                TextBox1.Text = ""
                TextBox2.Text = ""
                TextBox3.Text = ""
                TextBox4.Text = ""
                TextBox5.Text = ""
                TextBox6.Text = ""
        End Sub
        Private Sub InGoods_Load(ByVal sender As System.Object, ByVal e As System.EventArgs)
                      Handles MyBase.Load
            'TODO: 这行代码将数据加载到表 hongluoboDataSet.in_log 中。您可以根据需要
            '移动或移除它
            Me.In_logTableAdapter.Fill(Me.hongluoboDataSet.in_log)
        End Sub
    End Class
```

5．设计查询子窗体

1）目的与要求
掌握多表查询及条件查询的综合应用。

2）主要功能
通过菜单和工具按钮导航，进入查询子窗体，根据商品条形码实现多表查询操作。
查询子窗体设计如图 11-42 所示。

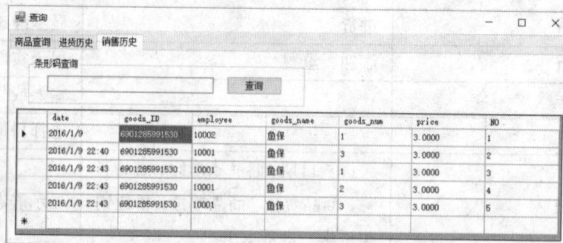

图 11-42　查询子窗体设计

3）实现过程
当出现进货窗体时，输入进货信息，单击"添加"按钮添加数据，单击"重置"按钮重置输入。

4）子窗体创建
（1）按照查询子窗体设计图，从工具箱中添加 TabControl、TextBox、GroupBox、DataGridView、
Button 等控件到 Find 窗体中。
（2）设置窗体和控件属性见表 11-23。

表 11-23　查询子窗体属性设置

对 象 名	属 性 名	属 性 值	说 明
Button1	Text	查询	用于实现查询功能
Button2	Text	查询	用于实现查询功能
Button3	Text	查询	用于实现查询功能
TabControl1	TabPage1.Text	商品查询	
	TabPage2.Text	进货历史	
	TabPage3.Text	销售历史	
TextBox1			输入或显示内容

对 象 名	属 性 名	属 性 值	说 明
TextBox2			输入或显示内容
TextBox3			输入或显示内容
GroupBox1	Text	条形码查询	显示静态文本
GroupBox2	Text	条形码查询	显示静态文本
GroupBox3	Text	条形码查询	显示静态文本
DataGridView1			显示数据
DataGridView2			显示数据
DataGridView3			显示数据

5）实现过程

当出现查询子窗体时，在 TextBox1 中输入条形码，就可以根据条件查询结果，并显示在数据表中。根据货物表（goods）中的学号（id）字段，查询学生表中商品名（name）字段、商品数量（num）、商品单位（unit）和单位价格（price）字段。

6）事件代码

（1）双击打开 hongluoboDataSet 数据集，添加 1 个 DataTable1 适配表，并把 goods 表添加到适配表中。

（2）为 DataGridView1 添加数据源，DataTable1，并编辑列的显示值，分别为：条形码、名字、数量、单位、单位价格。

（3）窗体代码如下。

```
Public Class Find
    Private Sub Find_Resize(ByVal sender As Object, ByVal e As System.EventArgs)
                    Handles Me.Resize
        TabControl1.Width = Me.Width - 19
        TabControl1.Height = Me.Height - 40
        DataGridView1.Width = Me.Width - 41
        DataGridView1.Height = Me.Height - 157
        DataGridView2.Width = Me.Width - 45
        DataGridView2.Height = Me.Height - 157
        DataGridView3.Width = Me.Width - 40
        DataGridView3.Height = Me.Height - 155
    End Sub
    Private Sub Button3_Click(ByVal sender As System.Object, ByVal e As System.EventArgs)
                    Handles Button3.Click
        Dim ds1 As hongluoboDataSet.in_logDataTable
        ds1 = In_logTableAdapter.GetDataBy1(TextBox2.Text)
        DataGridView2.DataSource = ds1
    End Sub
    Private Sub Button2_Click(ByVal sender As System.Object, ByVal e As System.EventArgs)
                    Handles Button2.Click
        Dim ds1 As hongluoboDataSet.out_logDataTable
        ds1 = Out_logTableAdapter.GetDataBy1(TextBox3.Text)
        DataGridView3.DataSource = ds1
    End Sub
End Class
```

6. 设计成绩查询子窗体

1）目的与要求

掌握 VB.NET 数据库应用程序中数据集相关知识及数据表控件的应用。

2）主要功能

通过菜单和工具按钮导航，进入管理窗体，实现添加、删除、更新及查询等操作。

用户管理窗体设计如图 11-43 所示。

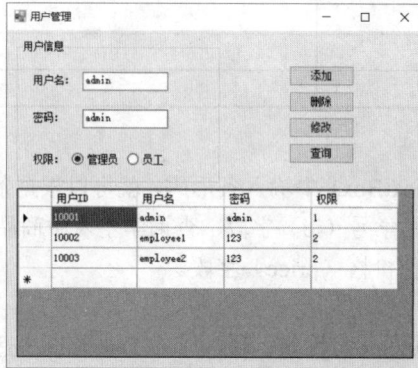

图 11-43　用户管理窗体设计

3）子窗体创建

（1）按照用户管理窗体设计图，从工具箱中添加 GroupBox、Button、TextBox、RadioButton、Label、DataGridView 等控件到 User 窗体中。

（2）窗体 FormBorderStyle 属性设置为 FixedDialog，TextBox1 和 TextBox2 分别用于输入并显示学生的用户名、密码，其他控件的属性设置如表 11-24 所示。

表 11-24　子窗体布局

对 象 名	属 性 名	属 性 值	说 明
GroupBox1	Text	用户信息	显示静态文本信息
Button1~4	Text	添加、删除、修改、查询	用于实现功能
TextBox1, 2	Text	""	输入或显示内容
RadioButton1, 2	Text	管理员、员工	显示权限
Label1~3	Text	用户名、密码、权限	显示静态文本
DataGridView1	ScrollBars	Both	显示表数据

4）实现过程

当出现用户管理窗体时，将信息显示在数据表中，可以为数据库及数据表"添加"一条用户信息记录，"删除"用户信息记录，双击数据表的学号可以把这一条记录显示在对应的控件对象中，可以进行"修改"用户信息记录。单击"查询"按钮可以打开查询子窗体，实现多表查询。

窗体代码如下。

```
Public Class User
    Dim power As Integer
    Private Sub User_Load(ByVal sender As System.Object, ByVal e As System.EventArgs)
        Handles MyBase.Load
        'TODO: 这行代码将数据加载到表 hongluoboDataSet.employee 中。您可以根据需要
        '移动或移除它
        Me.EmployeeTableAdapter.Fill(Me.hongluoboDataSet.employee)
```

```
        RadioButton2.Checked = True
        power = 2
End Sub
Private Sub Button1_Click(ByVal sender As System.Object, ByVal e As System.EventArgs)
                    Handles Button1.Click
    Try
        EmployeeTableAdapter.addUser(TextBox1.Text, TextBox2.Text, power)
        MessageBox.Show("添加成功")
    Catch ex As Exception
        MessageBox.Show("添加失败")
    End Try
End Sub
Private Sub RadioButton1_CheckedChanged(ByVal sender As System.Object, ByVal e As
                    System.EventArgs) Handles RadioButton1.CheckedChanged
    power = 1
End Sub
Private Sub RadioButton2_CheckedChanged(ByVal sender As System.Object, ByVal e As
                    System.EventArgs) Handles RadioButton2.CheckedChanged
    power = 2
End Sub
Private Sub Button2_Click(ByVal sender As System.Object, ByVal e As System.EventArgs)
                    Handles Button2.Click
    Try
        EmployeeTableAdapter.delUser(TextBox1.Text)
        MessageBox.Show("删除成功")
    Catch ex As Exception
        MessageBox.Show("删除失败")
    End Try
End Sub
Private Sub Button3_Click(ByVal sender As System.Object, ByVal e As System.EventArgs)
                    Handles Button3.Click
    Try
        EmployeeTableAdapter.updUser(TextBox1.Text, TextBox2.Text, power)
        MessageBox.Show("修改成功")
    Catch ex As Exception
        MessageBox.Show("修改失败")
    End Try
End Sub
Private Sub Button4_Click(ByVal sender As System.Object, ByVal e As System.EventArgs)
                    Handles Button4.Click
    Try
        EmployeeTableAdapter.GetData()
    Catch ex As Exception
    End Try
End Sub
Private Sub DataGridView1_DoubleClick(ByVal sender As Object, ByVal e As
                    System.EventArgs) Handles DataGridView1.DoubleClick
    Dim dt1 As hongluoboDataSet.employeeDataTable dt1 =
                    Me.EmployeeTableAdapter.GetDataBy5(Me.DataGridView1.
                    SelectedCells(0).Value.ToString)
    TextBox1.Text = dt1.Rows(0)(1)
```

```
            TextBox2.Text = dt1.Rows(0)(2)
            If dt1.Rows(0)(3) = 1 Then
                    RadioButton1.Checked = True
            Else
                    RadioButton2.Checked = True
            End If
        End Sub
    End Class
```

11.3.2　超市管理数据库

（1）首先通过 SQL 创建数据库名为 hongluobo，并创建 4 张表，表名分别为 goods、employee、in_log、out_log、works_log，如图 11-44 所示。

（2）表内关系结构如图 11-45 所示。

图 11-44　各表名

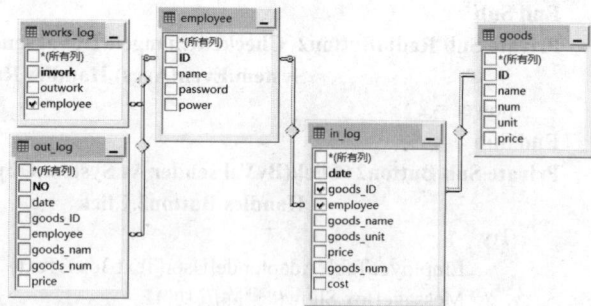

图 11-45　表内关系结构

（3）表内各字段命名与数据类型的设置见表 11-25 至表 11-32。

表 11-25　商品基本信息表（表名 goods）

列　　名	数据类型与长度	是否允许为空	说　　明
ID	nChar(13)	否	条形码
name	varChar(100)	否	商品名
num	Int	否	数量
unit	varChar(10)	否	单位
price	smallMoney	否	零售价

表 11-26　商品基本信息表记录

条　形　码	商　品　名	数　　量	单　　位	零　售　价
6901285991530	鱼保	40	瓶	3.0000
6901285991531	鱼保 2	11	瓶	2.0000

表 11-27　进货信息表（表名 in_log）

列　　名	数据类型与长度	是否允许为空	说　　明
date	smallDatetime	否	日期
goods_ID	nChar(13)	否	商品条形码
employee	Int	否	接单员工号
goods_name	varChar(100)	否	商品名称
goods_unit	varChar(10)	否	商品单位

列　名	数据类型与长度	是否允许为空	说　明
price	smallMoney	否	商品价格
goods_num	Int	否	商品数量
cost	smallMoney	否	进货支出

表 11-28　进货信息表记录

日　期	商品条形码	接单员工号	商品名称	商品单位	商品价格	商品数量	进货支出
2016/1/9 0:00:00	6901285991530	10002	鱼保	瓶	3.0000	50	100.0000
2016/1/9 14:20:00	6901285991531	10002	鱼保 2	瓶	2.0000	20	50.0000

表 11-29　销售信息表（表名 out_log）

列　名	数据类型与长度	是否允许为空	说　明
NO	Int	否	编号，主键
date	smallDatetime	否	时间
goods_ID	nChar(13)	否	条形码
employee	Int	否	员工号
goods_name	varChar(100)	否	商品名称
goods_num	Int	否	商品数量
price	smallMoney	否	商品价格

表 11-30　销售信息表记录

编　号	时　间	条形码	员工号	商品数量	商品数量	商品价格
1	2016/1/9 0:00:00	6901285991530	10002	瓶	1	3.0000
2	2016/1/9 22:40:00	6901285991530	10001	瓶	3	3.0000

表 11-31　员工表名（employee）

列　名	数据类型与长度	是否允许为空	说　明
ID	Int	否	员工号，主键
name	varChar(20)	否	用户名
password	varChar(20)	否	密码
power	tinyInt	是	权限

表 11-32　员工表记录

员工号	用户名	密码	权限
10001	admin	admin	1
10002	employee1	123	2
10003	employee2	123	2

参 考 文 献

[1]童爱红. VB.NET 应用教程（第 2 版）. 北京：清华大学出版社，2014.

[2]李鑫. Visual Basic.net 课程设计案例精编. 北京：中国水利水电出版社，2006.

[3]刘瑞新. Visual Basic 程序设计教程（第 4 版）. 北京：电子工业出版社，2013.

[4]罗斌. Visual Basic 2005 管理系统开发经典案例. 北京：中国水利水电出版社，2007.

[5]廖望. Visual Basic.net 程序设计案例教程. 北京：冶金工业出版社，2004.

[6]武马群. Visual Basic 程序设计. 北京：北京工业大学出版社，2005.

[7]陈志泊. Visual Basic.NET 程序设计教程. 北京：人民邮电出版社，2009.

[8]周卫. VB.net 程序设计技术精讲. 北京：机械工业出版社，2003.

[9]熊李艳. Visual Basic 程序设计教程. 北京：人民邮电出版社，2009.

[10]吴昊. Visual Basic 程序设计教程. 北京：人民邮电出版社，2009.

[11]沈大林. Visual Basic.Net 实例教程. 北京：电子工业出版社，2010.

[12]吴昊，杜玲玲. Visual Basic 程序设计实验教程. 北京：人民邮电出版社，2011.

[13]朱本成. Visual Basic.NET 2005 全程指南. 北京：电子工业出版社，2008.

[14]刘玉平. visual basic 程序设计实训教程. 北京：科学出版社，2015.

[15]李春葆，金晶，曾平. VB.NET 2005 程序设计教程. 北京：清华大学出版社，2009.

[16]冯小燕. Visual Basic 项目开发案例精粹. 北京：电子工业出版社，2014.

[17]刘天惠. VB.NET 程序设计实训教程. 北京：清华大学出版社，2016.

反侵权盗版声明

电子工业出版社依法对本作品享有专有出版权。任何未经权利人书面许可，复制、销售或通过信息网络传播本作品的行为，歪曲、篡改、剽窃本作品的行为，均违反《中华人民共和国著作权法》，其行为人应承担相应的民事责任和行政责任，构成犯罪的，将被依法追究刑事责任。

为了维护市场秩序，保护权利人的合法权益，我社将依法查处和打击侵权盗版的单位和个人。欢迎社会各界人士积极举报侵权盗版行为，本社将奖励举报有功人员，并保证举报人的信息不被泄露。

举报电话：（010）88254396；（010）88258888

传　　真：（010）88254397

E-mail：　dbqq@phei.com.cn

通信地址：北京市海淀区万寿路 173 信箱
　　　　　电子工业出版社总编办公室

邮　　编：100036

反侵权盗版声明